重庆市骨干高等职业院校建设项目规划教材

重庆水利电力职业技术学院课程改革系列教材

水利工程经济

主　编　刘　栋　刘红荣

副主编　谢立亚　舒乔生

主　审　丁陆军

黄河水利出版社

·郑州·

内 容 提 要

本书是重庆市骨干高等职业院校建设项目规划教材、重庆水利电力职业技术学院课程改革系列教材之一，由重庆市财政重点支持，根据高职高专教育水利工程经济课程标准及理实一体化教学要求编写完成。全书共分三大模块12个项目，基础知识模块主要内容包括课程描述和水利工程经济基础知识；基础理论模块主要内容包括基本折算公式、经济评价方法原理、不确定性分析、综合利用水利工程费用分摊；实际应用模块主要内容包括防洪工程经济评价、灌溉工程经济评价、城镇供水工程经济评价、水力发电工程经济评价、水土保持工程经济评价、综合利用水利工程经济评价。本教材以模块为主要结构，教师可根据学时情况按模块选择学习内容。

本书涉及面广，内容翔实，可作为大专院校水利水电建筑工程专业、水利水电工程施工专业、水利工程管理专业、水文与水资源工程专业、工程造价专业、工程监理专业等水利工程经济课程的教材，也可供相关院校师生及水利部门从事水利工程经济工作的技术人员阅读参考。

图书在版编目(CIP)数据

水利工程经济/刘栋，刘红荣主编．—郑州：黄河水利出版社，2016.9

重庆市骨干高等职业院校建设项目规划教材

ISBN 978－7－5509－1553－4

Ⅰ.①水…　Ⅱ.①刘…②刘…　Ⅲ.①水利工程－工程经济学－高等职业教育－教材　Ⅳ.①F407.937

中国版本图书馆CIP数据核字(2016)第233584号

组稿编辑：王路平　电话：0371－66022212　E-mail：hhslwlp@163.com

出 版 社：黄河水利出版社　　网址：www.yrcp.com

地址：河南省郑州市顺河路黄委会综合楼14层　　邮政编码：450003

发行单位：黄河水利出版社

发行部电话：0371－66026940、66020550、66028024、66022620(传真)

E-mail：hhslcbs@126.com

承印单位：河南承创印务有限公司

开本：787 mm×1 092 mm　1/16

印张：13.25

字数：310千字　　印数：1—1 500

版次：2016年9月第1版　　印次：2016年9月第1次印刷

定价：32.00元

前　言

按照“重庆市骨干高等职业院校建设项目”规划要求，水利水电建筑工程专业是该项目的重点建设专业之一，由重庆市财政支持、重庆水利电力职业技术学院负责组织实施。按照子项目建设方案，通过广泛的调研，与行业、企业专家共同研讨，不断创新基于工作能力培养的“三轮递进，两线融通”的人才培养模式，以水利水电建设一线的主要技术岗位核心能力为主线，兼顾学生职业迁徙和可持续发展需要，构建了基于工作岗位能力分析的教学做一体化课程体系，优化课程内容，进行精品资源共享课程与优质核心课程的建设。经过三年的探索和实践，为了固化骨干建设成果，进一步将其应用到教学之中，最终实现让学生受益，经学院审核，决定正式出版系列课程改革教材，包括优质核心课程和精品资源共享课程等。

在现代社会环境中，经济知识已经进入人们生活的每一个领域，大到国家项目管理，小到个人理财管理，都需要经济知识的指导，经济知识已成为人们必须掌握的基本知识。同时，人们对经济知识重要性的认识也越来越深刻，人与经济知识的关系越来越密切。技术经济学是一门边缘性科学，它的基本概念、基本原理、基本方法，需要结合具体的工作环境加以运用。水利工程经济是技术经济学基本理论在水利工程项目管理中的应用。

水利工程经济是水利水电建筑工程专业、水利水电工程施工专业、水利工程管理专业、水文与水资源工程专业、工程造价专业、工程监理专业的专业技术课程之一，是水利水电工程与技术经济学交叉的学科。其教学目的和任务是培养学生工程项目建设与管理的经济意识，掌握工程经济分析的基本原理与方法，掌握水利水电工程和水资源规划工程的经济评价方法，确保水利投资工程项目的经济效益。

本书以适应高职高专教学改革需要，充分体现高职高专教材特色，努力从内容和形式上有所突破或改进为目标。在内容取舍上，力求以实用性、系统性、针对性为原则，并注重知识更新，同时注重知识对学生的实用性。在编写方式上，不但注重理论的陈述和介绍，还以足够的篇幅设置了应用案例，力求做到讲解与动手有机结合，培养学生的经济意识。教材力求深入浅出，通俗易懂，对学生的自学有一定的帮助和支持。

本书编写人员和编写分工如下：重庆水利电力职业技术学院刘栋（前言、项目三、项目四、项目十一），重庆水利电力职业技术学院舒乔生（项目一、项目七），重庆水利电力职业技术学院谢立亚（项目二、项目五），甘肃崇信县住房和城乡规划建设局刘红荣（项目

六、项目十二),重庆水利电力职业技术学院程小龙(项目八),重庆水利电力职业技术学院陈振(项目九),山西省水利厅陈浩(项目十)。全书由刘栋、刘红荣担任主编,由谢立亚、舒乔生担任副主编,由四川建筑职业技术学院丁陆军担任主审。

本书在写作过程中参考了国内外有关专家学者的论著,并引用了其中的内容。在此对原创作者表示衷心感谢!

由于编写人员水平有限,书中的疏漏甚至错误在所难免,恳请读者不吝赐教,以便纠正和改进。

编 者

2016 年 5 月

目 录

模块三 实际应用

模块一　基础知识

项目一　课程描述

任务一　水利在国民经济中的地位和作用

一、水利在我国国民经济中的地位

水利在国民经济中占有十分重要的地位，水利是农业的命脉，是国民经济和社会发展的基础产业，中国的农业灌溉发展史就充分证明了这一点。我国是世界上从事农业、兴修水利最早的国家，据记载，早在5 000年前的大禹时代就有“尽力乎沟洫”“陂障九泽，丰殖九薮”等农田水利的内容，在夏商时期就有在井田中布置沟渠，进行灌溉排水的设施，西周时在黄河中游的关中地区已经有较多的小型灌溉工程，春秋战国时期，生产力的发展使得大量土地得到开垦，灌溉排水相应地有了较大发展。魏国西门豹在邺郡（现河北省临漳）修引漳十二渠灌溉农田和改良盐碱地，楚国在今安徽寿县兴建蓄水灌溉工程芍陂，秦国蜀郡守李冰主持修建都江堰，使成都平原成为“沃野千里，水旱从人”的“天府之国”。特别是西汉前期的水利建设大大促进了当时社会经济的发展。郑国渠（建于公元前246年）是秦始皇统一六国前兴建的灌溉工程，当时号称灌田4万顷，使关中地区成为我国最早的基本经济区，于是“秦以富强，卒并诸侯”。汉武帝时，引渭水修建了漕运和灌溉两用的漕渠，以后又建了引北洛河的龙首渠，引泾水的白渠及引渭灌溉的成国渠。汉代除在统治的腹心地区渭河和汾河谷地修建灌溉工程外，还为了巩固边防、屯兵垦殖，在西北边疆河西走廊和黄河河套地区也修建了一些大型渠道引水工程。

早在1934年，伟人毛泽东就审时度势，高瞻远瞩，提出了“水利是农业的命脉，我们也应予以极大的注意”的号召。水利在我国国民经济和社会发展中的地位和作用主要表现在基础产业和社会保障作用两个方面，通过水和电力供应、堤防建设、水土保持、生态环境建设等，在农业、工业和居民生活、城镇公共服务、环境保护等环节上发挥作用。

二、水利在我国国民经济中的作用

水利事业是经济社会发展的重要基础和必须前提。主要具有四大作用：一是基础作用。它是国民经济和社会发展的基础条件,为农业生产提供灌溉条件。二是推动作用。它促进经济社会的发展。三是保障作用。保障社会安定、保护生态环境。四是带动作用。与其他产业的高关联性决定其自身的发展将带动其他产业发展。

近年来,我国频繁发生的严重水旱灾害,造成重大生命财产损失,暴露出防洪、排涝、农田水利等基础设施十分薄弱等问题,因此必须大力加强水利建设,以促进经济社会持续稳定发展、保障粮食安全和社会安定、保护生态环境。

任务二　本课程的性质

水利工程经济是一门技术专业课,是全国水利类专业学生的必修课。水利工程经济应用工程经济学中的基本原理和一般计算方法,解决水利水电工程中的有关具体经济问题。本课程因水利工程建设事业的发展而建立,也将随着水利工程建设事业的发展而不断地得到修改、补充和更新。

水利工程经济是一门对水利技术政策、技术措施或技术方案进行经济效果评价的专业课程。通过对经济效果的评价和论证,确定技术政策的方向、技术措施的优劣、工程方案经济上的合理性和财务上的可行性。因比,研究水利工程经济,不但具有理论上的指导作用,而且更为重要的是用理论解决水利工程中的实际经济问题。

水利工程经济主要研究在本专业领域内的经济效果理论,衡量经济效果的指标体系,以及评价经济效果的计算方法等,具体而言,水利工程经济问题就是在满足防洪、除涝、灌溉、供水或发电等要求的条件下,如何用一定的投入获得最大的产出;或者如何用最少的投入获得一定的产出。产出与投入之比或者效益与费用之比,即表示经济效果的一种指标。经济分析或经济评价的目的,就是设法寻找最优的经济效果,即如何用较少的资金,获得尽可能大的经济效益。水利工程方案的选择,除进行上述经济分析或经济评价外,尚须从政治、社会、技术、环境等多方面进行综合分析,全面评价,才能最终选出最佳方案。

为了满足一定的国民经济发展要求,一般可以采用不同的技术措施进行方案比较,经过技术经济论证,从中选择经济效果比较有利的方案。例如,为了满足电力系统某一设计水平年的负荷增长要求,可以提出修建水电站、火电站或核电站等比较方案,经过分析论证后,认为水电站虽然单位千瓦容量的投资高一些,但建成投产后不需燃料,年运行费仅为火电站的1/5~1/3,发电成本较低,而且水电站在电力系统中可以承担调峰、调频、事故备用等任务,总的来看技术经济条件较好,因而决定修建水电站。在规划、可行性研究、初步设计、技术设计以及电站建成后的运营管理阶段,均有大量的技术经济分析工作。所有从事规划、设计、施工和管理的工程技术人员都应研究这门课程,以便掌握有关水利工程经济的理论和计算方法。

项目二　水利工程经济基础知识

任务一　水利建设项目分类

一、拟建项目与已建项目

（一）拟建项目

拟建项目指以工程建设为载体的项目，是作为被管理对象的一次性工程建设任务。它以建筑物或构筑物为目标产出物，需要支付一定的费用、按照一定的程序、在一定的时间内完成，并应符合质量要求。

“拟”字的通俗解释就是指准备、计划、设想之意，也就是说，拟建项目是指想要建的工程项目，或正在设想中的工程项目，或是准备要建但是还只是停留在计划阶段，真正的建设活动还没开始。

（二）已建项目

已建项目指工程建设对象已经建设完工，并已进行验收的工程项目。

二、公益性项目与盈利性项目

（一）公益性项目

公益性项目是以谋求社会效应为目的，一般具有规模大、投资多、受益面宽、服务年限长、影响深远等特点的投资项目。广义的公益性项目是指为社会大众或社会中某些人口群体的利益而实施的项目，既包括政府部门发起实施的农业、环保、水利、教育、交通等项目，也包括民间组织发起实施的扶贫、妇女儿童发展等项目。狭义的公益性项目是指由民间组织发起的，利用民间资源为某些群体谋求利益，创造社会效应的项目。

（二）盈利性项目

盈利性项目是指以金钱、财务、劳务等为资本而获得经济上利益的投资项目。

三、独立性项目与互斥性项目

（一）独立性项目

独立性项目是指不受其他项目的影响而进行选择的项目，也就是说，这个项目既不要求也不排除其他的投资项目。

（二）互斥性项目

互斥性项目是指多个互相排斥，不能同时并存的方案，即两个或者更多不能同时存在的项目。互斥性项目导致的是一种非此即彼的,候选项目不能同时上马的决策。

四、独资项目与多资项目

独资项目指资金来源只有一家,多资项目是指有多家资金来源支持同一个项目。

任务二 水利工程投资

一、水利工程建设项目总投资

水利工程投资即指水利工程建设项目总投资,是指水利工程达到设计效益时所需的全部建设费用(包括勘测、规划、设计等必需的前期费用),既包括直接投入的资金,也包括集体和群众间接投入的劳务、物料及未能赔偿的淹没、挖压占地、拆迁投资等,是反映工程规模的综合性指标。它包括永久性工程投资、临时性工程投资和其他投资三大部分。

建设项目总投资所形成的资产可分为固定资产、无形资产、递延资产和流动资产。

二、固定资产投资

(一)水利工程固定资产投资的含义

水利工程固定资产投资也称基本建设投资,简称投资,是指自前期工作开始至工程建成投产达到设计效益时所需投入的全部基本建设资金,包括投入的货币资金、建筑材料、劳动力以及无形资产等,并将其折价计算。

(二)水利工程固定资产投资的组成

水利工程固定资产投资一般包括下列各项。

1. 永久性工程的投资

永久性工程的投资包括主体工程建筑物、附属工程建筑物和配套工程的投资以及设备购置和安装费用。

2. 临时性工程的投资

临时性工程的投资包括导流工程、临时道路和桥梁、临时房屋和通信设备线路等费用。

3. 其他投资

其他投资包括移民的迁移安置和生产开发的费用,勘测、规划、设计和科学试验等前期费用,建设和施工单位人员工资及管理费用,预备费和不可预见费等。有时还包括一部分相关投资,如向有关部门提供用以扩大动力和燃料供应、改善交通运输条件或生态环境所需的投资。

(三)水利工程固定资产投资的估算

我国水利工程投资是根据不同设计阶段进行计算的。在可行性研究阶段,一般参考类似工程和其他资料进行估算,供论证工程的经济合理性与财务可行性之用。在初步设计阶段,根据初步设计图纸和概算定额编制总概算,作为国家批准设计文件的依据。在技术设计阶段,根据实际情况的变化编制修正总概算。在施工详图设计阶段,根据工程量和现行的定额、价格等资料编制施工预算，因其比较精确，可以作为向银行贷款的依据。工程竣工后，则须编制工程决算，反映工程的实际投资。

特别提醒：在进行投资估算时，如果是进行国民经济评价，一般要求用影子价格；如果是进行财务评价，必须用市场现行价格。

三、固定资产造价

（一）水利工程固定资产造价的含义

水利工程固定资产造价是指从水利工程固定资产总投资中扣除净回收余额、应该核销的投资和转移投资后的值，也叫固定资产净投资或工程造价。

（二）水利工程固定资产造价的组成

1. 净回收余额

净回收余额是指施工期末可回收的残值扣除清理处置费后的值。水利工程可回收的残值分为两部分：一为临时性工程残值，包括临时性房屋、铁路、通信线路、金属结构物以及其他可回收设施的残值等；二为施工机械和设备的残值。

2. 应该核销的投资

例如职工培训费、施工单位转移费、子弟学校经费、劳保支出、停缓建工程的维修费等。

3. 转移投资

水利工程完工后移交给其他部门或地方使用的工程设施的投资，例如铁路专用线，永久性桥梁、码头及专用的电缆、电线等投资。

工程造价与固定资产投资的比值，称为固定资产形成率，一般水利水电工程的固定资产形成率为0.80～0.90。

（三）水利工程固定资产造价的求算

1. 水利工程固定资产造价算法

算法一：

水利工程固定资产造价＝水利工程固定资产总投资－净回收余额－应该核销的投资－转移投资　（2-1）

式中　净回收余额——水利工程建成竣工验收后剩余的资金及一些临时性工程拆除变卖的货币收入；

应该核销的投资——在工程建设过程中用于建设管理人员工资、管理费用、劳保、职工子女教育费用、职工培训费用等；

转移投资——一些临时性工程被移交到别的单位所得到的货币收入。

算法二：

水利工程固定资产造价＝水利工程固定资产总投资×固定资产形成率　（2-2）

2. 水利工程固定资产造价算法举例

【例2-1】　某水利工程建设项目建设总投资为2 000万元，一部分竣工后临时性工程拆除变卖废品收入10万元，另一部分临时性工程移交当地有关部门继续使用，移交所得收入为70万元，工程在建设过程中用于管理人员工资、办公、职工培训、劳保的开支为120万元。试计算该水利工程固定资产造价。

解：根据已知条件应选用算法一，将题中数据代入式(2-1)：

水利工程固定资产造价 = 水利工程固定资产总投资 − 净回收余额 − 应该核销的投资 − 转移投资

= 2 000 − 10 − 120 − 70 = 1 800(万元)

经计算，该水利工程固定资产造价为 1 800 万元。

【例 2-2】 某水利工程建设项目建设总投资为 5 000 万元，经核算该水利工程固定资产形成率为 89%，试计算该水利工程固定资产造价。

解：根据已知条件应选用算法二，将题中数据代入式(2-2)：

水利工程固定资产造价 = 水利工程固定资产总投资 × 固定资产形成率

= 5 000 × 89% = 4 450(万元)

经计算，该水利工程固定资产造价为 4 450 万元。

四、流动资产投资

(一)水利工程流动资产投资的含义

当水利建设项目即将建成投产时，即须筹措注入流动资金，以便用于购置原材料、燃料、备品、备件和支付工资等费用；在项目投产运行后即用于维持正常生产所需的周转资金；一般将这部分投资称为水利工程流动资产投资。流动资产是流动资金的实物形态，流动资金则是流动资产的货币形态。

(二)水利工程流动资产投资的特点

在生产过程中流动资产完全改变其实物形态，并将其价值一次性地转移到新产品中作为产品成本中的一部分，待产品销售后即可收回原先垫付的流动资金。如此往复循环周转使用，其周转期一般较短，最长不超过一年。对流动资产中的原材料、在制品、库存燃料、低值易耗品等进行重置价值评估时，应当根据这些流动资产的现行市场价格或计划价格，考虑购置费用、损耗等因素后，评定其重置价值。

固定资产投资、流动资金和建设期内固定资产投资的贷款利息三者之和称为总投资，可用于计算投资利润率和投资利税率等指标。

五、固定资产更新改造投资

(一)更新改造投资的含义

更新改造投资是指工程用于固定资产更新和技术改造的专用投资。

(二)更新改造投资的目的

更新改造投资的目的是保证工程固定资产在新技术基础上进行简单再生产的资金。

(三)更新改造投资的资金筹措方式

更新改造投资的资金的主要来源是工程按规定比例提取和留用的基本折旧资金、原固定资产的变卖收入和由上级从集中的折旧基金中返还给企业的部分。

任务三　固定资产折旧

一、水利工程固定资产折旧的含义

固定资产折旧是指由于固定资产的磨损所引起的固定资产价值损失，可在经济寿命期内通过提取折旧费的方式予以补偿。

水利工程固定资产与其他固定资产一样，在使用过程中必然要经受两种磨损，即有形磨损和无形磨损。有形磨损是指由于生产因素或自然因素（外界因素和意外灾害等）引起的磨损；无形磨损是由于技术进步而使修建同等工程或生产同种设备的成本降低，从而使原工程的固定资产价值降低；或者由于出现新技术、新设备从而引起原来效率低的、技术落后的旧设备贬值甚至报废等。

二、水利工程固定资产折旧的目的

由于水利工程固定资产在使用过程中存在不可抗拒的两种磨损而使原有工程的固定资产价值降低；或效率降低、旧设备贬值甚至报废等，从而影响水利工程正常运行，为了维持水利工程正常运行生产，国家或企业不得不重新注入资金对原有工程固定资产进行更新改造，水利工程固定资产折旧的目的就在于为固定资产更新改造筹措资金。

三、固定资产折旧的方法

目前水利工程固定资产折旧最常用的方法主要有直线折旧法、本利摊还法、基金存储法等。

（一）直线折旧法

直线折旧法也叫年限平均法，或均匀折旧法，这是一种常用的折旧方法，其特点是固定资产净值随使用年限的增加而按比例直线下降，因而算出的年折旧费相同，计算公式见式(2-3)。

$$\begin{aligned}\text{年折旧费} &= (\text{固定资产原值} - \text{固定资产净残值})/\text{折旧年限} \\ &= \text{固定资产原值} \times \text{年折旧率}\end{aligned} \tag{2-3}$$

式中　固定资产的净残值——回收的残值减去清理费用后的余额，一般为固定资产原值的3% ~5%。

年折旧率 = [(1 - 预计净残值率)/预计使用寿命] ×100%

月折旧率 = 年折旧率/12

月折旧额 = 固定资产原价 × 月折旧率

（二）本利摊还法

本利摊还法是采用本利摊还公式计算年折旧费的一种方法，公式为 $A = P(A/P,i,n)$，这种方法一般不常用。

（三）基金存储法

基金存储法是采用基金存储公式计算年折旧费的一种方法，公式为 $A = F(A/P,i,n)$，这种方法一般也不常用。

任务四　年运行费与年费用

一、年运行费的概念与算法

(一)水利工程年运行费的概念

年运行费也被称为年经营成本,指工程项目在正常运行期(生产期)每年需要支出的各种经常性费用。

(二)水利工程年运行费的组成

水利工程年运行费包括材料和燃料动力费、维修养护费、大修理费、管理费和其他费用,现分述如下。

1. 材料和燃料动力费

材料和燃料动力费是指工程设施在运行中所耗用的各种材料、燃料等各项费用,其消耗指标与各年实际运行情况有关,可参照类似水利工程项目的实际运行资料分析后采用,也可以根据规划设计资料按其平均值采用。

2. 维修养护费

维修养护费是指工程各类建筑物和设备的日常性养护、维修、岁修等项费用,其费用大小与建筑物和设备的规模、类型、质量等因素有关,一般参照类似已建成项目的实际资料分析确定,可按工程投资的某一百分数计算。

3. 大修理费

大修理费是指工程设施及设备进行大修理所需的费用。大修理是对固定资产的重要组成部分或损耗部分进行彻底的检修并更换某些部件,其目的是恢复固定资产的原有性能。每次大修理花费的时间长、费用大,因此大修理每隔几年才进行一次。为了简化计算,通常将经济寿命期内所需的大修理费总额平均分摊到各年,作为年运行费的一部分,每年可按一定的大修理费率提取,即

$$\text{年大修理费率}=\frac{\text{预计经济寿命期内大修理费用总额}}{\text{固定资产原值}\times\text{经济寿命期(年)}}\times 100\% \tag{2-4}$$

4. 管理费

管理费是指管理机构的行政费用、职工工资、工资性津贴、奖金、福利基金及其他费用。工程在运行管理时期,必须进行观测、试验和研究工作,为此列出专门费用,保证上述工作的正常进行。关于管理费,可根据水利部颁发的《水利工程管理单位编制定员标准》结合有关部门和有关地区的规定或参考类似工程的实际开支费用分析后确定。

5. 其他费用

其他费用包括为消除或减轻项目所带来的不利影响每年所需的补救措施费用,例如清淤、冲淤、排水、治碱等;为扶持移民的生产和生活每年所需的补助费或提成费用;当遭遇超过移民、征地标准的水情时所需支付的救灾或赔偿费用;其他需要经常性开支的费用等。

年运行费是水利工程经济评价中的一个重要指标。对防洪、灌溉、供水、航运等工程,

可参照有关部门历年统计资料选用;对水电站各项年运行费率,可参考原水利电力部财务司编写的《电力企业财务统计资料》选用。年运行费一般为工程投资的1%~2%。每年提取的大修理费积累几年后集中使用,有关年大修理费率参阅表2-1。

表2-1 水利工程固定资产基本折旧率及大修理费率表

固定资产分类	折旧年限(年)	净残值占原值百分比(%)	年基本折旧率(%)	年平均大修理费率(%)
大型混凝土堤、坝、闸	80	0	1.25	0.25
中小型混凝土堤、坝、闸	50	0	2.00	0.50
当地材料堤坝	50	0	2.00	0.75
大型混凝土溢洪道	50	0	2.00	0.50
中小型混凝土溢洪道	40	0	2.50	0.75
浆砌块石溢洪道	20	0	5.00	2.00
大型钢筋混凝土管、洞	50	0	2.00	1.00
中小型钢筋混凝土管、洞	40	0	2.50	1.50
浆砌石管洞	30	0	3.33	2.00
一般砌护灌排渠道	40	0	2.50	1.50
塑料等非永久性防渗渠道	25	0	4.00	3.00
钢管、铸铁管网	30	0	3.33	1.00
塑料管	20	0	5.00	1.00
深井	20	0	5.00	1.00
浅井	30	0	3.33	1.00
钢筋混凝土房屋建筑	50	5	1.90	0.80
混凝土、砖石混合结构	40	4	2.40	1.00
永久性砖木结构	30	4	3.20	1.50
简易砖木结构	20	5	4.75	2.00
大型水轮机组	30	5	3.17	0.50
小型水轮机组	25	5	3.80	1.00
小型机排灌设备	10	5	9.50	4.00
小型电力排灌设备	20	5	4.51	2.00
离心泵	8	0	2.52	7.00
深井泵	4	0	5.01	5.00
喷灌设备	6	0	6.70	5.00

(三)水利工程年运行费的计算

水利工程年运行费通过下列公式计算:

水利工程年运行费=材料和燃料动力费+维修养护费+大修理费+管理费+其他费用 (2-5)

特别提醒:在进行年运行费估算时,如果是进行国民经济评价,一般要求用影子价格;如果是进行财务评价,必须用市场现行价格。

二、年费用的概念与算法

(一)水利工程年费用的概念

水利工程年费用是指水利工程在运行期内每年支付的全部费用。

(二)水利工程年费用的组成

在不考虑资金的时间价值的情况下,水利工程年费用由年基本折旧费与年运行费构成,称作静态年费用。如果考虑资金的时间价值,水利工程年费用则由年本利摊还值与年运行费构成,称作动态年费用。

(三)水利工程年费用的计算

1. 水利工程静态年费用计算

静态年费用计算公式为

$$年费用 = 年基本折旧费 + 年运行费 \tag{2-6}$$

2. 水利工程动态年费用计算

动态年费用计算公式为

$$\begin{aligned}年费用 &= 年本利摊还值 + 年运行费\\ &= (固定资金 + 流动资金) \times 年本利摊还因子 + 年运行费\end{aligned} \tag{2-7}$$

所谓年本利摊还值,是指工程在经济寿命期(正常运行期或生产期)内每年应支付占有资金(包括固定资金和流动资金)的利息和每年应摊还的本金,详见项目三。

如果有若干个工程方案进行经济比较,当各个方案的效益基本上相同时,则年费用最小的方案,即是经济上最有利的方案。

任务五　水利工程效益

一、水利工程效益的概念

水利工程效益是指水利工程建成投产后给国家、社会、人民及直接经营管理单位带来的好处与坏处。如果是好处则为正效益,如果是坏处则为负效益。

投资者投资水利工程建设项目的目的在于使水利工程最大程度地发挥正效益,最大可能地避免发生负效益。

二、水利工程效益的种类

水利工程效益可以从不同的角度进行分析,例如水利工程的国民经济效益与财务效益、直接效益与间接效益、有形效益与无形效益、正效益与负效益等。现分述如下。

(一)水利工程的国民经济效益与财务效益

水利工程的国民经济效益是指工程建成后对整个国民经济产生的社会影响,为全社会提供的效益,也可称为工程的宏观效益。工程的财务效益是指工程本身通过经营管理销售水利产品所获得的收入,也可称为工程的微观效益。现举例说明。

防洪工程在遇到设计洪水时,可以保护广大农村和城市居民生命、财产的安全,保障重要工厂企业的安全生产和铁路等部门的安全运输,从而保证国民经济各部门的顺利发展,其宏观效益是十分明显的。众所周知,设计洪水属于稀遇洪水,在几十年甚至一千年内才可能遇到一两次,因此防洪效益并不是每年都能体现出来的,但必须年年防汛,维修堤防,疏浚河道,才能做到有备无患。由于防洪工程的主要任务是除害,减免洪水灾害,工程本身一般得不到财务收入,即工程的微观效益几乎等于零。

供水工程和发电工程可以向城市和工矿企业提供水和电,这些对保证广大居民生活和发展生产极为重要。据估计,近几年来,我国由于缺水、缺电每年减少工农业产值高达千亿元,可见供水、供电对全社会具有巨大的国民经济效益;另一方面,只要供水工程和发电工程经营管理得当,所制订的水价和电价合理,工程本身也可获得可观的财务收入,扣除成本、税金后尚可获得一定的利润,为扩大再生产创造条件。总之,供水与发电工程不仅国民经济效益巨大,工程本身的财务效益也是显著的。

灌溉工程的宏观社会效益十分显著。我国耕地面积仅占全世界的7%,却能养活全世界22%的人口;我国耕地灌溉面积约占耕地总面积的46%,却能生产全国粮食总产量67%的粮食。由于工农业产品价格之间尚存在着剪刀差,因而所制订的灌溉水价较低,灌溉工程本身的财务效益并不大。综上所述,有些水利工程(例如防洪工程)的国民经济效益很大,但工程本身的财务效益几乎没有;有些水利工程(例如水力发电工程)国民经济效益很大,工程本身的财务效益也较大;有些水利工程(例如灌溉工程)国民经济效益巨大,但工程本身的财务效益可能不大,甚至为负效益。

(二)直接效益与间接效益

水利工程经济效益也可分为直接效益和间接效益。所谓直接效益,一般指工程本身的财务效益,例如水费收入、电费收入以及其他经营收入;所谓间接效益,一般指对国民经济其他部门产生的社会效益,例如由于水利水电工程向城市及工矿企业供水、供电,大大促进国民经济各部门的发展以及人民物质文化生活的提高等。在处理直接效益和间接效益的关系时,应两者并重。

(三)有形效益与无形效益

所谓有形效益,是指可以用实物指标或货币指标表示的效益;而无形效益则是比较难以用具体指标表示的效益。例如,利用水库水力发电,每年发电量可达数亿或数十亿千瓦时,每年可收入电费数千万元或数亿元人民币,这都算是有形效益。另一方面,由于修建水库,改善了小气候,美化了周围环境,有益于居民的身心健康,这是无形效益。在对水利工程进行效益分析时,无论是有形效益还是无形效益,都应全面地加以分析论证。对于不能用具体指标表达的无形效益,可以用文字加以详细明确的描述,以便对水利工程的效益进行全面、正确的评估。

(四)正效益与负效益

修建水利工程一般都具有防洪、灌溉、供水、发电等正效益,这是主要方面;但改造大自然,也可能影响周围环境,破坏生态平衡,如处理不当,可能产生不利影响,即所谓负效益。例如,某水库建成蓄水后,由于水体的巨大压力,可能诱发地震;有些水库蓄水后产生大面积浅水区,导致疟蚊滋生繁殖,或者钉螺面积扩大,形成血吸虫病的流行区。修建水库,总要淹没农田、城镇、矿藏、交通干线或文化古迹等,造成资源的损失;发展灌溉工程,可能需要大量引水，如无相应的配套排水措施，可能引起灌区地下水位上升，导致土壤盐碱化和沼泽化等负效益。在水利工程效益分析中，不仅要计算正效益，也要考虑负效益，以便对水利工程进行全面正确的评估。

在水利工程运行管理中，为了提高水利工程的经济效益，必须重视经营管理，加强财务核算，工程技术人员除需研究工程的投资、年运行费和效益等问题外，尚需研究成本、税金和利润等问题，详见任务六。

三、水利工程效益指标

描述水利工程效益的指标，一般以有工程和无工程对社会、经济和环境等方面作用的差别加以分析确定。通常有以下三种表示方法。

(一)效能指标

效能指标指水利工程除害兴利能力的指标，如可削减的洪峰流量和拦蓄的洪水量，提高的防洪和除涝标准，增加的灌溉面积，改善的航道里程等。

(二)实物指标

实物指标指水利工程设施可给社会增加提供的实物量，如可增产的粮食和经济作物，可增加提供的水量和电量，增加的水产品和客货运量等。

(三)货币指标

货币指标指用货币表示的上述效益指标。如每年减少的洪、涝灾害经济损失数值，灌溉增产的货币价值等。以上三种表示方法，从不同的方面反映水利工程设施的效益，其中货币效益指标便于相互比较，是评价该工程项目经济和财务可行性的重要指标。

四、水利工程效益特点

水利工程效益有诸多特点：一是多样性，即同一工程有不同的效益，如综合利用工程同时就有防洪、发电、灌溉、供水、旅游等多种功能，产生多种效益。二是复杂性，现代水利工程效益具有综合利用功能，有多个部门参与管理，其效益有时相一致，有时相互矛盾，例如防洪与发电效益在汛期成为一对矛盾，城市供水与农业灌溉在旱季构成一对矛盾；灌溉工程效益一般在旱季且灌溉方法得当的情况下表现为正效益，而在涝渍或灌溉方法不当的情况下表现为负效益。三是随机性，水利工程效益绝大多数具有随机性，例如防洪工程、发电工程、灌溉工程、旅游工程的效益具有随机性，其随机性是由降水的随机性所引起的。众所周知，降水在时间和空间上的分布是随机的，从而决定了水利工程效益也是随机的。

五、提高水利工程效益的途径

提高水利工程效益的七条途径：

(1)通过经济评价，降低投资，降低成本，提高效益。

(2)采用先进技术，提高生产率，提高效益。

(3)加强生产管理，减少原料、燃料、动力消耗，提高效益。

(4)加强财务管理，减少不必要的开支和浪费，提高效益。

(5)加强经营管理,拓宽销路,开展多种经营,提高效益。

(6)加强工程技术管理,保证水利工程安全高效运行,延长工程经济寿命,提高效益。

(7)对老旧工程进行更新改造,增加并提高性能,提高效益。

任务六　成本、利润、利息、税金及保险费

一、成本

一般来说,产品的生产成本是指在一定时期内企业为生产该产品所需支出的全部费用。对水利工程而言,生产成本包括年基本折旧费、年运行费以及保险费、借款利息等。产品的销售成本,则由生产成本和销售费用组成,后者是指产品在销售过程中所需的包装、运输、储存及管理等费用。同理,售电成本是由发电成本和供电成本两部分组成的,分别由发电厂和供电局的折旧费与年运行费等部分组成。

城市生活及工业用水的成本组成与一般企业的产品相同,供水工程一般包括三部分,即水源工程(水库)、输水工程及净水工程(自来水厂包括配水管网)。这三部分工程均设有管理处,分别核算成本,即根据各自的固定资产计算年基本折旧费,根据所辖工程的运行情况,计算所需的年运行费,因此对城市提供的商品水,其供水成本是比较高的。

成本是构成产品价格的基本因素。产品价格不变,降低成本,就相应增加了利润。降低成本的途径是:改善经营管理,减少固定资产的损耗,节约原材料和燃料;采用新技术,提高设备利用率,提高劳动生产率等。产品成本是衡量企业经营管理水平的一个综合指标。

此外,参加保险的水利工程,在进行财务评价时应将保险费计入成本中。保险分为自愿保险和强制保险两种,洪水保险一般属于强制保险。在水利方面,我国已举办防洪保险和工程财产保险。投保时,应根据规定由投保人与保险公司签订合同,并按期缴纳保险费。

水电建设项目所需流动资金定额,暂时可采用各网局已建成的水电站的统计资料。流动资金可在投产的第一年开始安排,按投产容量比例增加,并于工程经济寿命结束时一次回收。流动资金分为自有流动资金和流动资金借款(按规定不应超过总额的70%)两部分,流动资金借款须每年付息,支付的利息列入产品成本中。

二、利润

(一)利润的概念

利润是指商品按照市场价格或规定价格,实现销售收入后扣除产品成本和税金后的余额。利润是劳动者为社会创造的价值,是用来发展生产,改善人民物质、文化生活的基础,也是国家财政收入的重要组成部分。

(二)利润的构成

我国国营企业按照国家规定留归企业使用的部分利润,称为利润留成,作为企业生产发展基金、职工福利基金和职工奖励基金等三种专用基金。我国水利工程中,防洪、治涝

等属于公益事业性质的工程,无产品出售,自然无利润可言;农田排灌工程,一般实行扶持和低收费政策,也无利润或者很少利润;城镇供水和水力发电等有水、电等产品出售,按企业进行经营管理,收入比较稳定可靠,可以获得一定的利润。

(三)利润的计算

利润是反映企业生产管理水平的一个重要指标。但不同企业或同一企业的不同时期,由于生产规模不同,单纯的利润指标往往缺乏可比性,因此采用利润率这一相对指标,以便较全面地反映企业经营管理的质量和效益,我国水利水电工程常采用投资利润率表示。所谓投资利润率,一般是指项目达到设计生产能力后的一个正常生产年份的年利润总额与项目总投资的比率。其计算公式为:

$$\text{投资利润率} = \text{年利润或年平均利润} / \text{总投资} \times 100\% \tag{2-8}$$

式中 年利润 = 年销售收入 - 年总成本 - 年销售税金 - 年其他净支出;

年销售税金 = 年增值税 + 年城市建设维护税 + 年教育费附加 + 其他税金;

总投资 = 固定资产投资(不包括生产期更新改造投资) + 建设借款利息 + 流动资金。

三、利息、税金及保险费

(一)利息

利息是借贷关系中由借入方付给贷出方的报酬。利息是伴随着信用关系的发展而产生的经济范畴,并构成信用的基础。利息是在偿还借款时大于本金的那部分金额。

利息是资金所有者由于借出资金而取得的报酬,它来自于生产者使用该笔资金发挥生产职能而形成的利润的一部分。显然,没有借贷,就没有利息。但在现实生活中,利息被看作是收益的一般形态,无论贷出资金与否,利息都被看作是资金所有者理所当然的收入,可能取得或将会取得的收入。与此相对应,无论借入资金与否,生产经营者也总是把自己的利润分成利息与企业收入两部分,似乎只有扣除利息后的利润才是经营所得。于是,利息率就成为一个尺度:如果投资额与所获得利润之比低于利率,则不应该投资;如果扣除利息,所余利润与投资的比很低,则说明经营的效益不高。在会计制度中,利息支出在会计中列入成本。利润表现为扣除利息的余额。

(二)税金

把国家按照法律规定向经营单位或个人无偿征收的货币或实物称为税金,对国家而言可称为税收。税收是取得财政收入的一种方式,具有强制性、无偿性和固定性等特点。国家通过税收,积累社会建设必需的资金,促进国民经济有计划地按比例发展。过去,我国的税收制度是不完备的,一方面国营企业向国家缴纳一定量的工商税金,税后的利润仍要上缴国家;另一方面企业所需要的扩大再生产和更新改造等资金,又由国家统一下拨,这种统收统支、高度集中管理的体制,严重影响了企业的主动性与积极性,形成企业吃国家大锅饭,责、权、利不分的局面,阻碍了经济建设的发展。党的十一届三中全会后,曾在一部分企业中试行利改税的试点,即把原来的全部上缴利润改为利润分成、税金包干上缴等办法。1983 年起在全国推行利改税的改革,当全面实行以税代利(润)后,国营企业不再向国家上缴利润,只按国家规定的税种、税率,缴纳税金,税后利润完全归企业支配。这样有利于充分发挥企业的积极性,又为国家提供更多的财政收入。

我国水利水电工程管理单位,根据国家规定应缴纳产品税、营业税、增值税、地方税(例如城市维护建设税和教育费附加等)、所得税和调节税等。此外,还要缴纳国家能源交通重点建设基金和国家预算调节基金。根据现行财税制度的若干规定(1990 年),电力工业的产品税为:发电环节按厂供电量计征,除东北电网外的各地区税率为 10 元/kWh;供电环节按销售收入计征,除东北电网外的各地区税率为 10%。地方税一般按产品税的税额计征,城市维护建设税的税率为 5% ~7%,教育费附加率为 1%。国营企业所得税现按销售利润总额的 33% 计征。

其他部门如城镇供水、水运、港口等有实际收入的水利企业,都应根据国家有关规定纳税。防洪、治涝工程属公益性水利工程,可以免税。小水电和农业灌溉用水可以按规定减税或免税。各水利管理单位应根据当地规定,缴纳房产税和土地使用税等。

(三)保险费

保险费是指被保险人为获得保险保障,在参加保险时,根据其投保时所定的保险费率,向保险人交付的费用。保险人依靠其所收取的保险费建立保险基金,对被保险人因保险事故所遭受的损失进行经济补偿。因此,缴付保险费是被保险人的基本义务,只有在被保险人履行了约定交费义务的前提下,保险人才能承担保险合同载明的保险责任。

保险费由纯保费和附加保费构成。纯保费是保险人用于赔付给被保险人或受益人的保险金,它是保险费的最低界限;附加保费是由保险人所支配的费用,主要用于保险业务的各项营业支出,包括营业税、代理手续费、企业管理费、工资及工资附加费和固定资产折旧等。

模块二 基础理论

项目三 基本折算公式

任务一 资金的时间价值

一、资金的时间价值

(一)资金的时间价值含义

资金的时间价值是指资金的数量随时间的推移不断地发生变化,产生的增值。在经济分析评价中,为了正确地进行经济核算,必须考虑资金的时间价值,

资金的时间价值表现形式多种多样,把一定数量的资金存入银行,当存款利率确定后,利息是随着时间的延续而不断地增加的。如果将一定数量的资金投入某一企业,用这部分资金修建厂房、购置机器设备和原材料、燃料等之后,通过生产活动,生产出市场需要的各种商品,商品销售后所得收入,扣除各种成本和上缴税金后便是利润。单位资金(包括固定资金和流动资金)所获得的利润,称为资金利润率,当资金与利润率确定后,利润将随生产时间的延续而不断地增值。

(二)资金的时间价值的表达方式

资金的时间价值的表达方式有绝对表达式与相对表达式。主要有企业利润(绝对)与利润率(相对)、商业利润(绝对)与利润率(相对)、银行存(贷)款利息(绝对)与利率(相对)和股票股息(绝对)与股息率(相对)四种。

由于银行存款的利率一般低于贷款利率,而贷款利率一般又低于企业资金的利润率,所以只要市场有需求,善于经营管理,开办工厂、企业所获得的利润,一般远大于把同等数量的资金存入银行在相同时间内所获得的利息。银行存款利率一般应大于物价上涨率,使存款者本金保值并可获得一些利息。市场经济在正常运转时,通过资金的流通和生产的发展,劳动者所创造的价值,应在国家、银行、企业和职工个人之间进行合理的分配,这样才能发挥各方面的积极性,使社会经济不断地得到发展。

无论水利工程在规划、设计、施工及运行管理阶段,还是在计算投资、年运行费、固定资产、流动资产、以至核算折旧费、成本、工程经济效益等指标时,都应考虑资金的时间价

值;尤其是建设期和经济寿命(生产期)都比较长的大型水利水电工程,如果不考虑资金的时间价值,而采用静态经济分析方法,那是不符合市场经济运动规律的,如违反这一客观规律,就要在经济上受到惩罚。在当前深化经济体制改革,发展市场经济的形势下,水利工程经济应当为促进市场经济的发展而不断发展。

二、资金流量图

(一)资金流量图的含义

资金流量图就是表示一个企业或事业单位(或一个工程项目,甚至一张存单)在一定时期内资金收支状况的示意图。

(二)资金流量图的用途

由于水利工程各阶段资金收支情况变化复杂,在进行经济核算时,为了更清晰地表明各阶段资金收支情况,以方便计算,可采用资金流量图。

(三)资金流量图的绘制方法

一般以横坐标表示时间,时间的进程方向为正,反方向为负;以纵坐标表示资金的数量,收入或效益为正,支出或费用为负。根据上述规定,即可作资金流量图,见图 3-1。

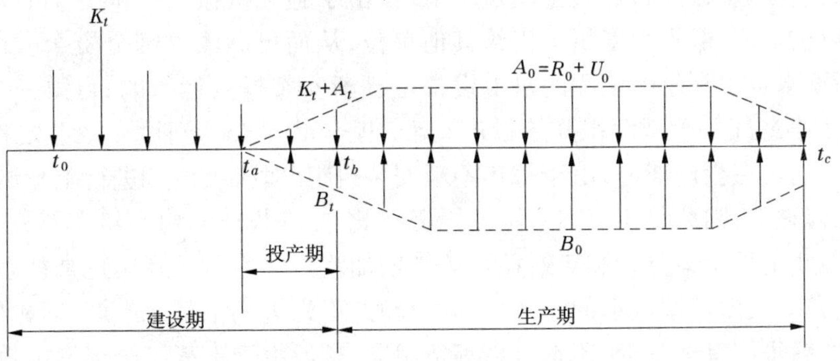

图 3-1　资金流量图

(四)水利工程资金流量图的特点

水利工程资金流量图的特点是由水利工程资金收支状况决定的。图 3-1 中:建设期由 t_0 至 t_b,在此期内,主要支出为投资 K_t;投产期由 t_a 至 t_b,在此期内,部分工程或部分机组设备陆续投入运行,因而收入 B_t 逐年增加,但支出费用 K_t+A_t 也逐年增加,其中安装、配套工程投资 K_t 与该年安装配套工程量成正比例,年费用 A_t(包括年运行费 U_t 及还本付息费 R_t 两部分,即 $A_t=U_t+R_t$)则随着工程量或机组台数投入运行逐年增多而相应增加。在生产期($t_b \sim t_c$)内,由于工程已全部建成,不再投资,一般假设年费用 $A_0=R_0+U_0=$ 常数,年效益 $B_0=$ 常数。另有一种意见认为:在生产期的最后几年,由于部分机组已在投产期内先行投入生产,而各机组的经济寿命均相同,这部分先行投入运行的机组,须相应提前退出运行,因此在生产期的最后几年(其年数等于投产期的年数(t_b-t_a)),年效益 B_t 与年费用 A_t 均相应逐渐减少。由于水电站生产期较长,无论在整个生产期($t_b \sim t_c$)内假设 $B_0=$ 常数,$A_0=$ 常数,还是在最后几年 B_t 与 A_t 逐渐减少,经过动态经济分析,两者折现后的计算结果极为接近。

关于生产期 $n=t_c-t_b$ 的年数，一般认为等于工程的经济寿命，现将各类工程及其设备的经济寿命列于表3-1中，供参考。

表3-1 各类工程及设备的经济寿命

工程及设备类型	经济寿命（年）	工程及设备类型	经济寿命（年）
防洪、治涝工程	30～50	机电排灌站	20～25
灌溉、供水工程	30～50	输变电工程	20～25
水电站（土建部分）	40～50	火电站	20～25
水电站机组设备	20～25	核电站	20～25
小型水电站	20		

在工程的建设期（包括投产期）和生产期的各个阶段，都要知道资金数量和运用这些资金的具体时间，而各年资金的收支情况是比较复杂的，在工程建设期内需要逐年投入资金，但各年投资的数量并不一定相等，一般规律是建设开始时所需投资较少，后来逐年增多，在建设后期投资又逐渐减少，至基建结束时，由于施工机械及一部分临时建筑物等不再需要，可以按新旧、磨损程度折价售给其他单位，从而可回收一部分资金。由于水库建成后是逐渐蓄水且水利水电工程的机电设备是逐渐安装投入运行的，自第一台机组开始投入运行（或第一部分灌溉面积开始投产）至工程全部建成达到设计效益之前的这个阶段，称为投产期。在投产期内，由于每年不断安装机组，对机组设备进行配套试运行，并有部分土建工程竣工，因此每年仍需一定的投资。此外，在投产期内每年有部分工程或设备陆续投产，因此工程年运行费和年效益均逐年增加。当水库蓄水到达正常状态，水电站全部机组安装完毕或由水库供水的灌区全部配套时，工程进入正常生产期，简称生产期。在生产期内，虽然每年有运行费、还本付息等费用支出，但由于工程已全部发挥效益，一般收入大于支出或效益大于费用。

由表3-1可知，对水电站土建部分而言，大型水电站经济寿命为50年，中型水电站经济寿命为40年，但机组设备的经济寿命分别为25年或20年，因此在生产期（$t_b \sim t_c$）的中间，尚须更新机组设备，以新机组替换旧机组，其所需资金的来源，即为逐年提存的基本折旧费。当生产期结束时（t_c），整座水电站到达经济寿命。如果平时养护维修工作做得较好，大坝等工程质量仍保持在良好状态，一般只需再次更新机组设备（机组设备投资一般仅占水电站总投资的1/4左右）水电站可以继续运行，只是土建部分（大坝、溢洪道、发电厂房等）的运行维修费逐年有所增加。

三、计算基准年（点）

（一）计算基准年（点）的含义

计算基准年是指在统一核算资金的时间价值时所使用的同一时间节点年份；计算基准点是指计算基准年年初。

(二)计算基准年(点)的意义

由于资金收入与支出的数量在各个时间均不相同,因而存在着如何计算资金的时间价值的问题。为了统一核算,便于综合分析与比较,常须引入计算基准年(点)的概念,相当于进行图解计算前首先要确定坐标轴及其原点。

(三)计算基准年(点)选取的方法原则

计算基准年(点)可以选择在计算期内任何一个时间节点,既可以选在建设期第一年的年初 t_a,也可以选择在生产期第一年的年初 t_b,甚至可以任意选定某一年作为计算基准年,完全取决于计算习惯与方便,对工程经济评价的结论并无影响。为了简化计算,一般建议选择在建设期的第一年(年初为基准点)。

应注意,在整个计算过程中,计算基准年(点)一经确定就不能随意改变。此外,当对若干方案进行经济比较时,虽然各方案的建设期与生产期可能并不相同,但必须选择某一年(初)作为各方案共同的计算基准年(点)。

任务二 基本求和公式

基本计算公式中常用的符号及含义如下:

P——本金或现值,现值 P 是指相对于基准年(或当年)初的数值;

F——本利和,是指从基准年(初)起到第 n 年年末的数值,一般称期值或终值;

G——等差系列的相邻级差值;

i——折现率或利率,常以百分数计;

n——期数,通常以年或月数计。

一、一次收付期值公式

一次收付期值公式为

$$F = P(1+i)^n \tag{3-1}$$

本公式是已知现值 P,求 n 年后的期值 F 的公式。

设年利率为 i,则第 1 年年末的期值或本利和为 $F=P(1+i)$;第 2 年年末的期值或本利和为 $F=P(1+i)(1+i)=P(1+i)^2$,以此类推,可求出第 n 年年末的期值或本利和为 $F=P(1+i)^n$。

式(3-1)中 $(1+i)^n$ 称为一次收付期值因子,常以符号 $(F/P,i,n)$ 表示。这相当于银行的整存整取,见图 3-2。

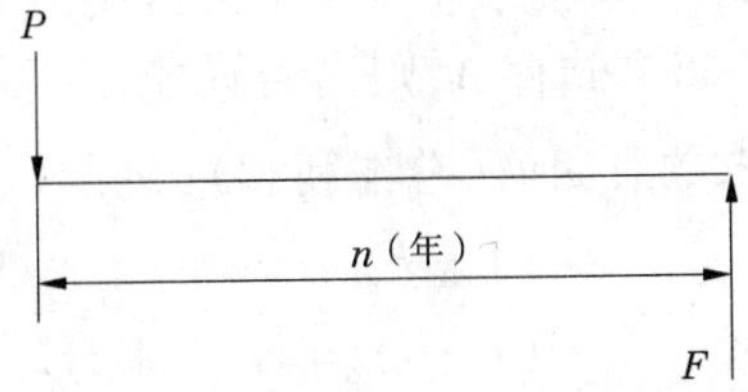

图 3-2 一次收付现值资金流量图

【例 3-1】 已知本金现值 $P=1\ 000$ 元,年利率 $i=12\%$,问 10 年后的本利和 F 为多少?

解:根据式(3-1)

$$F=P(1+i)^n=1\ 000\times(1+0.12)^{10}=1\ 000\times 3.1058=3\ 105.8(\text{元})$$

如果年利率 $i=12\%$ 不变,但要求每月计息一次,则 10 年共有 120 个计息月份数,即

$n=120$,相应月利率 $i=0.12\div12=1\%$。根据式(3-1)

$$F=P(1+i)^n=1\,000\times(1+0.01)^{120}=1\,000\times3.300\,4=3\,300.4(\text{元})$$

由上述可知,虽然本金与年利率两者相同,但由于计息方法不同,因而所求出的利息及期值均不相同。

二、一次收付现值公式

一次收付现值公式为

$$P=F/(1+i)^n=F(P/F,i,n) \tag{3-2}$$

本公式是已知期值 F,反求现值 P 的公式。可由式(3-1)得到。

式(3-2)中 $1/(1+i)^n$ 称为一次收付现值因子,也可表示为 $(P/F,i,n)$。这种用期值折算现值的方法称为贴现法或折现法。

一次收付现值资金量图见图 3-2。

【例 3-2】 已知 10 年后某工程可获得年效益 $F=1\,000$ 万元,年利率 $i=10\%$,问相当于现值(现在的价值)P 为多少?

解:由式(3-2)得

$$P=F/(1+i)^n=1\,000/(1+0.1)^{10}=385.54(\text{万元})$$

三、分期等付期值公式

分期等付期值公式为

$$F=A\left[\frac{(1+i)^n-1}{i}\right] \tag{3-3}$$

本公式是已知 n 年内每年年末储存等额年金 A,求 n 年末的本利和 F。这相当于银行的零存整取。

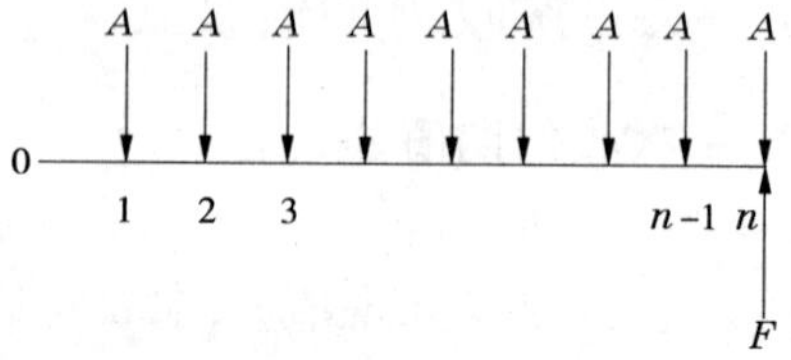

图 3-3 分期等付资金流量图

由图 3-3 可知,第 1 年年末储存 A,至第 n 年年末可得期值 $F_1=A(1+i)^{n-1}$,第 2 年年末储存 A,至第 2 年年末可得期值 $F_2=A(1+i)^{n-2}$,…,第 $(n-1)$ 年年末储存 A,至第 n 年年末可得期值 $F_{n-1}=A(1+i)$,第 n 年年末储存 A,则当时只能得 $F=A$,计算到第 n 年年末的总期值(总本利和):

$$F=F_1+F_2+\cdots+F_n=A(1+i)^{n-1}+A(1+i)^{n-2}+\cdots+A(1+i)+A$$

或者 $$F(1+i)=A(1+i)^n+A(1+i)^{n-1}+\cdots+A(1+i)^2+A(1+i)$$

上述两式相减,得

$$F(1+i)-F=A(1+i)^n-A$$

移项后得

$$F=A\left[\frac{(1+i)^n-1}{i}\right]$$

式(3-3)中 $\left[\frac{(1+i)^n-1}{i}\right]$ 称为分期等付期值因子,也可表示为 $(F/A,i,n)$。

【例 3-3】　设每年年末存款 1 000 元，年利率 $i=10\%$，第 10 年年末的期值 F 为多少？

解：根据 $A=1\ 000$ 元，$i=10\%$，$n=10$，由式(3-3)计算得

$$F=A\left[\frac{(1+i)^n-1}{i}\right]=1\ 000\times\left[\frac{(1+0.1)^{10}-1}{0.1}\right]=1\ 000\times15.937=15\ 937(\text{元})$$

即第 10 年年末可得本利和 F 为 15 937 元。

四、基金存储公式

基金存储公式为

$$A=F\left[\frac{i}{(1+i)^n-1}\right] \tag{3-4}$$

本公式是已知 n 年后需更新机组设备费 F，求算在 n 年内每年年末预先存储一定的基金 A 的公式。A 值的求算实际上就是式(3-3)的逆运算。

式(3-4)中 $\left[\frac{i}{(1+i)^n-1}\right]$ 称为基金存储因子，也可用 $(A/F,i,n)$ 表示。

【例 3-4】　已知 25 年后水电站需更换机组设备费 $F=10$ 万元，它的经济寿命 $n=25$ 年，每年年末应提存多少基本折旧基金 A？已知年利率 $i=10\%$。

解：$A=F\left[\frac{i}{(1+i)^n-1}\right]=10\times10^4\times\left[\frac{0.1}{(1+0.1)^{25}-1}\right]=10\times10^4\times0.010\ 2$

$=1\ 020(\text{元})$

故每年年末应提存基本折旧基金 A 为 1 020 元。

五、本利摊还公式

本利摊还公式为

$$A=P\left[\frac{i(1+i)^n}{(1+i)^n-1}\right] \tag{3-5}$$

本公式是解决借一笔资金 P，要求在 n 年内每年年末等额摊还本息 A，年利率为 i，保证在 n 年后偿清全部本金和利息的问题。由图 3-4 可知，第 1 年年末偿还本息 A，相当于现值 $P_1=A/(1+i)$，第 2 年年末偿还本息 A，相当于现值 $P_2=A/(1+i)^2$，…，第 n 年年末偿还本息 A，相当于现值 $P_n=A/(1+i)^n$，在 n 年内偿还的本息总和相当于现值为：

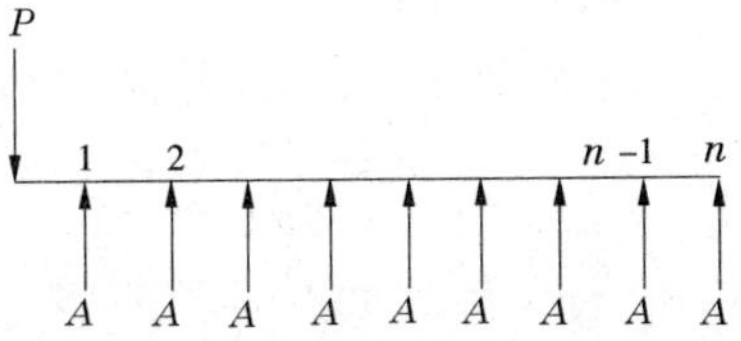

图 3-4　本利摊还资金流量图

$$P=P_1+P_2+\cdots+P_n$$

即
$$P=A/(1+i)+A/(1+i)^2+\cdots+A/(1+i)^n$$

$$P(1+i)^n=A(1+i)^{n-1}+A(1+i)^{n-2}+\cdots+A$$

或
$$P(1+i)^{n+1}=A(1+i)^n+A(1+i)^{n-1}+\cdots+A(1+i)$$

上述两式相减，得

$$P[(1+i)^{n+1}-(1+i)^n]=A[(1+i)^n-1]$$

即 $$A = P\left[\frac{(1+i)^{n+1}-(1+i)^n}{(1+i)^n-1}\right] = P\left[\frac{i(1+i)^n}{(1+i)^n-1}\right]$$

式(3-5)也可由式(3-4)求得,因 $F = P(1+i)^n$,故

$$A = F\left[\frac{i}{(1+i)^n-1}\right] = P(1+i)^n\left[\frac{i}{(1+i)^n-1}\right] = P\left[\frac{i(1+i)^n}{(1+i)^n-1}\right]$$

式(3-5)中 $\left[\frac{i(1+i)^n}{(1+i)^n-1}\right]$ 称为本利摊还因子或资金回收因子,也可用 $(A/P,i,n)$ 表示。

【例3-5】 1980 年年底借给某工程的建设资金 $P=1$ 亿元,规定从 1981 年起每年年底等额偿还本息 A,于 2000 年年底偿清全部本息,按年利率 $i=10\%$ 计息,问 A 为多少?

解:根据式(3-5),$n=20$ 年,故

$$A = P(A/P,i,n) = P\left[\frac{i(1+i)^n}{(1+i)^n-1}\right] = 1\times10^8\times\left[\frac{0.1\times(1+0.1)^{20}}{(1+0.1)^{20}-1}\right]$$

$$= 1\times10^8\times0.117\,46 = 11\,746\,000(\text{元}) = 1\,174.6\text{ 万元}$$

已知条件同例 3-5,但要求从 1991 年开始,每年年底等额偿还本息 A',仍规定在 20 年内还清全部本息,$i=10\%$,问 A' 为多少?

首先选定 1991 年年初(即 1990 年年底)作为计算基准年(点),则根据一次收付期值公式求出 1991 年年初的本利和 P'

$$P' = P(F/P,i,n) = 1\times10^8\times(1+i)^{10} = 2.593\,7(\text{亿元})$$

自 1991 年年底开始,至 2010 年底每年等额偿还本息为

$$A' = P'(A/P,i,n) = P'\left[\frac{i(1+i)^{20}}{(1+i)^{20}-1}\right] = 2.593\,7\times0.117\,46$$

$$= 0.304\,66(\text{亿元}) = 3\,046.6\text{ 万元}$$

本利摊还因子:$(A/P,i,n) = \frac{i(1+i)^n}{(1+i)^n-1} = \left[\frac{i}{(1+i)^n-1}\right]+i = (A/F,i,n)+i$,

其中的 $(A/F,i,n)$ 就是每年须提取的基金存储因子,i 就是利率。设已知现值为 P,则每年还本 $P(A/F,i,n)$ 和付息 Pi,n 年后共计还本付息值为

$$F = [P(A/F,i,n)+Pi](F/A,i,n)$$

$$= P\left[\frac{i}{(1+i)^n-1}\right]\left[\frac{(1+i)^n-1}{i}\right]+Pi\left[\frac{(1+i)^n-1}{i}\right]$$

$$= P+P(1+i)^n-P = P(1+i)^n$$

这相当于 n 年后一次整付本利和 $F=P(1+i)^n$。

综上所述,对上述两例的情况,1980 年底借到本金现值 $P=1$ 亿元,偿清这笔债务有三个方案:

(1)1981~2000 年每年还本付息 1 174.6 万元;

(2)1991~2010 年每年年底还本付息 3 046.6 万元;

(3)到 2000 年年底一次偿还本利和 $F = P(1+i)^n = 1\times10^8\times(1+0.1)^{20} = 6.727\,5$(亿元)。

这三个偿债方案是等价值的,至于采用哪一个方案须根据协议执行。

同前，若已知该工程于2000年年底尚可回收残值 $L=1\ 000$ 万元，问：从1981年起每年年底等额偿还本息 A 为多少？

该工程于2000年年底一次回收残值 L，相当于1981～2000年每年回收资金 $A'=L(A/F,i,n)=L\left[\frac{i}{(1+i)^n-1}\right]$；对于1980年年底所借资金 $P=1$ 亿元，在1981～2000年每年应偿付本金 $A''=P(A/P,i,n)=P\left[\frac{i(1+i)^n}{(1+i)^n-1}\right]$；两者相减，每年本利摊还值应为

$$A=A''-A'=P\left[\frac{i(1+i)^n}{(1+i)^n-1}\right]-L\left[\frac{i}{(1+i)^n-1}\right]=(P-L)\left[\frac{i(1+i)^n}{(1+i)^n-1}\right]+Li$$

将已知值代入，$A=(10\ 000-1\ 000)\times\left[\frac{0.1\times(1+0.1)^{20}}{(1+0.1)^{20}-1}\right]+1\ 000\times0.1=1\ 157$（万元），与前一例计算结果比较，每年本利摊还值减少 $\Delta A=1\ 174.6-1\ 157=17.6$（万元）。

六、分期等付现值公式

分期等付现值公式为

$$P=A\left[\frac{(1+i)^n-1}{i(1+i)^n}\right] \tag{3-6}$$

本公式是解决已知分期等付年均值 A，求现值 P，可以由式(3-5)进行逆运算求得。

式(3-6)中 $\left[\frac{(1+i)^n-1}{i(1+i)^n}\right]$ 称为分期等付现值因子或等额系列现值因子，也可以用 $(P/A,i,n)$ 表示。

特别提醒：现值 P 总是在第1年年初，期值 F 总是在第 n 年年末，年均值 A 总是在各年的年末，否则不能直接应用式(3-1)～式(3-6)。

任务三 等差系列折算公式

一、等差递增系列折算公式

设有一系列等差收入（或支出）$0,G,2G,\cdots,(n-1)G$ 分别于第 $1,2,\cdots,n$ 年年末收入（或支出），见图3-5，求该等差系列在第 n 年年末的期值 F、在第1年年初现值 P 以及相当于等额系列的年摊还值 A，已知年利率为 i。

（一）等差递增期值公式

求期值 F 的公式为

$$F=\frac{G}{i}\left[\frac{(1+i)^n-1}{i}-n\right]=\frac{G}{i}[(F/A,i,n)-n]=G(F/G,i,n) \tag{3-7}$$

式(3-7)中 $(F/G,i,n)$ 称为等差递增期值因子。

式(3-7)的推导过程如下：

由图3-5可知，第 n 年年末的期值 F 可用下式计算：

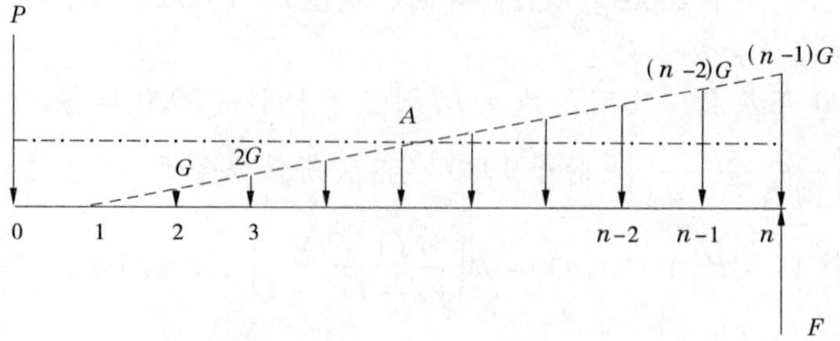

图 3-5　等差递增系列资金流量图

$$
\begin{aligned}
F &= G(1+i)^{n-2} + 2G(1+i)^{n-3} + \cdots + (n-1)G \\
&= \left.\begin{matrix} G(1+i)^{n-2} + G(1+i)^{n-3} + \cdots + G \\ + G(1+i)^{n-3} + \cdots + G \\ \vdots \\ + G \end{matrix}\right\} \text{共有}(n-1)\text{项} \\
&= G\frac{(1+i)^{n-1}-1}{i} + G\frac{(1+i)^{n-2}-1}{i} + \cdots + G\frac{(1+i)-1}{i} \\
&= \frac{G}{i}\left[(1+i)^{n-1} + (1+i)^{n-2} + \cdots + (1+i) - (n-1)\right] \\
&= \frac{G}{i}\left[(1+i)\frac{(1+i)^{n-1}-1}{i} - (n-1)\right] \\
&= \frac{G}{i}\left[\frac{(1+i)^{n}-1-i}{i} - n + 1\right]
\end{aligned}
$$

即
$$F = \frac{G}{i}\left[\frac{(1+i)^n-1}{i} - n\right] = \frac{G}{i}\left[(F/A,i,n) - n\right]$$

（二）等差递增现值公式

求现值 P 的公式为

$$P = \frac{G}{i}\left[(P/A,i,n) - n(P/F,i,n)\right] = G(P/G,i,n) \tag{3-8}$$

由式(3-2)知 $P=F/(1+i)^n$，代入式(3-7)，化简后可得式(3-8)。

式(3-8)中 $(P/G,i,n)$ 称为等差递增现值因子。

（三）等差递增年值公式

求年值 A 的公式为

$$A = G\left[\frac{1}{i} - \frac{n}{(1+i)^n-1}\right] = G(A/G,i,n) \tag{3-9}$$

由式(3-4)，$A=F\left[\frac{i}{(1+i)^n-1}\right]$，代入式(3-7)，化简后可得式(3-9)。式中 $(A/G,i,n)$ 为等差递增年值因子。

【例 3-6】　已知某水电站机组台数较多，投产期长达 10 年。随着水力发电机组容量的逐年增加，电费年收入为一个等差递增系列，$G=100$ 万元，$i=10\%$，$n=10$ 年，见图 3-6。

试求该水电站在投产期内总效益的现值。

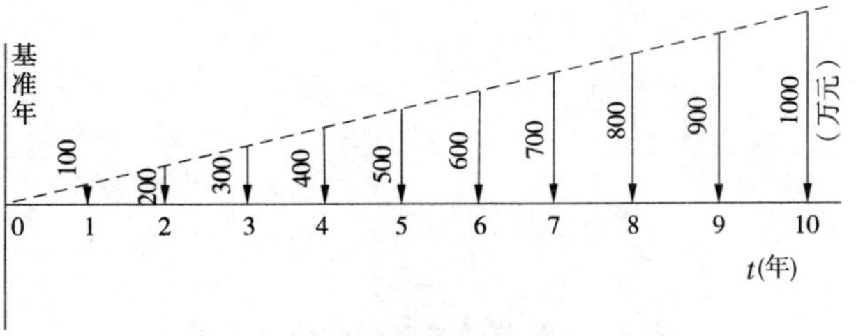

图 3-6 水电站投产期年电费收入图

解:由于该电站在第 1 年年末就可获得效益 $A=100$ 万元,这与图 3-5 所示的等差系列模式不同,因此必须把这个等差系列分解为两部分:①$A=100$ 万元的分期等付系列;②$G=100$万元的等差系列,这样才符合图 3-5 所示的模式。现分别求这两个系列的现值。

(1)已知 $A=100$ 万元,$n=10$,$i=10\%$,根据式(3-6)

$$P_1=A(P/A,i,n)=A\left[\frac{(1+i)^n-1}{i(1+i)^n}\right]=100\times 6.1446=614.46(\text{万元})$$

(2)已知 $G=100$ 万元,$i=10\%$,$n=10$,根据式(3-8)

$$P_2=\frac{G}{i}[(P/A,i,n)-n(P/F,i,n)]=1\,000\times(6.1446-10\times 0.38554)$$

$$=2\,289.2(\text{万元})$$

上述两部分合计得总效益的现值 $P=P_1+P_2=614.46+2\,289.2=2\,903.66$(万元)。

(3)也可由下列公式直接求出 P 值。

必须注意,在进行等差系列计算时,必须进行数学处理,使其符合图 3-5 所示的模式,否则不能直接应用式(3-7)~式(3-9)。

$$P=G(P/A,i,n)+\frac{G}{i}[(P/A,i,n)-n(P/F,i,n)]$$

$$=G\left[\frac{(1+i)^n-1}{i(1+i)^n}\right]+\frac{G}{i}\left[\frac{(1+i)^n-1}{i(1+i)^n}-\frac{n}{(1+i)^n}\right]$$

$$=100\times\left[\frac{(1+0.1)^{10}-1}{0.1\times(1+0.1)^{10}}\right]+\frac{100}{0.1}\times\left[\frac{(1+0.1)^{10}-1}{0.1\times(1+0.1)^{10}}-\frac{10}{(1+0.1)^{10}}\right]$$

$$=100\times 6.1446+1\,000\times 2.2892=2\,903.66(\text{万元})$$

二、等差递减系列折算公式

(一)等差递减期值公式

设有等差收入(或支出)$(n-1)G,(n-2)G,\cdots,2G,G,0$ 分别于 $1,2,\cdots,n$ 年末收入(或支出),如图 3-7 所示。已知年利率为 i,求等差递减系列在第 n 年年末的期值 F。

设投入资金发生在每年年末,期值 F 发生在第 n 年年末,以计算期(存期或借贷期)的第 1 年为基准年,其年初为基准点,对等差递减系列期值公式推导如下:

$$F=(n-1)G(1+i)^{n-1}+(n-2)G(1+i)^{n-2}+\cdots+2G(1+i)^2+G(1+i) \quad ①$$

①×$(1+i)$得:

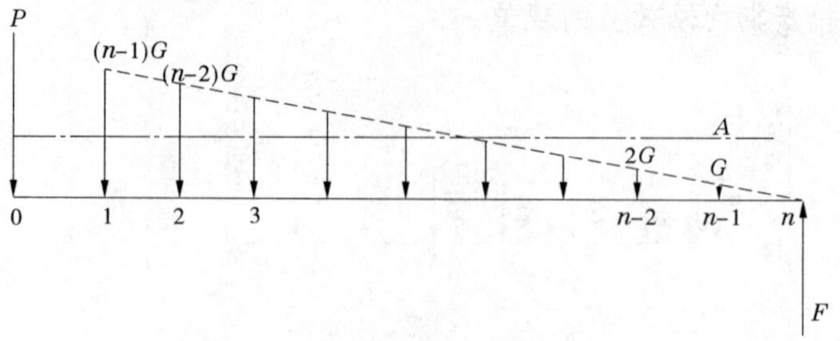

图 3-7 等差递减系列资金流量图

$$(1+i)F=(n-1)G(1+i)^{n}+(n-2)G(1+i)^{n-1}+\cdots+2G(1+i)^{3}+G(1+i)^{2} \quad ②$$

②－①得：

$$iF=G\{(n-1)(1+i)^{n}-[(1+i)^{n-1}+(1+i)^{n-2}+\cdots+(1+i)^{2}+(1+i)]\}$$
$$=G\{(n-1)(1+i)^{n}-\frac{(1+i)[1-(1+i)^{n-1}]}{1-(1+i)}\}$$
$$=G\{(n-1)(1+i)^{n}+\frac{(1+i)[1-(1+i)^{n-1}]}{i}\}$$

所以
$$F=\frac{G}{i}\left\{(n-1)(1+i)^{n}+\frac{(1+i)[1-(1+i)^{n-1}]}{i}\right\} \quad (3\text{-}10)$$

式中，$\frac{1}{i}\left\{(n-1)(1+i)^{n}+\frac{(1+i)[1-(1+i)^{n-1}]}{i}\right\}$为等差递减系列期值因子，记为$(F/G,i,n)$。式(3-10)可记为$F=G(F/G,i,n)$。

【例 3-7】 设某工程运行期长达$n=10$年，每年投入呈等差递减数列，级差$G=10$万元，年利率为$i=10\%$，问 10 年后本利和F为多少？

解：将数据代入式(3-10)：

$$F=\frac{G}{i}\left\{(n-1)(1+i)^{n}+\frac{(1+i)[1-(1+i)^{n-1}]}{i}\right\}$$
$$=\frac{10}{0.1}\times\left\{(10-1)(1+0.1)^{10}+\frac{(1+0.1)[1-(1+0.1)^{10-1}]}{0.1}\right\}$$
$$=840.626(\text{万元})$$

故 10 年后本利和为 840.626 万元。

(二)等差递减现值公式

设有等差收入(或支出)$(n-1)G,(n-2)G,\cdots,2G,G,0$ 分别于 $1,2,\cdots,n$ 年末收入(或支出)如图 3-7 所示。已知年利率为i，求等差递减系列在n年内第一年年初的现值P。

A发生在第一年年初，以计算期(存期或借贷期)的第一年为基准年，其年初为基准点，对此系列现值公式推导如下：

由等差递增期值公式和一次收付现值公式

$$F=\frac{G}{i}\{(n-1)(1+i)^{n}+\frac{(1+i)[1-(1+i)^{n-1}]}{i}\}$$

$$P=F(1+i)^{-n}$$

可以推导出所需要的等差递减系列现值公式

$$P=\frac{G}{i(1+i)^n}\{(n-1)(1+i)^n+\frac{(1+i)[1-(1+i)^{n-1}]}{i}\}$$

即

$$P=\frac{G}{i}[(n-1)+\frac{1}{i(1+i)^{n-1}}-\frac{1}{i(1+i)}] \quad (3\text{-}11)$$

式中，$\frac{1}{i}[(n-1)+\frac{1}{i(1+i)^{n-1}}-\frac{1}{i(1+i)}]$为等差递减系列现值因子，记为$(P/G,i,n)$。式(3-11)可记为$P=G(P/G,i,n)$。

【例3-8】 设某工程运行期长达$n=10$年，每年投入呈等差递减数列，$G=10$万元，年利率为$i=10\%$，问10年内投入的资金折算到第一年年初的现值P为多少？

解：由公式(3-11)得

$$P=\frac{G}{i}[(n-1)+\frac{1}{i(1+i)^{n-1}}-\frac{1}{i(1+i)}]$$

$$=\frac{10}{0.1}\times[(10-1)+\frac{1}{0.1\times(1+0.1)^{10-1}}-\frac{1}{0.1\times(1+0.1)}]=415.007(\text{万元})$$

故10年初的现值为415.007万元。

(三)等差递减年值公式

设有等差收入(或支出)$(n-1)G,(n-2)G,\cdots,2G,G,0$分别于$1,2,\cdots,n$年末收入(或支出)如图3-7所示。已知年利率为$i$，求等差递减系列在$n$年内每年年末的等额年值$A$。

A发生在每年年末，以计算期(存期或借贷期)的第一年为基准年，其年初为基准点，对此系列年值公式推导于下：

由等差递增期值公式和基金存储公式

$$F=\frac{G}{i}\{(n-1)(1+i)^n+\frac{(1+i)[1-(1+i)^{n-1}]}{i}\}$$

$$A=\frac{Fi}{(1+i)^n-1}$$

可以导出所需要的等差递减系列现值公式

$$A=\frac{G}{(1+i)^n-1}\{(n-1)(1+i)^n+\frac{(1+i)[1-(1+i)^{n-1}]}{i}\} \quad (3\text{-}12)$$

式中，$\frac{1}{(1+i)^n-1}\{(n-1)(1+i)^n+\frac{(1+i)[1-(1+i)^{n-1}]}{i}\}$为等差递减系列年值因子，记为$(A/G,i,n)$。式(3-12)可记为$A=G(A/G,i,n)$。

【例3-9】 设某工程运行期长达$n=10$年，每年投入呈等差递减数列，$G=10$万元，年利率为$i=10\%$，问10年中每年年末等额金A为多少？

解：由公式

$$A=\frac{G}{(1+i)^n-1}\{(n-1)(1+i)^n+\frac{(1+i)[1-(1+i)^{n-1}]}{i}\}$$

$$=\frac{10}{(1+0.1)^{10}-1}\times\{(10-1)(1+0.1)^{10}+\frac{(1+0.1)[1-(1+0.1)^{10-1}]}{0.1}\}$$

$= 52.745$(万元)

故 10 年中每年年末等额金为 52.745 万元。

任务四　等比系列折算公式

一、等比递增系列折算公式

(一)期值 F 的计算公式

期值 F 的计算公式为

$$F = \frac{(1+i)^n - (1+j)^n}{i-j}G_1 = G_1(F/G_1,i,j,n) \tag{3-13}$$

式(3-13)中$(F/G_1,i,j,n)$为等比递增期值因子。

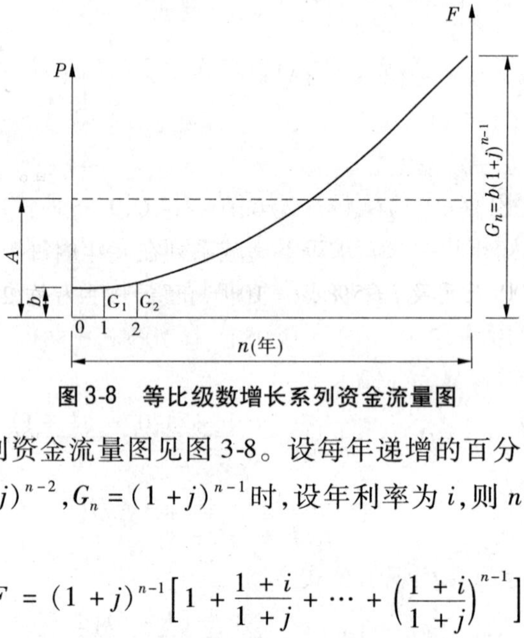

图 3-8　等比级数增长系列资金流量图

等比级数增长系列资金流量图见图 3-8。设每年递增的百分比为j，当 $G_1=1, G_2=(1+j),\cdots,G_{n-1}=(1+j)^{n-2}, G_n=(1+j)^{n-1}$时，设年利率为$i$，则 n 年后的本利和即期值为

$$F = (1+j)^{n-1}\left[1+\frac{1+i}{1+j}+\cdots+\left(\frac{1+i}{1+j}\right)^{n-1}\right] \qquad ①$$

式①两侧乘以$\left(\frac{1+i}{1+j}\right)$，则得

$$\left(\frac{1+i}{1+j}\right)F = (1+j)^{n-1}\left[\frac{1+i}{1+j}+\left(\frac{1+i}{1+j}\right)^2+\cdots+\left(\frac{1+i}{1+j}\right)^n\right] \qquad ②$$

式②减式①则得

$$\left(\frac{1+i}{1+j}-1\right)F = (1+j)^{n-1}\left[\left(\frac{1+i}{1+j}\right)^n - 1\right]$$

当 $G_1=1$ 时，期值 $F=\frac{(1+i)^n-(1+j)^n}{i-j}G_1 = G_1(F/G_1,i,j,n)$。

(二)现值 P 的计算公式

现值 P 的计算公式为

$$P=\frac{(1+i)^n-(1+j)^n}{(i-j)(1+i)^n}G_1=G_1(P/G_1,i,j,n) \tag{3-14}$$

将 $F=P(1+i)^n$ 代入式(3-13)，则得现值公式(3-14)。

式(3-14)中 $(P/G_1,i,j,n)$ 为等比递增现值因子。

(三)年均值 A 的计算公式

年均值 A 的计算公式

$$A=\frac{i[(1+i)^n-(1+j)^n]}{(i-j)[(1+i)^n-1]}G_1=G_1(A/G_1,i,j,n) \tag{3-15}$$

根据等比增长系列与等额收付系列，将式(3-6)代入式(3-14)，则

$$P=A\frac{(1+i)^n-1}{i(1+i)^n}=\frac{(1+i)^n-(1+j)^n}{(i-j)(1+i)^n}G_1$$

化简后得出年均值

$$A=\frac{i[(1+i)^n-(1+j)^n]}{(i-j)[(1+i)^n-1]}G_1=G_1(A/G_1,i,j,n)$$

式(3-15)中 $(A/G_1,i,j,n)$ 为等比递增年值因子。

【例3-10】 某水利工程于1991年投产，该年年底获得年效益 $G_1=200$ 万元，以后拟加强经营管理，年效益将以 $j=5\%$ 的速度按等比级数逐年递增。设年利率 $i=10\%$，问2000年末该工程年效益为多少？在1991~2000年的10年内总效益现值 P 及其年均值 A 各为多少？

解：(1)根据 $G_1=200$ 万元及 $j=5\%$，$n=10$ 年，预计该工程在2000年末的年效益为

$$G_{10}=G_1(1+j)^{n-1}=200\times(1+0.05)^9=200\times1.551=310.2\text{(万元)}$$

(2)根据式(3-14)，该工程在1991~2000年的总效益现值为

$$P=\frac{(1+i)^n-(1+j)^n}{(i-j)(1+i)^n}G_1=\frac{2.594-1.629}{(0.10-0.05)\times2.594}\times200=1\,488\text{(万元)}$$

(3)根据式(3-15)，该工程在1991~2000年的效益年均值为

$$A=\frac{i[(1+i)^n-(1+j)^n]}{(i-j)[(1+i)^n-1]}G_1=\frac{0.1\times[(1+0.1)^{10}-(1+0.05)^{10}]}{(0.10-0.05)\times[(1+0.1)^{10}-1]}\times200$$
$$=242\text{(万元)}$$

二、等比递减系列折算公式

(一)期值 F 的计算公式

期值 F 的计算公式

$$F=\frac{(1+j)^n(1+i)^n-1}{(1+j)(1+i)-1}a=\frac{(1+j)^n(1+i)^n-1}{(1+j)(1+i)-1}G_n \tag{3-16}$$

式(3-16)中 $\frac{(1+j)^n(1+i)^n-1}{(1+j)(1+i)-1}$ 为等比递减期值因子，也可表示为 $(F/G_n,i,j,n)$。

等比级数减少系列资金流量图见图3-9。每年减少的百分比为 j，当 $a=1$ 时，则 $G_1=(1+j)^{n-1}$，$G_2=(1+j)^{n-2}$，…，$G_{n-1}=(1+j)$，$G_n=1$，设年利率为 i，则 n 年后本利和(期值)为

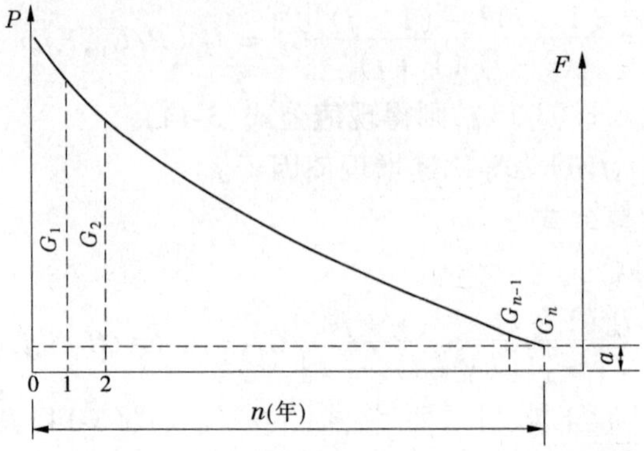

图 3-9 等比级数减少系列资金流量图

$$F = (1+j)^{n-1}(1+i)^{n-1} + (1+j)^{n-2}(1+i)^{n-2} + \cdots + (1+j)(1+i) + 1 \quad ①$$

$$F(1+j)(1+i) = (1+j)^n(1+i)^n + (1+j)^{n-1}(1+i)^{n-1} + \cdots + (1+j)^2(1+i)^2 + (1+j)(1+i) \quad ②$$

式②减式①,则 $F[(1+j)(1+i)-1] = (1+j)^n(1+i)^n - 1$

当 $G_n = a$ 时,则期值 $F = \dfrac{(1+j)^n(1+i)^n-1}{(1+j)(1+i)-1}a = \dfrac{(1+j)^n(1+i)^n-1}{(1+j)(1+i)-1}G_n$

(二)现值 P 的计算公式

现值 P 的计算公式

$$P = \frac{(1+j)^n(1+i)^n-1}{[(1+j)(1+i)-1](1+i)^n}G_n \tag{3-17}$$

式(3-17)中 $\dfrac{(1+j)^n(1+i)^n-1}{[(1+j)(1+i)-1](1+i)^n}$ 为等比递减现值因子,也可表示为 $(P/G_n, i, j, n)$。

将 $F = P(1+i)^n$ 代入式(3-16),则可得现值公式(3-17)。

(三)年均值 A 的计算公式

年均值 A 的计算公式

$$A = \frac{[(1+j)^n(1+i)^n-1]i}{[(1+j)(1+i)-1][(1+i)^n-1]}G_n \tag{3-18}$$

式(3-18)中 $\dfrac{[(1+j)^n(1+i)^n-1]i}{[(1+j)(1+i)-1][(1+i)^n-1]}$ 为等比递减年值因子,也可表示为 $(A/G_n, i, j, n)$。

将式(3-6)代入式(3-17),则

$$P = A\left[\frac{(1+i)^n-1}{i(1+i)^n}\right] = \frac{(1+j)^n(1+i)^n-1}{[(1+j)(1+i)-1](1+i)^n}G_n$$

化简后得年均值公式(3-18)。

【例 3-11】 某水库于 1990 年年底建成后年效益为 162.9 万元,投入运行后由于水库淤积等原因,估计年效益以 $j=5\%$ 的速度按等比级数逐年递减。假设年利率 $i=10\%$,问 2000 年末该水库年效益为多少?在 1991~2000 年效益递减的 10 年内总效益现值 P 及

其年均值 A 各为多少?

解:(1)根据1990年年底水库年效益尚保持为162.9万元,以后逐年递减率 $j=5\%$,预计2000年水库年效益

$$G_n = a = \frac{162.9}{(1+j)^{10}} = \frac{162.9}{(1+0.05)^{10}} = 100(\text{万元})$$

(2)根据式(3-17),该水库在1991~2000年的总效益现值为

$$P = \frac{(1+j)^n(1+i)^n - 1}{[(1+j)(1+i)-1](1+i)^n}a = \frac{(1+0.05)^{10}(1+0.1)^{10}-1}{[(1+0.05)(1+0.1)-1](1+0.1)^{10}} \times 100$$

$$= \frac{1.629 \times 2.594 - 1}{(1.155-1) \times 2.594} \times 100 = 802(\text{万元})$$

(3)根据式(3-18),该水库在1991~2000年的效益年均值为

$$A = \frac{[(1+j)^n(1+i)^n - 1]i}{[(1+j)(1+i)-1][(1+i)^n-1]}a$$

$$= \frac{[(1+0.05)^{10}(1+0.1)^{10}-1] \times 0.1}{[(1+0.05)(1+0.1)-1][(1+0.1)^{10}-1]}$$

$$= \frac{[1.629 \times 2.594 - 1] \times 0.1}{[1.05 \times 1.1 - 1](2.594-1)} \times 100 = 130.5(\text{万元})$$

任务五　折算公式及折算因子

为了便于比较反映资金的时间价值的各个计算公式,现将有关的折算因子汇总列于表3-2中。

表3-2　考虑资金的时间价值的折算因子及折算公式表

序号	名称	符号	折算公式
1	一次收付期值因子	$(F/P,i,n)$	$F/P=(1+i)^n$
2	一次收付现值因子	$(P/F,i,n)$	$P/F=1/(1+i)^n$
3	分期等付期值因子	$(F/A,i,n)$	$F/A=\frac{(1+i)^n-1}{i}$
4	基金存储因子	$(A/F,i,n)$	$A/F=\frac{i}{(1+i)^n-1}$
5	本利摊还因子	$(A/P,i,n)$	$A/P=\frac{i(1+i)^n}{(1+i)^n-1}$
6	分期等付现值因子	$(P/A,i,n)$	$P/A=\frac{(1+i)^n-1}{i(1+i)^n}$
7	等差递增期值因子	$(F/G,i,n)$	$F/G=\frac{(1+i)^n-1}{i^2}-\frac{n}{i}$
	等差递增现值因子	$(P/G,i,n)$	$P/G=\frac{(1+i)^n-1}{i^2(1+i)^n}-\frac{n}{i(1+i)^n}$
	等差递增年值因子	$(A/G,i,n)$	$A/G=\frac{1}{i}-\frac{n}{(1+i)^n-1}$

续表 3-2

序号	名称	符号	折算公式
8	等比递增系列期值因子	$(F/G_1,i,j,n)$	$F/G_1=\frac{(1+i)^n-(1+j)^n}{i-j}$
	等比递增系列现值因子	$(P/G_1,i,j,n)$	$P/G_1=\frac{(1+i)^n-(1+j)^n}{(i-j)(1+i)^n}$
	等比递增系列年值因子	$(A/G_1,i,j,n)$	$A/G_1=\frac{i[(1+i)^n-(1+j)^n]}{(i-j)[(1+i)^n-1]}$
9	等比递减系列期值因子	$(F/G_n,i,j,n)$	$F/G_n=\frac{(1+j)^n(1+i)^n-1}{(1+j)(1+i)-1}$
	等比递减系列现值因子	$(P/G_n,i,j,n)$	$P/G_n=\frac{(1+j)^n(1+i)^n-1}{[(1+j)(1+i)-1](1+i)^n}$
	等比递减系列年均值因子	$(A/G_n,i,j,n)$	$A/G_n=\frac{[(1+j)^n(1+i)^n-1]i}{[(1+j)(1+i)-1][(1+i)^n-1]}$

项目四　经济评价方法原理

任务一　概　述

一、水利工程建设项目经济评价的目的

水利工程建设项目经济评价的总目标是通过经济评价为水利工程建设进行投资决策提供依据。水利工程经济评价是根据国民经济发展的要求，在工程技术可行的基础上，分析和计算工程建设项目投入的费用和产出的效益，然后进行经济评价，为水利工程建设项目进行投资决策提供主要依据，也是水利工程建设项目可行性研究报告和初步设计的重要内容。

二、水利工程建设项目经济评价的基本原则

水利工程建设项目的经济评价一般包括国民经济评价和财务评价两部分。国民经济评价是从整个国民经济的发展出发，采用影子价格分析计算水利工程建设项目的净效益，以此判定水利建设项目的经济合理性。财务评价是从项目财务核算单位出发，在现行财税制度和现行价格条件下，计算水利工程建设项目所需的财务支出和可以获得的财务收入，以此评价水利建设项目的财务可行性。

三、水利工程建设项目经济评价的一般方法

水利工程建设项目的经济评价应以国民经济评价为主。当国民经济评价合理，财务评价可行时，该项目才能成立。当国民经济评价与财务评价的结果有矛盾时，应以国民经济评价的结果作为项目取舍的主要依据。某些以发展农业为主的水利建设项目（例如灌排工程等），国民经济评价认为合理，而财务评价认为不可行（虽有一定水费等收入，但不能维持简单再生产）时，则可向主管部门提出要求，给予某些优惠政策，使该项目在财务上具有生存能力。某些公益性水利建设项目（例如防洪、治涝工程），当国民经济评价认为合理，但没有或者很少有财务收入（例如征收一些防洪费、治涝费）时，可向地方政府申请补贴（包括投资与年运行费），使项目在财务上得以自我维持。在规划阶段，某些非盈利性工程项目，由于资料不充分，研究深度较浅，也可以不进行财务评价。

四、水利工程建设项目经济评价参数的确定

对于具有综合利用任务的水利建设项目，一般可先对项目所需的投资和年运行费在

各部门之间进行合理分摊，以便选择经济合理的开发方式和建设规模，但项目的国民经济评价和财务评价均应以整体评价为主，必要时也可进行分项评价。国民经济评价原则上应考虑项目的全部效益与全部费用，财务评价只计算本项目的实际收入和支出，对间接的即外部的效益与费用不计入。

水利工程建设项目经济评价的计算期包括建设期和生产期。计算期的基准年（点）一般建议定在建设期的第1年年初。费用投入和效益产出，按实际情况确定在年初、年中或者年末。

水利工程建设项目经济评价所采用的经济评价指标主要是动态经济指标。对于某些小型水利工程，由于投资流程较短，在进行初步估算时也有采用静态经济评价指标的。我国经济体制改革正在深入开展，与国民经济评价有关的参数（例如社会折现率、影子价格等）和与财务评价有关的参数（例如各行业的基准收益率、现行价格、贷款利率、税率等）都是随着经济发展形势、商品和资金的供求关系等许多因素而不断进行调整的，有关财务规定更是经常进行修改和补充，因此在实际经济评价工作中，应随时注意情况变化，按有关部门的新规定执行。

五、互斥方案比选的前提

水利水电工程在规划、勘测设计、施工和运行管理各个阶段，在满足国民经济各部门要求的前提下，往往有多个方案以供比较选择，各个比选方案应满足以下比选的前提条件。

（一）满足需要的可比性

各个比选方案在产品（水、电或其他）数量、质量、时间、地点、可靠性等方面，都必须同等程度地满足国民经济发展的需要。例如，为了满足某个地区供水的要求，既可以就地开发地下水资源，凿深井抽提地下水，也可以在河流上筑坝拦蓄河水，经过水处理后供给各个用水户。这两个方案在技术上都是可行的，同时均能满足该地区对水量、水质及可靠性等的要求。又如为了满足该地区供电的要求，可以修建水电站，也可以修建火电站，但要考虑水电站、火电站不同的厂用电要求和输变电损失，以及调频、调峰、调谷、事故备用等方面是否都能满足电力系统的要求，也可以考虑修建担任调峰与调谷的抽水蓄能水电站和担任基荷的核电站，同样满足对上述情况的供电要求。

（二）满足费用的可比性

各个比选方案的费用都应包括工程的造价和年运行费两部分，而且还应该包括主体工程和配套工程等全部费用。例如，在电力建设工程中，无论水电站方案还是火电站方案，其费用都应从一次能源开发工程计算起，至二次能源转变完成并输电至负荷中心地区为止。因此，水电站方案的费用应包括水库、输水建筑物、水电厂、输变电工程等各部分费用；火电站方案的费用则应包括煤矿、铁路、火电厂、输变电工程等各部分费用，这样水电站、火电站开发方案的总费用才具有可比性。灌溉工程也有类似情况，无论渠灌方案还是井灌方案，每亩水浇地的总费用均应包括各级渠系工程及田间工程等主体工程和配套工程所需的全部投资与运行费用之和。

（三）满足价值的可比性

各个比选方案的投入物和产出物的价格都应当反映其价值。可是，当前在经济比较分析中存在几个重要的问题，就是我国某些产品（例如粮食、燃料、水、电等）的现行价格不能反映其价值，即价格与价值之间存在着相当大的背离。因此，国家计划委员会于1987年颁布的《建设项目经济评价方法与参数》中明确规定：在进行国民经济评价时，对于国内价格明显不合理的投入物和产出物，应以影子价格进行效益和费用的计算。

计算建设项目投入物费用的影子价格，常划分为外贸货物、非外贸货物和特殊投入物（例如劳动力和土地）等三种不同类型，应分别计算其影子价格：

（1）外贸货物。指直接或间接影响国家进出口的货物，应以预测的口岸价格为基础，另考虑国内影子运输费用和贸易费用。

（2）非外贸货物。可根据《建设项目经济评价方法与参数》（最新版）所发布的经济评价方法和参数得出，其影子价格由下列公式求出。

$$\text{非外贸货物影子价格} = \text{出厂价} \times \text{成本分析换算系数} + \text{影子运费} \tag{4-1}$$

（3）特殊投入物。

$$\text{影子工资} = (\text{标准工资} + \text{工资性津贴} + \text{职工福利基金}) \times \text{换算系数} \tag{4-2}$$

$$\text{土地费用} = \sum \text{土地在工程项目整个占用期间逐年净效益的现值} \tag{4-3}$$

（四）满足时间价值的可比性

由于各个比选方案的建设期及其各年投资的多少不同，生产期各年的效益和年运行费也不相同，为了便于比较，必须把各年的投资、年运行费支出和效益收入，根据规定的社会折现率或利率统一折算到同一计算基准年，求出各方案的总现值，或者折算为平均年值，然后进行方案比较。

（五）满足环境与生态平衡的可比性

修建水利工程无论采用哪个方案，都应同等程度满足对环境保护、生态平衡等方面的要求，或者采取补偿措施，使各比较方案都能满足国家规定的要求。例如，水电站方案一般均有水库淹没损失，此时应考虑各种补偿投资费用，以便安置库区移民，使他们搬迁后的生产和生活水平不低于原来水平，对淹没对象应考虑防护工程费或恢复改建费。火电站方案中采用燃煤时，必然对周围环境产生污染，因此应尽早考虑设置消烟、除尘、去硫设备以及灰碴清除工程，确保环境质量，为此增加的费用均应计入火电站的基本建设投资中。

任务二　动态评价方法

一、净现值（NPV）法

（一）净现值（NPV）法的含义

净现值（NPV）是指将工程项目在整个计算期内各年末的效益 B 与费用 C 的差额（费用包括投资 K 和年运行费 U，即 $C = K + U$），按一定折现率 i 折算至基准年（点）的现值之和。

（二）净现值（NPV）法的表达式

设基准点在计算期初，则

$$NPV(i) = \sum_{t=0}^{n} (B - C)_t (1 + i)^{-t} \tag{4-4}$$

式中 B——各年效益；

C——各年费用；

$(B-C)_t$——第 t 年的净现金流量；

t——计算期内各年的序号，基准点的序号为 0；

n——计算期期数，一般为项目的寿命期；

i——设定的折现率。

（三）净现值（*NPV*）法的用途

净现值是反映项目投资盈利能力的一个重要的动态评价指标，它广泛应用于项目经济评价中。净现值的优点在于它不仅考虑了资金的时间价值对项目进行动态评价，而且考虑了项目在整个寿命期内的经济状况，并且直接以货币额的形式表示项目投资的收益性大小，经济意义明确、直观。

（四）净现值（*NPV*）法的用法

在项目进行经济评价时，若 $NPV \geq 0$，则该项目在经济上是可以接受的；反之，若 $NPV < 0$，则该项目在经济上是应给予拒绝的。

当给定的折现率 $i = i_c$ 时，若 $NPV(i_c) = 0$，表示该项目达到行业基准率标准，而不是表示该项目盈亏平衡；若 $NPV(i_c) > 0$，则表示该项目可以获得比行业基准收益率更高的收益；相应地，若 $NPV(i_c) < 0$，仅表示该项目不能达到行业基准收益率水平，不能确定该项目的盈亏。

在进行多方案的比较选优时，一般认为 *NPV* 最大的方案，即是经济上最为有利的方案。

（五）净现值（*NPV*）法的应用

【例 4-1】 某项目的投资及年收入如表 4-1 所示，求该项目的净现值。（基准收益率为 12%）

表 4-1 某项目的投资及年收入表 （单位：万元）

年份	成本				收入	净现金流量
	投资	流动资金	生产成本	总成本		
第 0 年	200	—	—	200	—	-200
第 1 年	200	—	—	200	—	-200
第 2 年	100	—	—	100	—	-100
第 3 年	100	—	—	100	—	-100
第 4 年	50	300	—	350	—	-350
第 5 年	—	—	50	50	600	550
第 6 年	—	—	100	100	600	500
第 7 年	—	—	100	100	600	500
第 8 年	—	—	100	100	600	500
第 9 年	—	—	100	100	600	500
总计	650	300	450	1 400	3 000	1 600

解：用列表法计算该项目的 *NPV*(12%)，则见表 4-2。

表 4-2　列表法求解 NPV 值

年份	净现金流量	12% 的现值系数	现值	现值和
第 0 年	-200	1.00	-200	-200
第 1 年	-200	0.893	-178.6	-378.6
第 2 年	-100	0.797	-79.7	-458.3
第 3 年	-100	0.712	-71.2	-529.5
第 4 年	-350	0.636	-222.6	-752.1
第 5 年	550	0.567	311.85	-440.25
第 6 年	500	0.507	253.5	-186.75
第 7 年	500	0.452	226.0	39.25
第 8 年	500	0.404	202.0	241.25
第 9 年	500	0.361	180.5	421.75

利用公式计算，则有：

$$
\begin{aligned}
NPV(12\%) = & \left[\frac{550}{(1+12\%)^5}\right]+\left[\frac{500}{(1+12\%)^6}\right]+\left[\frac{500}{(1+12\%)^7}\right]+ \\
& \left[\frac{500}{(1+12\%)^8}\right]+\left[\frac{500}{(1+12\%)^9}\right]-\left[\frac{200}{(1+10\%)^0}\right]-\left[\frac{200}{(1+10\%)^1}\right]- \\
& \left[\frac{100}{(1+10\%)^2}\right]-\left[\frac{100}{(1+10\%)^3}\right]-\left[\frac{350}{(1+10\%)^4}\right] \\
= & 421.75(\text{万元})
\end{aligned}
$$

则该项目的净现值为 421.75 万元。

【例 4-2】　现有 A、B 两种小型机床可供选择，它们的寿命均为 5 年。A 机床的市场价为 10 000 元，每年可带来收入 5 000 元，每年支出为 2 200 元，净残值为 2 000 元；B 机床的市场价为 12 500 元，每年可带来收入 7 000 元，每年支出为 4 300 元，净残值为 3 000 元。设定 $i_0=8\%$，试用净现值法进行评价和选择机床投资方案。

解：
$$
\begin{aligned}
NPV(A) &= \sum_{t=0}^{n}(CI-CO)_t(1+i)^{-t} \\
&= -10\,000+(5\,000-2\,200)(P/A,8\%,5)+2\,000(P/F,8\%,5) \\
&= 2\,541.6(\text{元})
\end{aligned}
$$

$$
\begin{aligned}
NPV(B) &= \sum_{t=0}^{n}(CI-CO)_t(1+i)^{-t} \\
&= -12\,500+(7\,000-4\,300)(P/A,8\%,5)+3\,000(P/F,8\%,5) \\
&= 322.9(\text{元})
\end{aligned}
$$

由于 $NPV(A)=2\,541.6>0$，$NPV(B)=322.9>0$，所以机床 A、B 两个方案除均能达到设定折现率 $i_0=8\%$ 外，还能分别获得 2 541.6 元和 322.9 元的超额净现值收益，说明两个方案在经济上都是可行的。但由于 $NPV(A)>NPV(B)$，故机床 A 方案要优于机床 B 方案。

二、净年值(*NAV*)法

(一)净年值(*NAV*)法的含义

净年值法是把项目寿命期内的净现金流量以设定的折现率为中介折算成与其等值的各年年末为等额的净现金流量值。求一个项目的净年值,可以先求该项目的净现值,然后乘以资金回收系数进行等值变换求解。

(二)净年值(*NAV*)法的表达式

净年值(*NAV*)法的表达式为

$$NAV(i) = NPV(i)(A/P,i,n) \tag{4-5}$$

(三)净年值(*NAV*)法的用途

净年值 (*NAV*)法与净现值(*NPV*)法的理论基础是一致的,都是把各方案资金流程中各年的收支净值折算到计算基准年,净效益现值最大的方案就认为是经济上最有利的方案。区别仅在于:净现值法要求确定计算期内总净效益的现值,而净年值法则要求将总净效益的现值平均摊分在计算期内,即求出年净效益值。当工程项目中土建工程与机电设备的经济寿命不一致时,用净现值法比较麻烦,采用净年值法则比较简单,所以净年值法优于净现值法。

(四)净年值(*NAV*)法的用法

用净年值法对一个项目进行评价时,与用净现值法进行项目评价的结果是一致的,即净年值 $NAV>0$ 时,认为项目是可行的;否则,项目不可行。对于多方案选优时,认为 *NAV* 值大的方案在经济上是有利的。

(五)净年值(*NAV*)法的应用

已知 *A*、*B* 两种设备均能满足使用要求,*A* 设备的市场价为 100 万元,使用寿命为 4 年,每年可带来收入 40 万元;*B* 设备的市场价为 200 万元,使用寿命为 6 年,每年可带来收入 53 万元,试在基准折现率为 10% 的条件下选择经济上有利的方案。

$$NAV(A) = 40 - 100(A/P,10\%,4) = 8.5(\text{万元})$$

$$NAV(B) = 53 - 200(A/P,10\%,6) = 7.1(\text{万元})$$

因为 $NAV(A)>NAV(B)$,因此在基准折现率为 10% 的条件下,选择设备 *A* 方案在经济上是有利的。

三、净现值率(*NPVR*)法

(一)净现值率(*NPVR*)法的含义

净现值率为净现值 *NPV* 与投资现值 I_P 之比,它是反映项目单位投资为国民经济所做的净贡献的相对指标。

(二)净现值率(*NPVR*)法的表达式

净现值率(*NPVR*)法的表达式为

$$NPVR = NPV/I_P = \frac{\sum_{t=0}^{n}(CI - CO)_t(1+i)^{-t}}{\sum_{t=0}^{n}I_t(1+i)^{-t}} \tag{4-6}$$

式中 I_P——投资(包括固定资产投资和流动资金)的现值;

其他符号意义同前。

(三)净现值率(NPVR)法的用途

为了考察资金的利用效率,可采用净现值率指标作为净现值的补充指标。净现值率反映了净现值与投资现值的比较关系,是多方案评价与选优的一个重要评价指标。净现值率表明单位投资的盈利能力或资金的使用效率。净现值率的最大化,将使有限的投资取得最大的净贡献。

(四)净现值率(NPVR)法的用法

用净现值率法评价方案时,经济净现值率 $NPVR \geqslant 0$ 的方案在经济上是可行的,可以考虑接受;否则,经济上不可行,应予拒绝。经济净现值率越大,项目经济效果越好,经济净现值率最大的方案为最优方案。

用净现值率进行方案比较时,以净现值率较大的方案为优。当对有资金约束的多个独立方案进行比较和排序时,则宜将项目按照净现值率从大到小排序,并依此次序选择满足资金约束条件的项目组合方案,使总 NPVR 实现最大化。

(五)净现值率(NPVR)法在方案选优时的应用

【例 4-3】 某建设项目有两个技术方案可供选择。A 方案的净现值为 1 473 万元,投资现值为 8 197 万元;B 方案的净现值为 1 026 万元,投资现值为 5 088 万元。试以净现值和净现值率指标分别选择最优方案。

解:依题意有

$$NPV(A) = 1\,473\text{ 万元}$$

$$NPV(B) = 1\,026\text{ 万元}$$

$$NPVR(A) = 1\,473/8\,197 = 18.0\%$$

$$NPVR(B) = 1\,026/5\,088 = 20.2\%$$

可见,若用净现值指标,由于 $NPV(A) > NPV(B)$,应选 A 方案;若采用净现值率指标,则由于 $NPVR(A) < NPVR(B)$,应选 B 方案为最优方案。

四、效益费用比(BCR)

(一)效益费用比(BCR)的含义

效益费用比(BCR)是指工程在计算期内所获得的效益与所支出的费用之比,可以是总效益与总费用之比,也可以是平均年效益与平均年费用之比。

(二)效益费用比(BCR)的表达式

效益费用比(BCR)的表达式

$$BCR = \frac{B}{C} = \frac{B}{K + U} \tag{4-7}$$

式中 B——总效益;

C——总费用;

K——总净投资;

U——总年运行费。

（三）效益费用比（BCR）的公式推导

假设某水利工程在建设期 m 年内，各年年末投资为 K_t，在投产期（$t_a \sim t_b$）内除仍需要一部分投资 K_t 外，随着投产机组的逐年增加，年运行费 u_t 与年效益 B_t 也逐年增加。

在生产期（$t_b \sim t_c$）内，工程一般已不再要求投资。只是某些经济寿命较短的机电设备尚须在生产期内于 t_d 年投入中间更新费 K_t'，在生产期末 t_c 可回收净残值 K_n'；而在整个生产期内，各年的年运行费和年效益在一般情况下可以认为等于某一常数，可分别用 u_0 和 B_0 表示，见图 4-1。

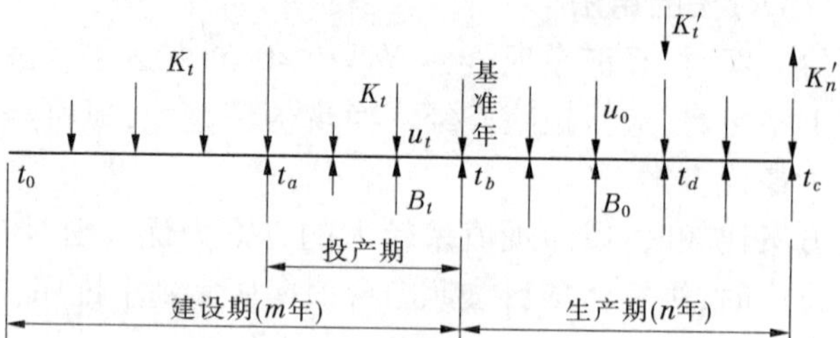

图 4-1 各年投资 K_t、年运行费 u_t、年效益 B_t 流程示意

假设计算基准年在建设期末（t_b），折现率或利率为 i，则该工程折算到基准年 t_b 的总净投资或总造价为

$$K = \sum_{t=1}^{t_b} K_t (1+i)^{t_b-t} + K_t' (1+i)^{t_b-t_d} - K_n' (1+i)^{t_b-t_c} \qquad ①$$

同法，折算到基准点 t_b 的总运行费为

$$U = \sum_{t=t_a}^{t_b} u_t (1+i)^{t_b-t} + \sum_{t=t_b}^{t_c} u_0 (1+i)^{t_b-t} \qquad ②$$

总费用现值

$$C = K + U \qquad ③$$

折算到基准点 t_b 的总效益为

$$B = \sum_{t=t_a}^{t_b} B_t (1+i)^{t_b-t} + \sum_{t=t_b}^{t_c} B_0 (1+i)^{t_b-t} \qquad ④$$

效益费用比 $\frac{B}{C} = \frac{B}{K+U}$，即

$$\frac{B}{C} = \frac{\sum_{t=t_a}^{t_b} B_t (1+i)^{t_b-t} + B_0 \left[\frac{(1+i)^n - 1}{i(1+i)^n}\right]}{\sum_{t=1}^{t_b} K_t (1+i)^{t_b-t} + K_t' (1+i)^{t_b-t_d} - K_n' (1+i)^{t_b-t_c} + \sum_{t=t_a}^{t_b} u_t (1+i)^{t_b-t} + u_0 \left[\frac{(1+i)^n - 1}{i(1+i)^n}\right]} \qquad (4\text{-}8)$$

（四）效益与费用之间的关系

设（三）中所述工程有若干个比较方案，均可按上述方法分别求出各个方案的 B 值、C 值、B/C 值和（$B-C$）值，然后绘制效益 B 与费用 C、效益费用比 B/C 与费用 C、净效益（$B-C$）与费用 C 之间的关系曲线，见图 4-2。

在图 4-2 中，点 4 表示本项目投资不大，工程尚未形成一定规模，效益尚未充分发挥，而工程基础等部分所占费用相对较大些，因而当工程规模较小时，可能发生投入 C 与产出 B 相等的情况，即 $B-C=0$，或 $B/C=1$；但此时边际效益 ΔB 远远大于边际费用 ΔC，即

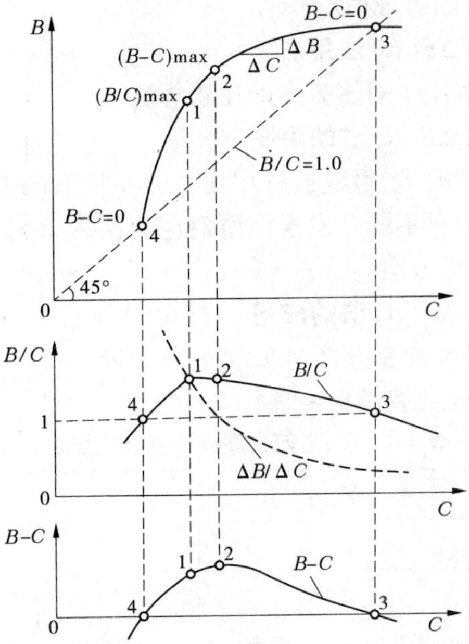

图 4-2　效益与费用之间的关系

$\Delta B/\Delta C$ 远大于 1，表示工程规模加大一些，工程效益总是比工程费用增加得更多一些，即 $\Delta B/\Delta C>1$。但总的来说，随着工程规模的不断扩大，两者差距逐渐缩小，直至点 1，此时平均单位费用的效益达到最大，即 B/C 最大，而此时的边际效益费用比 $\Delta B/\Delta C$ 仍大于 1。随着工程规模进一步加大，根据边际报酬递减率的规律，$\Delta B/\Delta C$ 不断减小，直至点 2，边际效益费用比 $\Delta B/\Delta C=1$，此时工程净效益最大（$B-C$ 最大），如用有限差额表示，$\Delta B-\Delta C=0$。如果再扩大工程规模，由于边际效益费用比 $\Delta B/\Delta C<1$，即边际效益 ΔB 小于边际费用 ΔC，说明工程规模超过点 2 后已经开始趋向不利，但此时如再扩大工程规模，总效益 B 还是增加的。如做进一步分析，在点 2 与点 3 之间，边际效益小于边际费用，且边际效益费用比愈来愈小，工程总效益与总费用之差值 $B-C$ 逐渐缩小，直至点 3，$B-C=0$，即工程效益恰好等于费用。

综上所述，在一般情况下，工程规模应在点 1 与点 2 之间进行优选，如果资金比较紧缺，则应在 B/C 最大处（点 1）附近确定工程规模，此时应校核水利或水力资源是否得到比较充分的利用；如有可能，应留有扩建工程的余地，以备远期发展之用。如果资金筹措没有问题，则应在 B 减 C 最大（点 2）附近确定工程规模，以求获得最大的净效益。

五、增量效益费用比（ΔBCR）法

（一）增量效益费用比（ΔBCR）法的含义

增值效益费用比是指各参比方案的增值效益总现值与增值费用总现值的比值。

（二）增量效益费用比（ΔBCR）法的表达式

$$\Delta BCR=\frac{\Delta BPW}{\Delta CPW} \tag{4-9}$$

式中　ΔBPW——效益增量的总现值；

ΔCPW——费用增量的总现值。

(三)增量效益费用比(ΔBCR)法用法

增量效益费用比法一般用于对多方案的比较优选。

(四)增量效益费用比(ΔBCR)法的用途

在进行多方案比较优选时,增量效益费用比 ΔBCR 最大的方案被认为是经济上最有利的方案。对于同一工程项目不同开发规模所对应方案的分析比较时,通常通过计算其增值效益费用比,以确定最优方案。

(五)增量效益费用比(ΔBCR)法的应用

【例4-4】 某水库工程经初步分析有低坝甲和高坝乙两个可比方案,其经济资金流量如表4-3所示,试用增量效益费用比法进行方案的比较分析。

表4-3 甲、乙两方案经济资金流量表 (单位:万元)

方案	项目		施工期(年)			运行期(年)				
			1	2	3	4	5	…	22	23
甲	效益					80	80		80	80
	费用	投资	50	100	50					
		运行费				20	20		20	20
乙	效益					100	100		100	100
	费用	投资	50	150	100					
		运行费				25	25		25	25

解: 计算甲、乙两方案的效益费用比和增值效益费用比:

甲、乙两方案的增值效益费用资金流程表见表4-4。

表4-4 甲、乙两方案的增值效益费用资金流程表 (单位:万元)

项目		施工期(年)			运行期(年)				
		1	2	3	4	5	…	22	23
效益					20	20		20	20
费用	投资	0	50	50					
	运行费				5	5		5	5

(1)甲方案的效益费用比:

$$BCR_{甲}=\frac{80\times(P/A,10\%,20)\times(P/F,10\%,3)}{50\times(P/F,10\%,1)+100\times(P/F,10\%,2)+50\times(P/F,10\%,3)+20\times(P/A,10\%,20)\times(P/F,10\%,3)}$$
$$=1.74$$

乙方案的效益费用比:

$$BCR_{乙}=\frac{100\times(P/A,10\%,20)\times(P/F,10\%,3)}{50\times(P/F,10\%,1)+150\times(P/F,10\%,2)+100\times(P/F,10\%,3)+25\times(P/A,10\%,20)\times(P/F,10\%,3)}$$
$$=1.58$$

(2)增值效益现值

$$\Delta BPW = 20 \times (P/A,10\%,20) \times (P/F,10\%,3)$$
$$= 20 \times 8.514 \times 0.7513 = 127.93(\text{万元})$$

(3)增值费用现值

$$\Delta CPW = 50 \times (P/F,10\%,2) + 50 \times (P/F,10\%,3) + 50 \times (P/A,10\%,20) \times (P/F,10\%,3)$$
$$= 50 \times 0.8264 + 50 \times 0.7513 + 50 \times 8.514 \times 0.7513$$
$$= 398.71(\text{万元})$$

(4)增值效益费用比

$$\Delta BCR = \frac{\Delta BPW}{\Delta CPW} = \frac{127.93}{398.71} = 0.32$$

分析评价:甲、乙两方案在经济上都是可行的(因为其效益费用比均大于1.0);投资小的低坝方案甲优于投资大的高坝方案乙(因为增值效益费用比小于1.0)。到底选哪一套方案为优,还要根据具体情况决定。

【例4-5】　某水利建设项目共有甲、乙、丙三个方案,各方案建设期均为6年(1981～1986年),其中包括投产期(1985～1986年)二年,生产期均为50年(1987～2036年)。各方案的投资 K_t、年运行费 u_t 及年效益 B_t 如表4-5所示。试用效益费用比法选择经济上最有利的方案。

表4-5　某建设项目各年投资、年运行费、年效益　(单位:万元)

年份	投资 K_t			年运行费 u_t			年效益 B_t		
	甲	乙	丙	甲	乙	丙	甲	乙	丙
1981	100	120	150						
1982	150	200	250						
1983	250	300	350						
1984	150	200	250						
1985	100	120	150	4	5	6	100	120	130
1986	50	70	100	8	9	10	150	180	200
1987				10	12	15	200	230	250
1988				10	12	15	200	230	250
⋮				⋮	⋮	⋮	⋮	⋮	⋮
2036				10	12	15	200	230	250
小计	800	1 010	1 250	512	614	766	10 250	11 800	12 830

解:效益费用比法计算步骤如下:

(1)设基准年(点)定在1986年年底(建设期末),基准收益率(或社会折现率)i_s = 10%,据此可进行投资、年运行费和年效益的现值计算,见表4-6。

表 4-6 各年投资、年运行费及年效益的总现值计算(已知 $i=10\%$) (单位:万元)

年份	折算因子	投资 K_t			年运行费 u_t			年效益 B_t		
		甲	乙	丙	甲	乙	丙	甲	乙	丙
1981	1.611	161.1	193.3	241.7						
1982	1.464	219.6	292.8	366						
1 983	1.331	332.8	399.3	465.9						
1984	1.210	181.5	242	302.5						
1985	1.100	110	132	165	4.4	5.5	6.6	110	132	143
1986	1.000	50	70	100	8.0	9.0	10.0	150	180	200
1987	0.909 1				10 × 9.915 = 99	12 × 9.915 = 119	15 × 9.915 = 149	200 × 9.915 = 1 983	230 × 9.915 = 2 280	250 × 9.915 = 2 479
1988	0.826 5									
⋮	⋮									
2036	0.008 5									
小计		1 055	1 329	1 641	112	134	166	2 243	2 592	2 822

(2)为计算方便起见,假设各年投资、年运行费及年效益均发生在各年的年末,生产期(1987~2036 年)的分期等付现值因子$(P/A,i=10\%,n=50)=9.915$,由此可求出整个计算期(1981~2036 年)内甲、乙、丙三个方案的总投资现值、总运行费现值、总效益现值(见表 4-6)。

(3)求各方案的效益费用比 BCR。

甲方案的效益费用比:

$$BCR_{甲}=\frac{B_{甲}}{C_{甲}}=\frac{B_{甲}}{K_{甲}+U_{甲}}=\frac{2\ 243}{1\ 055+112}=1.92$$

乙方案的效益费用比:

$$BCR_{乙}=\frac{B_{乙}}{C_{乙}}=\frac{B_{乙}}{K_{乙}+U_{乙}}=\frac{2\ 592}{1\ 329+134}=1.77$$

丙方案的效益费用比

$$BCR_{丙}=\frac{B_{丙}}{C_{丙}}=\frac{B_{丙}}{K_{丙}+U_{丙}}=\frac{2\ 822}{1\ 641+166}=1.56$$

(4)如果该水利建设项目为向电网供电的水电站,甲方案为水电站 A,乙方案为水电站 B,丙方案为水电站 C,由于这三个方案是互为独立的,其效益费用比值均大于 1,在经济上都是有利的,其中方案甲最为有利。如果资金比较紧缺,建议先修建水电站 A,以后随着扩大再生产的要求,再依次修建水电站 B 和水电站 C。如果资金无问题而电力供应紧张,则可以同时修建 A、B、C 三个水电站,以满足电力系统的负荷增长要求。

(5)如果该水利建设项目为某一水库,甲方案为低坝方案,乙方案为中坝方案,丙方案为高坝方案。由于这三个方案为互斥方案,只能选择其中之一,而上述三个方案的效益

费用比 BCR 只表示各个方案的平均单位费用的效益大小，因此不能简单地认为效益费用比值 BCR 愈大的方案愈有利，必须进行增量（边际）效益费用比 $\Delta BCR=\dfrac{\Delta BPW}{\Delta BCW}$的计算，以便分析额外增力的费用 ΔCPW 所带来的额外效益 ΔBPW，其比值是否大于1，如果 $\Delta BCR>1$，表示投资大的方案可取；反之，则认为不经济。在进行工程规模的方案比较时，可按投资额由小到大的顺序将各方案排列次序，然后依次逐一比较，计算相邻两个方案的增量效益费用比，从中选择经济上最为有利的一个方案。

现进行增量效益费用比 ΔBCR 的计算。

甲方案→乙方案，$\Delta BCR=\dfrac{\Delta BPW}{\Delta CPW}=\dfrac{B_{乙}-B_{甲}}{C_{乙}-C_{甲}}=\dfrac{2\ 592-2\ 243}{1\ 463-1\ 167}=1.18(>1.0)$

乙方案→丙方案，$\Delta BCR=\dfrac{\Delta BPW}{\Delta CPW}=\dfrac{B_{丙}-B_{乙}}{C_{丙}-C_{乙}}=\dfrac{2\ 822-2\ 592}{1\ 807-1\ 463}=0.67(<1.0)$

由上述计算结果可知，中坝方案乙比低坝方案甲的增量效益费用比 $\Delta BCR=1.18(>1.0)$，所以是有利的。但高坝方案丙比中坝方案乙的增值效益费用比 $\Delta BCR=0.67(<1.0)$，所以是不利的。因此，认为中坝方案乙在经济上最为有利。

（6）计算各方案的效益现值，并进行比较：

甲方案的净效益现值 $(B-C)_{甲}=2\ 243-1\ 167=1\ 076$（万元）

乙方案的净效益现值 $(B-C)_{乙}=2\ 592-1\ 463=1\ 129$（万元）

丙方案的净效益现值 $(B-C)_{丙}=2\ 822-1\ 807=1\ 015$（万元）

从各方案的净效益现值进行比较，也是乙方案最为有利。

六、内部收益率（IRR）

（一）内部收益率（IRR）的定义

内部收益率（IRR）是指工程在经济寿命期 n 年内，总效益现值 B 与总费用现值 C 两者恰好相等时的收益率，也即效益费用比 $B/C=1$ 时的 i 值。

（二）内部收益率（IRR）的表达式

内部收益率（IRR）的表达式

$$\sum_{t=t_a}^{t_b} B_t(1+IRR)^{t_b-t}+B_0\left[\frac{(1+IRR)^n-1}{IRR(1+IRR)^n}\right]=\sum_{t=1}^{t_b} K_t(1+IRR)^{t_b-t}+K'_t(1+IRR)^{t_b-t_d}-K'_n(1+IRR)^{t_b-t}+\sum_{t=t_a}^{t_b} u_t(1+IRR)^{t_b-t}+u_0\left[\frac{(1+IRR)^n-1}{IRR(1+IRR)^n}\right] \tag{4-10}$$

（三）内部收益率（IRR）的用法

如果所求出的收益率 IRR 大于或等于规定值，则认为该工程项目是有利的，即投资该工程项目可以获得大于或等于规定的收益率。

内部收益率表示工程依靠本身效益回收投资费用的能力，也就是说，在这样的内部收益率（经济报酬率）情况下，该工程在整个计算期内的效益现值恰好等于该工程的全部费用现值，即 $B=C$，或 $B/C=1$。显然，当所求出的内部收益率 $IRR\geqslant i_s$（或 i_c）时，该工程是有利的，IRR 值愈大，表示该工程愈有利。换句话说，只要资金充足，即使所求出的 IRR 等

于 i_s（或 i_c），选择该工程规模（相当于图 4-2 中的点 3）还是可以考虑的。附带说明，上面多次提到的边际效益 ΔB，总是随着工程规模的扩大而逐渐递减，这不是绝对值，而是相对值，是指工程除获得规定的内部收益率 i_s（或 i_c）外所增收的边际效益值 ΔB，所以只要 $\Delta B>0$，该工程还是有利的，因此认为只要资金充足，工程规模扩大到 $B/C=1$ 时还是可以考虑的。

规定的收益率值称为社会折现率 i_s，目前规定 i_s 为 7% 或 12%；在进行财务评价时，规定的收益率值称为行业基准收益率 i_c，目前规定 $i_c=10\%$。

（四）内部收益率（*IRR*）的求算方法

这里只是介绍基本计算方法。根据图 4-3 和式（4-10）可知，当 $B=C$ 时，则可由式（4-10）反求出 *IRR* 值。式（4-10）的左边为效益现值 B，右边为费用现值 C，由于式（4-10）中除 *IRR* 为未知值外，其余均为已知值，因此可以用试算法求出内部收益率 *IRR*。

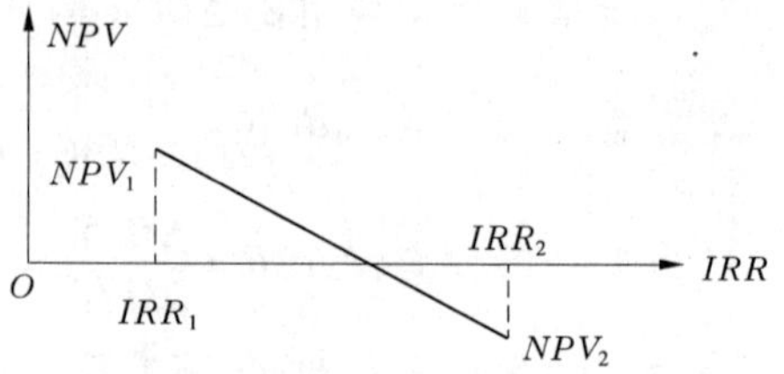

图 4-3 用作图法求内部收益率

由上述可知，内部收益率法与效益费用比法的理论基础是完全一致的，只是计算步骤稍有不同，效益费用比法是在已知 K_t、u_t、B_t、m、n、i 等值的条件下，求 B/C 值；内部收益率法是在已知 K_t、u_t、B_t、m、n、$B/C=1$ 的条件下，反求 *IRR* 值。

现将内部收益率的试算步骤简述如下：

（1）初选一个 IRR_1 值，求出相应的净现值 NPV_1，若 $NPV_1=0$，表示 $B_1-C_1=0$，即 $B_1=C_1$，表示初选的 IRR_1 值即为所求的 *IRR* 值。

（2）若 $NPV_1>0$，表示所选的 *IRR* 值偏小，应另选一个较大的 IRR_2 值，同法求出相应的净现值 NPV_2；若 $NPV_2<0$，表示所选的 IRR_2 偏大，应再选一个 IRR_3 值（要求比 IRR_1 值大些，比 IRR_2 值小些），直至 $NPV=0$。

（3）为了缩短试算过程，可绘出 *NPV* 与 *IRR* 图的关系线，可直接求出 *IRR* 值，如图 4-3 所示。

（4）也可用下列近似公式（4-11）求出 *IRR* 值。

$$IRR = IRR_1 + (IRR_2 - IRR_1)\frac{|NPV_1|}{|NPV_1| + |NPV_2|} \tag{4-11}$$

注意：无论作图 4-3 或采用近似计算公式（4-11），均要求 NPV_1 与 NPV_2 两者符号恰好相反。

（五）内部收益率（*IRR*）的应用

某水利建设项目共有甲、乙、丙三个方案，各方案建设期均为 6 年（1981～1986 年），其中包括投产期（1985～1986 年）两年，生产期均为 50 年（1987～2036 年）。各方案的投资 K_t、年运行费 u_t 及年效益 B_t 如表 4-5 所示。请用内部收益率法选择经济上最有利的方案。

计算步骤如下：

（1）假设基准年（点）定在 1986 年底，并采用表 4-6 所示的基本资料。先根据式（4-10）即由 $B-C=0$，反求内部收益率 *IRR*，再与规定的基准收益率 i_c 或社会折现率 i_s 比较，如

果 $IRR > i_c$（或 i_s），则表示本工程或本方案是有利的。

（2）现假设 $IRR = 15\%$ 和 $IRR = 18\%$ 两种情况，对各年投资、年运行费及年效益进行现值计算，以便求出在上述两种情况下的总投资现值、年运行费总现值、总效益现值，见表 4-7。

表 4-7　各年投资、年运行费及年效益的总现值计算（假设 $IRR = 10\%$）（单位：万元）

年份 (n)	折算因子	投资 K_t			年运行费 u_t			年效益 B_t		
		甲	乙	丙	甲	乙	丙	甲	乙	丙
1981	2.011	201.1	241.3	301.7						
1982	1.749	262.4	349.8	437.3						
1983	1.521	380.3	456.3	532.4						
1984	1.323	198.5	264.6	330.8						
1985	1.150	115.0	138.0	172.5	4.6	5.8	6.9	115	138	149.5
1986	1.000	50	70	100	8	9	10	150	180	200
1987	0.869 6				10 × 6.661 = 66.6	12 × 6.661 = 79.9	15 × 6.661 = 99.9	200 × 6.661 = 1 332	230 × 6.661 = 1 532	250 × 6.661 = 166 5
1988	0.756 1									
⋮	⋮									
2036	0.008 5									
小计		1 207	1 520	1 875	79	95	117	1 597	1 850	2 015

（3）当假设 $IRR = 15\%$ 时，生产期的分期等付现值因子 $(P/A, i = 15\%, n = 50) = 6.661$。由此可求出整个计算期（1981～2036 年）内甲、乙、丙三个方案的总投资现值分别为 1 207 万元、1 520 万元、1 875 万元；总运行费现值分别为 79 万元、95 万元、117 万元；总效益现值分别为 1 597 万元、1 850 万元、2 015 万元。

（4）假设 $IRR = 15\%$，求出各个方案的净现值 NPV：

甲方案的 $NPV_{甲} = B_{甲} - C_{甲} = 1\,597 - (1\,207 + 79) = 311$（万元）

乙方案的 $NPV_{乙} = B_{乙} - C_{乙} = 1\,850 - (1\,520 + 95) = 235$（万元）

丙方案的 $NPV_{丙} = B_{丙} - C_{丙} = 2\,015 - (1\,875 + 117) = 23$（万元）

（5）同法，假设 $IRR = 18\%$，也可求出各个方案的净现值 NPV：

甲方案的 $NPV_{甲} = B_{甲} - C_{甲} = 1\,378 - 1\,377 = 1$（万元）

乙方案的 $NPV_{乙} = B_{乙} - C_{乙} = 1\,599 - 1\,727 = -128$（万元）

丙方案的 $NPV_{丙} = B_{丙} - C_{丙} = 1\,742 - 2\,129 = -387$（万元）

（6）根据式（4-11），可以求出各个方案的内部收益率 IRR：

$IRR_{甲} = 18\%$（因 $NPV_{甲}$ 恰好等于零）

$$IRR_{乙} = 15\% + \frac{235}{235 + 128} \times (18\% - 15\%) = 16.9\%$$

$$IRR_{丙} = 15\% + \frac{23}{23 + 387} \times (18\% - 15\%) = 15.2\%$$

如果上述甲、乙、丙方案是互为独立的三座水电站，则以甲方案的水电站 A 在经济上最为有利，乙方案的水电站 B 及丙方案的水电站 C 在经济上较差一些，但这三座水电站的内部收益率 IRR 均大于规定的基准收益率 $i_c = 10\%$，因此这三座水电站都是值得修建的，其结论与上述用效益费用比 B/C 法得出的结论是一致的。

(7)如果甲、乙、丙方案是指某一水库的低坝、中坝、高坝三个互斥方案，这是属于同一工程的不同规模的方案比较，因此也要进行增量内部收益率 ΔIRR 的计算，检查 ΔIRR 是否大于规定的基准收益率 $i_c = 10\%$，如 $\Delta IRR > i_c$，表示增加投资是有利的；反之，则表示不利。

七、增量内部收益率(ΔIRR)

(一)增量内部收益率(ΔIRR)的含义

增量内部收益率(ΔIRR)又称差额投资内部收益率，也叫追加投资内部收益率，是指相比较的两个方案的各年净现金流量差额的现值之和等于零时的折现率。

(二)增量内部收益率(ΔIRR)的表达式

增量内部收益率(ΔIRR)的表达式

$$\sum_{t=0}^{n} [(B - C)_2 - (B - C)_1]_t (1 + \Delta IRR)^{-t} = 0 \tag{4-12}$$

式中 ΔIRR——增量内部投资收益率；

$(B - C)_2$——投资多的方案的年净现金流量；

$(B - C)_1$——投资少的方案的年净现金流量。

式(4-12)也可拆分成以下形式：

$$\sum_{t=0}^{n} (B_2 - C_2)(1 + \Delta IRR)^{-t} - \sum_{t=0}^{n} (B_1 - C_1)(1 + \Delta IRR)^{-t} = 0 \tag{4-13}$$

(三)增量内部收益率(ΔIRR)的判断准则

计算求得的增量投资内部收益率 ΔIRR 与基准投资收益率 i_c(或社会折现率 i_s)相比较，若 $\Delta IRR \geqslant i_c$，则投资多的方案为最优；若 $\Delta IRR \leqslant i_c$，则投资少的方案为最优。(规定的收益率值称为社会折现率 i_s，目前规定 i_s 为 7% 或 12%；在进行财务评价时，规定的收益率值称为行业基准收益率 i_c，目前规定 $i_c = 10\%$。)

当多个互斥方案相比较和选优时，一般先按投资由少到多的顺序进行排列，然后依次将相邻两个方案进行比较，最后求出相比较的两个方案的增量投资内部收益率 ΔIRR。若 $\Delta IRR \geqslant i_c$，则保留投资多的方案；若 $\Delta IRR \leqslant i_c$，则保留投资少的方案。再将保留方案和下一个相邻方案进行比较，计算 ΔIRR，再进行取舍判断。依次不断进行比较，直到所有参与方案比较完成，最后保留的方案则为最优可行方案。

(四)增量内部收益率(ΔIRR)的判别前提

采用增量内部投资收益率和筛选方案时，相比较方案必须寿命期相等或计算期相同。用增量内部投资收益率对多方案进行评价和选优时，前提是每个方案均是可行的，或至少排在前面的投资最少的方案是可行的。

(五)增量内部收益率(ΔIRR)的计算

【例4-6】 有两个互斥方案寿命期相同,其数据如表4-8所示,设基准收益率 $i_c=15\%$。试用增量投资内部收益率法比较,选择最优的可行方案。

表4-8 两方案相关数据 (单位:万元)

方案	投资 I(第零年末发生)(万元)	年收入 CI(万元)	年支出 CO(万元)	净残值 S_V(万元)	使用寿命(年)
A	5 000	1 600	400	200	10
B	6 000	2 000	600	0	10

第一步,计算净现值,判断可行性

$$\begin{aligned} NPV(\mathrm{A}) &= -I+(CI-CO)(P/A,i_c,n)+S_V(P/F,i_c,n) \\ &= -5\ 000+(1\ 600-400)\times 5.019+200\times 0.247\ 2 \\ &= 1\ 072(\text{万元}) \end{aligned}$$

$$\begin{aligned} NPV(\mathrm{B}) &= -I+(CI-CO)(P/A,i_c,n)+S_V(P/F,i_c,n) \\ &= -6\ 000+(2\ 000-600)\times 5.019 = 1\ 027(\text{万元}) \end{aligned}$$

因为 $NPV(A)>0$,$NPV(B)>0$,所以 A、B 两个方案均可行。

第二步,计算增量投资内部收益率,比较并选择最优可行方案。

设 $i_1=12\%$,则有

$$\begin{aligned} \Delta NPV(i_1) &= -6\ 000+5\ 000+(2\ 000-600-1\ 600+400)\times \\ &\quad (P/A,12\%,10)-200\times(P/F,12\%,10) \\ &= -1\ 000+200\times 5.65-200\times 0.322 \\ &= 65.6\approx 66(\text{万元}) \end{aligned}$$

设 $i_2=14\%$,则有:

$$\begin{aligned} \Delta NPV(i_2) &= -6\ 000+5\ 000+(2\ 000-600-1\ 600+400)\times(P/A,14\%,10)- \\ &\quad 200\times(P/F,14\%,10) \\ &= -1\ 000+200\times(P/A,14\%,10)-200\times(P/F,14\%,10) \\ &= -1\ 000+200\times 5.216-200\times 0.269\ 7 \\ &= -10.74\approx -10(\text{万元}) \end{aligned}$$

用线性内插公式计算有:

$$\Delta IRR = 12\%+(14\%-12\%)\times\frac{66}{66+|-10|}=13.7\%$$

因为 $\Delta IRR=13.7\%<i_c=15\%$,所以,投资少的方案A为最优可行方案。当然,直接根据 $NPV(\mathrm{A})>NPV(\mathrm{B})$,且A方案的投资少于B方案的投资,也可得出方案A为最优可行方案的结论。

【例4-7】 根据例4-5已知数据分别进行由低坝(甲方案)增高至中坝(乙方案)的增量内部收益率 ΔIRR 的计算,参见表4-9。假设 $\Delta IRR=12\%$ 与 $\Delta IRR=10\%$ 两种情况。

表 4-9　低坝(甲方案)增高至中坝(乙方案)的增量内部收益率计算　(单位:万元)

年份(n)	增量(由表 4-5 相减求出)				$\Delta IRR_2=12\%$		$\Delta IRR_1=10\%$	
	投资	年运行费	年效益	净效益	折现因子	增量净现值	折现因子	增量净现值
1981	20			-20	1.762 3	-35.25	1.611	-32.2
1982	50			-50	1.573 5	-78.68	1.464	-73.2
1983	50			-50	1.404 9	-70.25	1.331	-66.6
1984	50			-50	1.254 4	-62.72	1.210	-60.5
1985	20	1	20	-1	1.120	-1.12	1.100	-1.12
1986	20	1	30	9	1.000	9.00	1.000	9.00
1987		2	30	28	$(P/A, 12\%, n) = 8.304\ 5$	$28\times 8.304\ 5 = 232.5$	$(P/A, 10\%, n) = 9.914\ 8$	$28\times 9.914\ 8 = 277.6$
1988		2	30	28				
⋮		⋮	⋮	⋮				
2036		2	30	28				
小计						-6.48		53.04

与式(4-11)相似,增量内部收益率 ΔIRR 由式(4-14)算出:

$$\Delta IRR = \Delta IRR_1 + (\Delta IRR_2 - \Delta IRR_1)\frac{|\Delta NPV_1|}{|\Delta NPV_1| + |\Delta NPV_2|} \tag{4-14}$$

式中,ΔNPV_1 与 ΔNPV_2 分别为相应于 ΔIRR_1 与 ΔIRR_2 的增量净现值。当由低坝方案增高至中坝方案时,其增量内部收益率为

$$\Delta IRR = 10\% + (12\% - 10\%) \times \frac{53.04}{53.04 + 6.48} = 11.8\%\,(> i_c = 10\%)$$

同法,可以求出由中坝方案增高至高坝方案的增量净效益现值,其增量内部收益率为

$$\Delta IRR = 6\% + (8\% - 6\%) \times \frac{5.3}{5.3 + 58} = 6.2\%\,(< i_c = 10\%)$$

由上述计算结果可知中坝方案(乙方案)在经济上最为有利。

八、年费用(AC)法

(一)年费用(AC)的含义

工程计算的年费用是指工程计算期内的总费用现值折算成的每年等额的费用现值。

(二)年费用(AC)的表达式

$$AC = \text{总费用现值} \times (A/P, i, n) \tag{4-15}$$

(三)年费用(AC)的用途

比较效益相同或效益相近但难以估算的方案时宜采用这种方法。

(四)年费用(AC)的用法

年费用较小的方案为经济上较优的方案。

九、投资回收期(P_t)

(一)投资回收期(P_t)的含义

投资回收期(还本年限)是项目的净收益抵偿全部投资所需的时间,它是反映项目投

资回收能力的评价指标。投资回收期一般从建设期开始年份算起。

（二）投资回收期（P_t）的表达式

$$\sum_{t=1}^{P_t}(CI-CO)_t(1+i_c)^{-t}=0 \tag{4-16}$$

（三）投资回收期（P_t）的用法

当项目投资回收期小于行业基准投资回收期时，本项目在财务上是可行的。

（四）投资回收期（P_t）的求算方法

当财务现金流量表中净现金流量累计值等于零时，即可求出 P_t 值。

（五）投资回收期（P_t）的求算方法举例

【例 4-8】 某水利工程建设期 6 年，其中施工期 4 年，投入 $K=10\ 000$ 元，投产期（第 5、6 年）内年收入 S_t 及年支出 Q_t（包括年成本及税金等）逐年增加。当进入生产期后（第 7 年起）年收入和年支出均可认为等于常数。假设施工期内投资均在各年的年初，投入运行后年收入和年支出均在各年的年末，基准年选择在施工期末（第 4 年年末），行业基准收益率 $i_c=7\%$。试推求投资回收期。

解：（1）用财务报表法推求动态投资回收期。

已知施工期各年年初的投资 K_t 及投产后各年年末的收入 S_t 及支出 Q_t，则各年的净资金流量 $N_t=S_t-(K_t+Q_t)$，现拟推求对基准点（第 4 年年末）的净现金流量累计值等于零的年份，见表 4-10。

表 4-10　某水利工程动态投资回收期计算表　（单位：万元）

年份	投资 K_t	年收入 S_t	年支出 Q_t	净现金 N_t	折现因子 $(1+i)^{T-1}$	财务净现值 $FNPV$	累计值 $\sum FNPV$	说明	
第 1 年	−3 000			−3 000	1.311	−3 933	−3 933		
第 2 年	−4 000			−4 000	1.225	−4 900	−8 833	t_0	
第 3 年	−2 000			−2 000	1.145	−2 290	−11 123		
第 4 年	−1 000			−1 000	1.070	−1 070	−12 193	T_0	
第 5 年		1 500	−150	1 350	0.934 6	1 262	−10 931		
第 6 年		2 000	−180	1 820	0.873 4	1 590	−9 341		投资回收期 $P_t=11.8$ 年
第 7 年		2 500	−200	2 300	0.816 3	1 877	−7 464		
第 8 年		2 500	−200	2 300	0.763 0	1 755	−5 709		
第 9 年		2 500	−200	2 300	0.713 0	1 640	−4 069		
第 10 年		2 500	−200	2 300	0.666 3	1 532	−2 537		
第 11 年		2 500	−200	2 300	0.622 8	1 432	−1 105		
第 12 年		2 500	−200	2 300	0.582 0	1 339	+234		

由表 4-10 可知，对基准点 T 而言，本工程的总投资为

$$K = \sum_{t=0}^{T} K_t (1+i)^{T-t} = 3\,000 \times (1+i)^4 + 4\,000 \times (1+i)^3 +$$
$$2\,000 \times (1+i)^2 + 1\,000 \times (1+i) = 12\,193(\text{万元})$$

到第 11 年年底财务净现值累计等于 -1 104 万元,到第 12 年底财务净现值累计等于 +235万元,因此动态投资回收期(从建设期初 t_0 算起)为

$$P_t = 11 + \frac{1\,104}{1\,104 + 235} = 11.8(\text{年})$$

(2)用公式法推求动态投资回收期。

已知该工程在施工期末 T_0(即第 4 年年末)的总投资 $K = 12\,193$ 万元,工程投产后的平均年净收入 $\overline{N} = \overline{S} - \overline{Q}$,则当 $t = P_t$ 时,

$$K - N(P/A,i,P_t) = K - N\left[\frac{(1+i)^{P_t} - 1}{i(1+i)^{P_t}}\right] = 0 \qquad ①$$

设 $\frac{K}{N} = a =$ 某一常数,则 $ai(1+i)^{P_t} = (1+i)^{P_t} - 1$ ②

由式②,得 $(1+i)^{P_t}(1-ai) = 1$ ③

对式③取对数,则 $P_t \ln(1+i) + \ln(1-ai) = 0$

故动态投资回收期 P_t(从第 4 年年末 T_0 算起)为

$$P_t = -\ln(1-ai)/\ln(1+i) \qquad (4\text{-}17)$$

为与用财务报表法的计算结果进行对比,现根据表 4-10 中的数据采用式(4-17)进行计算如下:

已知 $K = 12\,193$ 万元,$i = 7\%$

$$\overline{N} = \overline{S} - \overline{Q} = (1\,350 + 1\,820 + 2\,300 \times 6)/8 = 2\,121(\text{万元})$$

则 $$a = K/\overline{N} = 12\,193/2\,121 = 5.749$$

$$P_t = -\ln(1-ai)/\ln(1+i) = 7.6\text{年(从第 4 年年末 }T_0\text{ 算起)}$$

或 $$P_t = 7.6 + 4 = 11.6\text{年(从第 1 年年初,即从建设期初 }t_0\text{ 算起)}$$

两种方法推算结果非常接近。

任务三 静态评价方法

一、静态投资回收期(P_t)

(一)静态投资回收期的含义

静态投资回收期是在不考虑时间价值的条件下,以技术方案的净收益回收其总投资(包括建设投资和流动资金)所需要的时间,一般以年为单位。静态投资回收期宜从技术方案建设开始年算起,若从技术方案投产开始年算起,应予以特别注明。

(二)静态投资回收期的计算公式

从建设开始年算起,静态投资回收期(P_t)的计算公式如下

$$\sum_{t=1}^{P_t} (CI - CO)_t = 0 \qquad (4\text{-}18)$$

式中　P_t——技术方案静态投资回收期；

CI——技术方案现金流入量；

CO——技术方案现金流出量；

$(CI-CO)_t$——技术方案第 t 年净现金流量。

(三)静态投资回收期的应用式

静态投资回收期可借助技术方案投资现金流量表，根据净现金流量计算，其具体计算又分以下两种情况：

(1)当技术方案实施后各年的净收益(净现金流量)均相同时，静态投资回收期的计算公式如下

$$P_t = \frac{I}{A} \tag{4-19}$$

式中　I——技术方案总投资；

A——技术方案每年的净收益，即 $A=(CI-CO)_t$。

例如，某技术方案估计总投资 2 800 万元，技术方案实施后各年净收益为 320 万元，则该技术方案的静态投资回收期为

$$P_t = \frac{2\,800}{320} = 8.75(\text{年})$$

注意：在计算时，由于技术方案的年净收益不等于年利润额，所以静态投资回收期不等于投资利润率的倒数。

(2)当技术方案实施后各年的净收益不相同时，静态投资回收期可根据累计净现金流量求得，也就是在技术方案投资现金流量表中累计净现金流量由负值变为零时的点。其计算公式为

$$P_t = T - 1 + \frac{\left|\sum_{t=0}^{T-1}(CI-CO)_t\right|}{(CI-CO)_t} \tag{4-20}$$

式中　T——技术方案各年累计净现金流量首次为正或零的年数；

$\left|\sum_{t=0}^{T-1}(CI-CO)_t\right|$——技术方案第$(T-1)$年累计净现金流量的绝对值；

$(CI-CO)_t$——技术方案第 T 年的净现金流量。

【例 4-9】　某技术方案投资现金流量表的数据如表 4-11 所示，计算该技术方案的静态投资回收期。

表 4-11　某技术方案投资现金流量表　(单位：万元)

计算期	0	1	2	3	4	5	6	7	8
现金流入	—	—	—	800	1 200	1 200	1 200	1 200	1 200
现金流出	—	600	900	500	700	700	700	700	700
净现金流量	—	−600	−900	300	500	500	500	500	500
累计净现金流量	—	−600	−1 500	−1 200	−700	−200	300	800	1 300

解:根据公式计算可得

$$P_t = (6-1) + \frac{|-200|}{500} = 5.4(\text{年})$$

(四)静态投资回收期的判别准则

将计算出的静态投资回收期 P_t 与所确定的基准投资回收期 P_c 进行比较。若 $P_t \leqslant P_c$,表明技术方案投资能在规定的时间内收回,则技术方案可以考虑接受;若 $P_t > P_c$,则技术方案是不可行的。

(五)静态投资回收期的用途

静态投资回收期指标容易理解,计算也比较简便,在一定程度上显示了资本的周转速度。显然,资本周转速度愈快,静态投资回收期愈短,风险愈小,技术方案抗风险能力愈强。因此,在技术方案经济效果评价中一般都要求计算静态投资回收期,以反映技术方案原始投资的补偿速度和技术方案投资的风险性。

二、贷款偿还期(P_d)

(一)贷款偿还期(P_d)的含义

贷款偿还期是指在国家财务规定下,项目投产后可以用作还贷的利润、折旧费、减免税金及其他收益,偿还固定资产投资的贷款本金和利息所需的时间。它是反映技术方案贷款偿还能力的重要指标。

(二)贷款偿还期(P_d)的计算公式

贷款偿还期的计算一般从借款开始年算起,其表达式为

$$I_d = \sum_{t=1}^{P_d} (R_P + D' + D'' + R_0 - R_r)_t \tag{4-21}$$

$$D' = D(1-25\%)(0.8 \sim 0.5)$$

式中 I_d——固定资产投资贷款本金和利息之和;

P_d——贷款偿还期;

R_P——年利润;

D'——可用作偿还贷款的年折旧费;

D——工程年折旧费,先扣除15%的能源交通重点建设基金和10%的国家预算调节基金,然后在投产后的第1年至第3年提取80%,第4年以后提取50%用作偿还贷款;

D''——可用作偿还贷款的年减免税金(水电工程的减免税金为:对发电环节减征的产品税,可全部用于归还该发电项目借款的本息,对供电环节免征的产品税,可按一定百分比用于归还送变电项目的借款本息,其余项目按当地行政部门规定计算);

R_0——可用作偿还贷款的年其他收益,大型项目基建和运行期间其他收益较多的,以其90%用于归还贷款,收益少的可以不考虑;

R_r——还款期间的年企业留利,应由主管部门会同财务部门核定,一般以工资总额的15%左右作为企业基金和奖励基金,以利润的1%~3%作为新产品试制基金。

（三）贷款偿还期（P_d）的用法与用途

贷款偿还期满足贷款机构的要求期限时，即认为技术方案是有贷款偿债能力的。贷款偿还期指标适用于那些不预先给定贷款偿还期限，且按最大偿还能力计算还本付息的技术方案；它不适用于那些预先给定贷款偿还期的技术方案。对于预先给定贷款偿还期的技术方案，应采用利息备付率和偿债备付率指标分析企业的偿债能力。

三、投资利润率

（一）投资利润率含义

投资利润率一般是指项目达到设计生产能力后的一个正常生产年份的年利润总额与项目总投资的比率。

（二）投资利润率计算公式

投资利润率计算公式为

$$\text{投资利润率} = \frac{\text{年利润或年平均利润}}{\text{总投资}} \times 100\% \tag{4-22}$$

式中，总投资 = 固定资产投资（不包括更新改造投资）+ 建设期利息 + 流动资金。

（三）投资利润率用法与用途

工程项目投资利润率与行业投资利润率比较，可以判别本项目单位投资盈利能力是否达到行业的平均水平。

四、投资利税率

（一）投资利税率含义

投资利税率是指项目达到设计生产能力后的一个正常生产年份的年利税总额与总投资的比率。

（二）投资利税率计算公式

投资利税率计算公式为

$$\text{投资利税率} = \frac{\text{年利税总额或年平均利税总额}}{\text{总投资}} \times 100\% \tag{4-23}$$

（三）投资利税率用法与用途

项目投资利税率与行业平均利税率比较，可以判别项目单位投资对国家积累的贡献是否达到行业的平均水平。

五、资产负债率

企业对债务的清偿能力，往往预示着企业近期的风险。因此，财务人员最关心的事情之一便是债务的清偿能力。偿债能力指企业偿还到期债务的能力，常用的指标有资产负债率、流动比率和速动比率三个指标。

（一）资产负债率含义

资产负债率是企业总负债与总资产的比值，它能反映企业经营风险的程度，是综合反映企业偿还债务的能力的重要指标。

（二）资产负债率计算公式

资产负债率的其计算公式为

$$资产负债率 = \frac{总负债值}{总资产值} \times 100\% \tag{4-24}$$

（三）资产负债率用法

从企业债权人的角度看，资产负债率越低，说明企业偿债能力越强，债权人的权益就越有保障，从企业所有者和经营者的角度看，通常希望该指标高些，有利于利用财务杠杆增加所有者的获利能力。但资产负债率过高，企业财力风险也会增大。因此，一般地说，该指标为50%比较合适，有利于风险与收益的平衡。

任务四　国民经济评价

一、国民经济评价的含义

国民经济评价是从整个社会角度考察项目方案的效益和费用，用相应国家参数分析计算项目的国民经济获利性，从社会角度反映项目社会经济效益的优劣，说明项目的可行性和合理性，是项目技术经济评价的关键之一，是水利建设项目经济评价的核心部分。

水利建设项目的国民经济评价，应以经济效益费用流程表（或流程图）作为基本工具，以便反映建设项目在计算期内各年的效益、费用和净效益流程，并据以计算经济内部收益率、经济净现值、经济净现值率及经济效益费用比等主要评价指标。

二、国民经济评价的目的

（一）可以宏观上合理配置国家有限资源

国家的资源（资金、土地、劳动力……）总是有限的，而同一种资源可以有不同的用途，因此必须从这些相互竞争的用途中做出选择。这时需要从国家整体利益的角度来考虑，借助于国民经济评价来分析。国民经济是一个大系统，项目建设是这个大系统中的一个子系统，国民经济评价就是要分析项目从国民经济中所吸取的投入以及项目产出对国民经济这个大系统的经济目标的影响，从而选择对大系统经济目标最有利的项目或方案。

（二）评价项目对国民经济的净贡献

按现行价格来考察项目的投入或产出，不能确切地反映项目建设给国民经济带来的效益和费用。通过国民经济评价，进行价格调整，运用能反映资源真实价值的价格，来计算建设项目的费用和效益，以便得出该项目的建设是否有利于国民经济总目标的结论。

（三）现实投资决策科学化

一是可以引导投资方向。运用国民经济评价的相关指标以及有关参数，可以影响国民经济评价的最终结论，进而起到鼓励或抑制某些行业或项目发展的作用，促进国家资源的合理分配。二是抑制投资规模。当投资规模过大时，会引发通货膨胀，这时可适当提高折现率，控制一些项目的通过，从而控制投资规模。三是有利于提高计划指导质量。

三、国民经济评价的准则

(1)经济净现值($ENPV$)。当 $ENPV \geq 0$ 时,项目在经济上合理可行;当 $ENPV < 0$ 时,项目在经济上不合理不可行。

(2)经济内部收益率($EIRR$)。当 $EIRR \geq i_s$ 时,项目在经济上合理可行;当 $EIRR < i_s$ 时,项目在经济上不合理不可行。

(3)经济效益费用比($EBCR$)。当 $EBCR \geq 1$ 时,项目在经济上合理可行;当 $EBCR < 1$ 时,项目在经济上不合理不可行。

四、国民经济评价的参数

(1)社会折现率。表示社会对资金机会成本和资金时间价值的估量,它从社会的观点反映出最佳的资源分配,表示社会可接受的最低投资收益率水平,可作为衡量项目国民经济效益的尺度。

(2)贸易费用率。贸易费用与出厂价(或到岸价)的比值,一般取6%。贸易费用是指发生在流通过程中除长途运费外的费用。

(3)影子价格。表示资源合理利用的社会经济效益,是合理利用有限资源的价格尺度,是在最优规划下单位资源所产生的效益增量,是比市场价格更能合理利用资源的效率价格,是国民经济评价中投入物、产出物价值计算的重要价格参数。影子价格还包括影子汇率、影子工资、影子地租等。

五、国民经济评价的方法和步骤

(一)评价方法

1. 影响法

影响法是以项目对国民经济的影响来评价项目的经济合理性的。基本思路为:分析项目的投入产出对国民经济的初次影响和二次影响,计算出项目引起的国内增加产值。初次影响指项目的上马,使投入物的需求增加从而对国民经济产生的影响。二次影响指项目产出的国民经济净增值的分配和使用对国民经济的影响。局限性:投入、产出因素的分类不够清晰、计算时容易造成重复或者遗漏、部分因素量化困难。

2. "有无法"和"前后法"

"有无法"是指根据"有项目"和"无项目"的费用、效益差异分析项目的经济合理性。"前后法"是指根据"建成项目前"和"建成项目后"的费用、效益差异分析项目的经济合理性。在分析新建项目时,两者是一致的,但在分析改扩建项目时"前后法"会存在一些问题,故一般情况下不要用"前后法"。

3. 费用效益分析法

费用效益分析法是指从国家宏观利益出发,通过识别项目的经济效益和经济费用,求得项目的经济净收益,判断项目经济可行性的过程。费用效益分析的关键:①准确划分项目的经济效益和经济费用。②确定影子价格等国民经济评价的重要参数。

(二)评价步骤

国民经济评价的一般步骤为:

(1)搜集与工程项目有关的经济资料。

(2)整理上述资料,规划设计方案。

(3)估算项目投资运行费、效益等基本指标。

(4)计算经济评价指标。

(5)分析评价与选优方案。

六、国民经济评价的指标体系

(一)经济净现值(*ENPV*)

经济净现值(*ENPV*)是指按社会折现率 i_s 将项目计算期内各年净效益折算到计算期初的现值之和,即项目总效益现值与总费用现值的差额。它是反映项目对国民经济净贡献的绝对指标。其表达式如下

$$ENPV = \sum_{t=1}^{n} (B - C)_t (1 + i_s)^{-t} \tag{4-25}$$

(二)经济内部收益率(*EIRR*)

经济内部收益率是指使项目在计算期内经济净现值累计等于零时的折现率,即项目在计算期内总效益现值与总费用现值恰好相等时的收益率。其表达式如下

$$\sum_{t=1}^{n} (B - C)_t (1 + EIRR)^{-t} = 0 \tag{4-26}$$

(三)经济效益费用比(*EBCR*)

经济效益费用比(*EBCR*)是指项目在计算期内所获得的经济效益现值与支出费用现值之比,可以是总效益现值与总费用现值之比,也可以是效益年值与费用年值之比(平均年效益与平均年费用之比)。它反映项目单位费用为国民经济净贡献的相对指标。其表达式如下

$$EBCR = \frac{\sum_{t=1}^{n} B_t (1 + i_s)^{-t}}{\sum_{t=1}^{n} C_t (1 + i_s)^{-t}} \tag{4-27}$$

七、国民经济评价效益费用流量表

国民经济评价效益费用流量表见表 4-12。

表 4-12　国民经济评价效益费用流量表　（单位：万元）

序号	项　目		建设期				生产期				合计
			1	2	…	…	…	…	$n-1$	n	
一	效益流量 B	1. 防洪									
		2. 灌溉									
		3. 水电									
		4. 其他									
		5. 回收固定资产余值									
		6. 回收流动资金									
		7. 小计									
二	费用流量 C	1. 固定资产投资									
		2. 流动资金									
		3. 年运行费									
		4. 其他费用									
		5. 小计									
三	净效益流量 $B-C$										
四	累计净效益流量										
五	评价指标：经济内部收益率 *EIRR*；经济净现值 *ENPV*；经济效益费用比 *EBCR*										

八、国民经济评价案例

（一）工程基本资料

某电站装机容量为 3×2 500 kW，设计年发电量 4 630 万 kWh，施工期为两年，施工第 1 年年底两台机组发电，第 2 年年底第三台机组建安竣工，到年底全部建成。电站固定资产投资为 3 352.63 万元，施工第 1 年投资 2 350 万元，第 2 年投资 1 002.63 万元。年运行费 95.19 万元（包括大修费、职工工资、职工福利及其他费用等）。该地区属于西北地区，平均影子价格 s 为 0.194 1 元/kWh。计算期 22 年（含建设期 2 年），社会折现率 12%，基准年为施工年年初。

（二）国民经济评价

投入与效益均采用影子价格计算，采用国家颁布的社会折现率，用现值法计算项目建成后给国民经济带来的净效益现值（*ENPV*）和项目本身能获得的收益率，即经济内部收益率（*EIRR*），据此评价经济上的合理性。

1. 项目投资调整

因计算影子价格资料不足，故采用综合调整系数法，取调整系数为 1.15，则调整后投资为：3 352.63×1.15＝3 855.52（万元）。第 1 年投资为：2 350×1.15＝2 702.5（万元）；

第 2 年投资为:1 002.63 ×1.15 =1 153.02(万元)。

2.年运行费调整

$$95.19\times1.15=109.47(\text{万元})$$

3.效益计算

本电站效益只有电能向电网出售,用货币表达。

(1)电力影子价格计算:$S=(K_1K_2K_3)s$

式中,$K_1=1.05$,$K_2=1.1$,$K_3=1.15$,$s=0.194\,1$。

则,$S=(1.05\times1.1\times1.15)\times0.194\,1=0.258(\text{元/kWh})$

为鼓励集资兴电,计算中采用 0.3 元/kWh。

(2)效益计算。

第 1 年年末两台机组发电,上网电量 2 747.5 万 kWh;

第 2 年年末全部机组发电,上网电量 4 125.4 万 kWh;

第 2 年效益为:2 747.5 ×0.3 =824.25(万元);

第 3 年效益为:4 125.4 ×0.3 =1 237.62(万元)。

4.折现计算

分年计算,折现率为 12%。

(1)投资:

$$\begin{aligned}K_{t1}&=2\,702.5\times(P/F,12\%,1)\\&=2\,702.5\times0.892\,9\\&=2\,413.06(\text{万元})\end{aligned}$$

$$\begin{aligned}K_{t2}&=1\,153.02\times(P/F,12\%,2)\\&=1\,153.02\times0.797\,2\\&=919.19(\text{万元})\end{aligned}$$

$$\begin{aligned}K_t&=K_{t1}+K_{t2}\\&=3\,332.25(\text{万元})\end{aligned}$$

(2)运行费:采用同一值 109.47 万元/年

$$\begin{aligned}C&=109.47\times(P/A,12\%,21)\times(P/F,12\%,1)\\&=109.47\times7.562\times0.892\,9\\&=739.15(\text{万元})\end{aligned}$$

(3)效益:

$$\begin{aligned}B_2&=824.25\times(P/F,12\%,2)\\&=824.25\times0.797\,2\\&=657.09(\text{万元})\end{aligned}$$

$$\begin{aligned}B_{3\sim22}&=1\,237.62\times(P/A,12\%,20)\times(P/F,12\%,2)\\&=1\,237.62\times7.469\times0.797\,2\\&=7\,369.14(\text{万元})\end{aligned}$$

$$B=B_2+B_{3\sim22}=657.09+7\,369.14=8\,026.23(\text{万元})$$

由此可得:

①经济净现值 $ENPV$

$$ENPV=B-(K_t+C)$$

$$= 8\ 026.23 - (3\ 332.25 + 739.15)$$
$$= 3\ 954.83(\text{万元})$$

②经济内部回收率 $EIRR$

采用近似式计算，假设折现率 $IRR_2 = 35\%$，对费用和效益折现：

投资：
$$K_{t1} = 2\ 702.5 \times (P/F, 35\%, 1)$$
$$= 2\ 702.5 \times 0.740\ 7$$
$$= 2\ 001.74(\text{万元})$$
$$K_{t2} = 1\ 153.02 \times (P/F, 35\%, 2)$$
$$= 1\ 153.02 \times 0.548\ 7$$
$$= 632.66(\text{万元})$$
$$K_t = K_{t1} + K_{t2} = 2\ 634.40(\text{万元})$$

运行费：
$$C = 109.47 \times (P/A, 35\%, 21) \times (P/F, 35\%, 1)$$
$$= 109.47 \times 2.852 \times 0.740\ 7$$
$$= 231.25(\text{万元})$$

效益：
$$B_2 = 824.25 \times (P/F, 35\%, 2)$$
$$= 824.25 \times 0.548\ 7$$
$$= 452.27(\text{万元})$$
$$B_{3\sim22} = 1\ 237.62 \times (P/A, 35\%, 20) \times (P/F, 35\%, 2)$$
$$= 1\ 237.62 \times 2.850 \times 0.548\ 7$$
$$= 1\ 935.38(\text{万元})$$
$$B = B_2 + B_{3\sim22} = 2\ 387.65(\text{万元})$$

故
$$NPW_2 = 2\ 387.65 - (2\ 634.40 + 231.25)$$
$$= -478(\text{万元})$$

令　$IRR_1 = 12\%$，$NPW_1 = 3\ 954.84$ 万元

假设　$IRR_2 = 35\%$，$NPW_2 = -478$ 万元

则
$$EIRR = IRR_1 + (IRR_2 - IRR_1) \times |NPW_1| / (|NPW_1| + |NPW_2|)$$
$$= 12\% + (35\% - 12\%) \times 3\ 954.84 / (3\ 954.84 + 478)$$
$$= 32.5\%$$

③经济效益费用比 $EBCR$

$$EBCR = B/C$$
$$= \frac{8\ 026.23}{(3\ 332.25 + 739.15)}$$
$$= 1.97 > 1$$

评价结论：该项目经济净现值为 3 954.84 万元，经济内部回收率为 32.5%，经济效益费用比为 1.97，均大于标准值，表明其经济效果显著，说明国民经济评价项目合理，建议采用此项目设计方案。

任务五 财务评价

一、财务评价的含义

水利建设项目的财务评价,可在国民经济评价的基础上,选取国民经济评价中经济效果较优的方案进行财务评价。由于财务评价是研究项目核算单位的实际财务支出和收入,因此在对建设项目进行财务评价时,其费用只限于项目的直接费用,效益也只限于直接效益,不计算间接费用和间接效益。

水利建设项目的财务支出,包括建设期的固定资产投资、生产期的流动资金、年运行费、税金以及建设期贷款利息等,其中流动资金分自筹流动资金(占 30%)和流动资金借款(占 70%)两部分。项目建设期的贷款利息,一般按年计息,当工程竣工时,全部贷款利息计入固定资产原值。项目投产后的贷款利息,由项目投产后的收益归还,不再计入固定资产原值。水利建设项目的财务收益,是指出售水利产品(水、电等)的销售收入和提供服务所获得的财务收益。

二、财务评价的目的

水利建设项目财务评价是从项目财务核算单位发出,根据现行财税制度和现行价格,分析计算项目的实际收入和实际支出,考查项目的盈利能力、偿贷能力等财务状况,以此评价水利建设项目在财务上的可行性。

三、财务评价的准则

水利建设项目的经济评价应以国民经济评价为主。当国民经济评价合理、财务评价可行时,该项目才能成立。当国民经济评价与财务评价的结果有矛盾时,应以国民经济评价的结果作为项目取舍的主要依据。某些以发展农业为主的水利建设项目(例如灌排工程等),国民经济评价认为合理,而财务评价认为不可行时(虽有一定的水费收入,但不能维持简单再生产),则可向主管部门提出要求,给予某些优惠措施,使该项目在财务上具有生存能力。某些公益性水利建设项目(例如防洪、治涝工程),当国民经济评价认为合理,但没有或者很少有财务收入(例如征收一些防洪费、治涝费)时,可向地方政府申请补贴(包括投资与年运行费),使项目在财务上得以自我维持。在规划阶段,某些非营利性工程项目,由于资料不充分,研究深度较浅,也可以不进行财务评价。

四、财务评价的指标

(一)财务内部收益率(*FIRR*)

财务内部收益率是指项目在计算期内各年净现金流量现值累计等于零时的折现率,是用以反映项目盈利能力的重要动态指标,其表达式为

$$\sum_{t=1}^{n}(CI-CO)_t(1+FIRR)^{-t}=0 \tag{4-28}$$

式中 CI——现金流入量；

CO——现金流出量；

$(CI-CO)_t$——第 t 年的净现金流量；

n——计算期年数。

财务内部收益率 $FIRR$ 可用试算法求得。当 $FIRR \geqslant i$（贷款利率）或者 $FIRR \geqslant i_c$（行业基准收益率）时，该项目即被认为在财务上是可行的。行业基准收益率 i_c 可参考下列值：供水项目 i_c 取 7%；水力发电项目 i_c 取 10%；综合利用工程可根据开发任务加权平均估算 i_c 值。

（二）财务净现值（FNPV）和财务净现值率（FNPVR）

财务净现值和财务净现值率都是反映项目在计算期内获利能力的动态评价指标。前者是指项目按行业基准收益率 i_c 将各年的净现金流量折现到基准点（建设期初）的现值之和，后者是指项目净现值与全部投资现值之比，其表达式分别为

$$FNPV=\sum_{t=1}^{n}(CI-CO)_t(1+i_c)^{-t} \tag{4-29}$$

$$FNPVR=\sum_{t=1}^{n}(CI-CO)_t(1+i_c)^{-t}/I_P \tag{4-30}$$

式中 I_P——投资（包括固定资产投资和流动资金）的现值；

其余符号含义同前。

财务净现值和财务净现值率大于或等于零的项目均被认为财务上是可行的。在比较选优方案时，当各方案的投资额基本上相同时，应选择净现值较大的方案；当各方案的投资额不同时，应选择净现值率较大的方案。

（三）贷款偿还期（P_d）

贷款偿还期是指在国家财务规定下，项目投产后可以用作还贷的利润、折旧费、减免税金及其他收益，偿还固定资产投资的贷款本金和利息所需的时间。一般从借款开始年算起，其表达式见式（4-21）。

（四）投资利润率和投资利税率

1. 投资利润率

投资利润率一般是指项目达到设计生产能力后的一个正常生产年份的年利润总额与项目总投资的比率，其计算公式见式（4-22）。

工程项目投资利润率与行业投资利润率比较，可以判别本项目单位投资盈利能力是否达到行业的平均水平。

2. 投资利税率

投资利税率是指项目达到设计生产能力后的一个正常生产年份的年利税总额与总投资的比率。其计算公式见式（4-23）。

项目投资利税率与行业平均利税率比较，可以判别项目单位投资对国家积累的贡献

是否达到行业的平均水平。

(五)投资回收期(P_t)

投资回收期(还本年限)是项目的净收益抵偿全部投资所需的时间,它是反映项目投资回收能力的评价指标。投资回收期一般从建设期开始年份算起。其表达式见式(4-16)。

当项目投资回收期小于行业基准投资回收期时,本项目在财务上是可行的。当财务现金流量表中净现值流量累计值等于零时,即可求出 P_t 值。

五、财务评价的步骤

(一)准备工作

(1)熟悉拟建项目的基本情况。

(2)收集整理基础数据资料。

(3)编制辅助报表。包括建设投资估算表,流动资金估算表,建设进度计划表,固定资产折旧费估算表,无形资产及递延资产摊销费估算表,资金使用计划与资金筹措表,销售收入、销售税金及附加和增值税估算表,总成本费用估算表。

(4)编制基本财务报表。

①财务现金流量表。该表反映项目计算期内各年的现金收支,用以计算各项动态和静态评价指标,进行项目财务盈利能力分析。新设法人项目财务现金流量表分为:

a. 项目财务现金流量表。该表以项目为一个独立系统,从融资前的角度出发,不考虑投资来源,假设全部投资都是自有资金。

b. 资本金财务现金流量表。该表从项目法人(或投资者整体)的角度出发,以项目资本金作为计算基础,把借款还本付息作为现金流出。

c. 投资各方财务现金流量表。该表分别从各个投资者的角度出发,以投资者的出资额作为计算的基础。

②损益和利润分配表。该表反映项目计算期内各年的利润总额、所得税及税后利润的分配情况。

③资金来源与运用表。该表反映项目计算期内各年的资金盈余、短缺情况。

④借款偿还计划表。该表反映项目计算期内各年借款的使用、还本付息,以及偿债资金来源,计算借款偿还期或者偿债备付率、利息备付率等指标。

(二)计算财务评价指标

财务评价指标体系包括:投资回收期、投资利润、投资利税率、资本金利润率、借款偿还期、资产负债率、流动比率、速动比率、财务净现值、财务内部收益率、动态投资回收期、财务外汇净现值、换汇成本或节汇成本。

(三)进行不确定性分析

1. 盈亏平衡分析

盈亏平衡分析就是通过盈亏平衡点分析项目对市场需求变化适应能力的一种方法。

2. 敏感性分析

敏感性分析是通过分析、预测项目主要因素发生变化时对项目财务评价指标的影响，从中找出敏感因素，并确定影响程度。

3. 概率分析

敏感性分析只能指出项目财务效益评价指标对各个不确定因素的敏感程度，但不能表明不确定因素的变化对评价指标发生影响的可能性，以及在这种可能性下对评价指标的影响程度。简单的概率分析一般是计算项目净现值的期望值及净现值大于或等于零时的累计概率，也可通过模拟法测算项目评价指标的概率分布，为项目决策提供依据。

六、财务评价方法案例

【案例一】

背景：某企业拟建一个市场急需产品的工业项目。建设期 1 年，运营期 6 年。项目建成当年投产。当地政府决定扶持该产品生产的启动经费 100 万元，其他基本数据如下：

(1) 建设投资 1 000 万元。预计全部形成固定资产，固定资产使用年限 10 年，期末残值 100 万元。投产当年又投入资本金 200 万元作为运营期的流动资金。

(2) 正常年份年营业收入为 800 万元，经营成本 300 万元，产品营业税及附加税率为 6%，所得税率为 33%，行业基准收益率 10%，基准投资回收期 6 年。

(3) 投产第 1 年仅达到设计生产能力的 80%，预计这一年的营业收入、经营成本和总成本均按正常年份的 80% 计算，以后各年均达到设计生产能力。

(4) 运营的第 3 年预计需更新新型自动控制设备，购置投资 500 万元才能维持以后的正常运营需要。

问题：

(1) 简述项目可行性研究的主要内容和目的。

(2) 编制拟建项目投资现金流量表。

(3) 计算项目的静态投资回收期。

(4) 计算项目的财务净现值。

(5) 计算项目的财务内部收益率。

(6) 从财务角度分析拟建项目的可行性。

答案：

(1) 项目可行性研究的主要内容和目的。

建设项目的可行性研究是在投资决策前，对拟建项目的原料资源可靠性、产品市场趋势、所采用技术的先进性和适用性、经济上的合理性和有效性以及建设必要性和可行性进行全面分析、系统论证、方案比较和综合评价，为项目投资决策提供可靠的科学依据。可行性研究的主要内容可概括为四大部分，此四大部分研究是构成项目可行性研究的四大支柱，具体如下：

①市场研究。通过市场研究论证项目拟建的必要性、拟建规模、建厂条件和建厂地

点、企业组织、劳动定员、投资估算和资金筹措。

②技术研究。主要研究拟建项目技术上的先进性与可行性，从而确定拟建项目的设计方案、技术工艺和设备选型。

③效益研究。根据以上资料对投资项目进行经济评价，分析其经济上的合理性和盈利性，这是决策的主要依据。所以，经济评价是项目可行性研究的核心内容。

④资源研究。通过资源研究，了解原材料市场、资金市场、劳动力市场等这些资源对项目规模的选择起着程度不同的制约作用。

(2)编制拟建项目投资现金流量表4-13，编制表4-13前需要计算以下数据。

①计算年固定资产折旧费。

$$年固定资产折旧费=(1\,000-100)\div10=90(万元)$$

表4-13 项目投资现金流量表

序号	项目	建设期	运营期					
		1	2	3	4	5	6	7
1	现金流入	0	740	800	800	800	800	1 460
1.1	营业收入	0	640	800	800	800	800	800
1.2	补贴收入		100					
1.3	回收固定资产余值							460
1.4	回收流动资金							200
2	现金流出	1 000	568.03	467.46	967.46	467.46	467.46	467.46
2.1	建设投资	1 000						
2.2	流动资金		200					
2.3	经营成本		240	300	300	300	300	300
2.4	营业税及附加		38.40	48.00	48.00	48.00	48.00	48.00
2.5	维持运营投资				500			
2.6	调整所得税		89.63	119.46	119.46	119.46	119.46	119.46
3	净现金流量	-1 000	171.97	332.54	-167.46	332.54	332.54	992.54
4	累计净现金流量	-1 000	-828.03	495.49	-662.95	-330.41	2.13	994.67
5	折现系数10%	0.909 1	0.826 4	0.751 3	0.683 0	0.620 9	0.564 5	0.513 2
6	折现后净现金流	-909.10	142.12	249.84	-114.38	206.47	187.72	509.37
7	累计折现净现金流	-909.10	-766.98	-517.14	-631.52	-425.05	-237.33	272.04

②计算固定资产余值。固定资产使用年限10年，运营期末只用了6年还有4年未折旧。所以，运营期末固定资产余值为：

$$固定资产余值=年固定资产折旧费\times4+残值$$

$$= 90 \times 4 + 100 = 460(万元)$$

③计算调整所得税。

调整所得税 =(营业收入 - 营业税及附加 - 息税前总成本)×33%

第 2 年息税前总成本 = 经营成本 + 折旧费 = 240 + 90 = 330(万元)

第 3 年及其以后各年的息税前总成本 = 300 + 90 = 390(万元)

第 2 年调整所得税 =(640 - 38.40 - 330)×33% = 89.63(万元)

第 3 年及其以后各年调整所得税 =(800 - 48 - 390)×33% = 119.46(万元)

(3)计算项目的静态投资回收期。

$$静态投资回收期 = (累计净现金流量出现正值年份 - 1) + \frac{|出现正值年份上年累计净现金流量|}{出现正值年份当年净现金流量}$$

$$= (6 - 1) + \frac{330.41}{332.54} = 5 + 0.99 = 5.99(年) \approx 6 年$$

所以项目静态投资回收期为 6 年。

(4)项目财务净现值就是计算期末的累计折现后净现金流量 272.04 万元,见表 4-13。

(5)计算项目的财务内部收益率。

首先确定 $i_1 = 15\%$,以 i_1 作为设定的折现率,计算出各年的折现系数。利用现金流量延长表,计算出各年的折现净现金流量和累计折现净现金流量,从而得到财务净现值 $FNPV_1 = 65.53$ 万元,见表 4-14。

再设定 $i_2 = 18\%$,以 i_2 作为设定的折现率,计算出各年的折现系数。同样,利用现金流量延长表,计算各年的折现净现金流量和累计折现净现金流量,从而得到财务净现值 $FNPV_2 = -27.91$ 万元,见表 4-14。

表 4-14 项目投资现金流量延长表

序号	项目	建设期	运营期					
		1	2	3	4	5	6	7
1	现金流入	0	740	800	800	800	800	1 460
2	现金流出	1 000	568.03	467.46	967.46	467.46	467.46	467.46
3	净现金流量	-1 000	171.97	332.54	-167.46	332.54	332.54	992.54
4	折现系数 15%	0.869 6	0.756 1	0.657 5	0.571 8	0.497 2	0.432 3	0.375 9
5	折现后净现金流量	-869.60	130.03	218.65	-95.75	165.34	143.76	373.10
6	累计折现净现金流量	-869.60	-739.57	-520.92	-616.67	-451.33	-307.57	65.53
7	折现系数 18%	0.847 5	0.718 2	0.608 6	0.515 8	0.437 1	0.370 4	0.313 9
8	折现后净现金流量	-847.50	123.51	202.38	-86.38	145.35	123.17	311.56
9	累计折现净现金流量	-847.50	-723.99	-521.61	-607.99	-462.64	-339.47	-27.91

试算结果满足:$FNPV_1 > 0$, $FNPV_2 < 0$,且满足精度要求,可采用插值法计算出拟建项

目的财务内部收益率 $FIRR$。

由表4-14 可知：

当 $i_1=15\%$ 时，$FNPV_1=65.53$ 万元

当 $i_2=18\%$ 时，$FNPV_2=-27.91$ 万元

用插值法计算拟建项目的内部收益率 $FIRR$，即：

$$FIRR=i_1+(i_2-i_1)\times[FNPV_1\div(|FNPV_1|+|FNPV_2|)]$$
$$=15\%+(18\%-15\%)\times[65.53\div(65.53+|-27.91|)]$$
$$=15\%+2.1\%=17.1\%$$

(6)从财务的角度分析拟建项目的可行性。

本项目的静态投资回收期为5.99年，未超过基准投资回收期和计算期；财务净现值为272.04万元>0；财务内部收益率 $FIRR=17.1\%>$ 行业基准收益率10%，所以从财务角度分析该项目投资可行。

七、国民经济评价与财务评价的比较

(1)评价角度不同。财务评价是从项目财务角度考察项目的盈利状况和借款偿还能力，以确定投资项目的财务可行性；国民经济评价是从国家整体角度考察项目对国民经济的贡献以及需要国民经济付出的代价，以确定项目的经济合理性。

(2)效益与费用的计算范围不同。财务评价是根据项目的实际收支确定项目效益和费用，补贴记为效益，税金和利息记为费用；国民经济评价是着眼于项目对社会提供的有用产品和服务及项目所消耗的社会有用资源来考察项目的效益和费用。财务评价只计算项目直接发生的效益与费用；国民经济评价不但要计算项目的直接效益和直接费用，还要考虑项目的间接效益和间接费用。

(3)评价采用的价格不同。财务评价对项目投入物和产出物采用财务价格，即以市场价格为基础的预测价格；国民经济评价则应采用影子价格。

(4)评价参数不同。财务评价采用财务基准收益率、基准投资回收期和官方汇率等评价参数。财务基准收益率、基准投资回收期等参数由各行业测定，或由投资者自行测定；国民经济评价采用社会折现率、影子汇率等评价参数，国民经济评价参数由国家发展和改革委员会及住房和城乡建设部共同测定发布。

项目五 不确定性分析

任务一 概 述

一、不确定性分析的含义

由于水利工程建设项目经济评价采用的数据大多数来自预测或者估算结果，其效益、费用和计算期等都存在着一定程度的不确定性。

二、不确定性分析的目的

不确定性，有的来自于客观因素，有的来自于主观因素。为了弄清楚不确定因素对经济评价指标的影响，或经济评价指标对不确定因素的反映情况，就需进行不确定性分析，以检验和判断水利工程建设方案在经济、财务上的可靠性。

三、不确定性分析的种类

不确定性分析包括敏感性分析和盈亏平衡分析。两种分析方法不同，各有侧重，但目的都是在揭示水利工程项目受市场经济因素、环境因素变化的不确定性对项目本身产生的影响的变化规律，以便掌握规律和运用这种规律，在项目决策中占据主动，做出正确选择。

任务二 敏感性分析

一、敏感性分析的含义

敏感性分析是研究和验证各种主要因素发生变化时对整个建设项目的经济评价指标的影响情况，通过分析，从中找出最为敏感的因素。同时根据指标的变化程度，进行必要的补充研究，以便验证计算结果的可靠性与合理性。敏感性分析，只能指出项目评价指标对各个不确定因素的敏感程度，但不能表明不确定因素的变化对评价指标的影响发生的概率。

二、敏感性分析的方法

在进行敏感性分析时考虑的主要变动因素有投资、效益、价格、工期、可变成本等。可采用净现值、净年值、内部收益率、年费用等指标来反映对以上变动因素产生的敏感程度，最常用的敏感性分析指标为内部收益率。敏感性分析方法包括列表分析法和绘图分析法。

(一)列表分析法

列表分析表示某一种因素单独变化或两种以上因素同时变化时引起内部收益率(或其他指标)变动的幅度,即列出不同方案基本情况和因素变化情况的内部收益率(或其他指标)、因素变化情况的内部收益率(或其他指标)与基本情况内部收益率(或其他指标)的差值。差值越大表明指标对此因素越敏感。

某水利工程在投资、年效益、施工期变动的情况下,对财务内部收益率进行敏感性分析,其列表分析见表5-1。

表5-1 敏感性分析

分析项目	财务内部收益率(*FIRR*)	与基本方案的差值
基本情况	5.64%	
投资增加15%	5.04%	-0.6%
投资减少15%	6.15%	+0.51%
效益增加15%	7.00%	+1.36%
效益减少15%	4.13%	-1.51%
工期提前1年	6.36%	+0.72%
工期推后1年	4.80%	-0.84%

由表5-1敏感性分析结果可以看出,该工程财务内部收益率对效益的变化最为敏感,其次是工期,再次才是投资。当以4%作为财务基准收益率时,效益减少约16%,即达临界点,此时财务收益率等于基准收益率。若生产效益再降低,该工程将会由可行转为不可行。因此,该工程在生产经营过程中要注重抓效益;在建设期应注意控制建设年限。

各主要因素变化幅度可参照以下数据选用。

项目投资: ±10% ~ ±20%;

项目效益: ±15% ~ ±25%;

产品售价: ±15% ~ ±25%;

成本费用: ±10% ~ ±20%;

市场利率(或折现率): ±10% ~ ±20%;

施工年限: 提前或推后1~2年;

达到设计效益的年限: 提前或推后1~2年。

(二)绘图分析法

当财务内部收益率等于财务基准收益率或经济内部收益率等于社会折现率时,即达到临界点时,这是因素允许变化的最大幅度,为了求出最大变化幅度的数据,需绘制敏感性分析图。具体作法如下:

以不确定性因素的变化率(百分数)为横坐标,以内部收益率为纵坐标,根据表5-1绘出敏感性分析图(见图5-1),并标出基本方案的内部收益率和财务基准收益率线或社会折现率线。这两条水平线与相应所绘图线的交点为临界点,可由该点求得极限变化值。

变化幅度超过这个极限值,项目方案就不可行了。如发生这个极限变化的可能性很大,表明有大的风险。

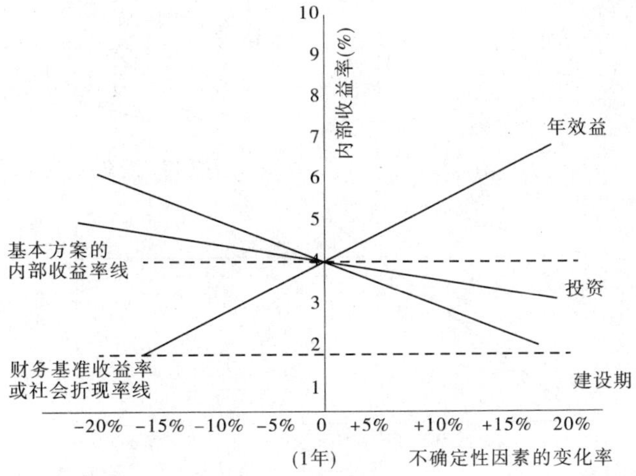

图 5-1 敏感性分析图

任务三 盈亏平衡分析

一、盈亏平衡分析的含义

盈亏平衡分析主要是测算企业投产后的盈亏平衡点(*BEP*),该点表示销售收入减税金等于成本。若产品产量超过这一点,企业就有利可图;若产品产量少于这一点,则企业出现亏损。通常是根据项目正常生产年份产品产量(或销售量)、可变成本、固定成本、产品销售价格和销售税金等数据进行计算。这种分析仅适用于财务评价。

二、盈亏平衡分析的方法

首先必须将成本分为两部分:可变成本(变动成本)与固定成本(非变动成本)。可变成本部分的总额随着产品数量的变动成比例地变动,产品数量增加,可变成本总额随之按比例增加,产品数量减少,可变成本总额随之按比例减少。如原料、材料、计件工资等均属于变动成本。固定成本部分的总额在一定产量范围内,不随产品数量的增减而变动,如折旧费、企业管理费、管理人员的工资等。其次,当产品销售量、销售价格确定后,即可按图解法、公式法计算盈亏平衡点。为了便于理解公式的来由,先介绍图解法。

(一)图解法

在以横坐标表示生产能力利用率,以纵坐标表示成本或税后年销售收入的坐标系中,由税后年销售收入、年总成本、年固定成本绘出三条关系线:①税后年销售收入—生产能力利用率;②年总成本—生产能力利用率;③年固定成本—生产能力利用率,如图 5-2 所示。显然,前两线的交点即盈亏平衡点 *BEP*。盈亏平衡点对应的横坐标即其生产能力利用率。

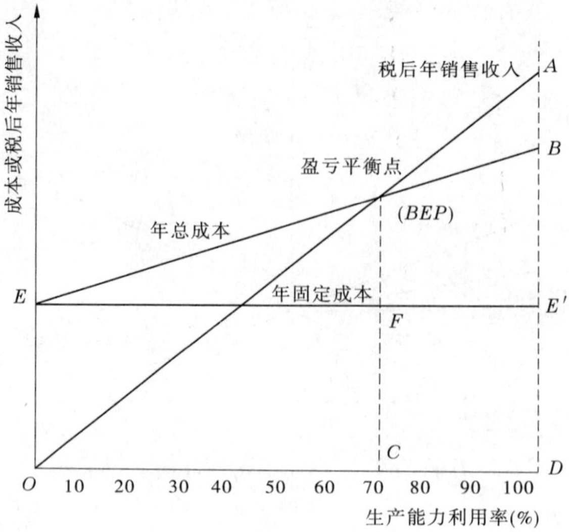

图 5-2 盈亏平衡求解示意图

(二)公式法

由图 5-2 的几何关系可知:

$$\frac{OC}{OD}=\frac{(BEP)F}{BE'}=\frac{(BEP)C}{AD}$$

$$=\frac{(BEP)C-(BEP)F}{AD-BE'}=\frac{FC}{AD-BE'}$$

$$BEP_1=\frac{\text{年固定总成本}}{\text{年销售收入}-\text{年可变总成本}-\text{年销售税金}}\times 100\% \tag{5-1}$$

$$BEP_2=\text{设计生产能力}\times BEP_1 \tag{5-2}$$

式中 BEP_1——生产能力利用率;

BEP_2——产量。

两种方法所得的结果是完全一致的,大于盈亏平衡点的区域为盈利区,小于盈亏平衡点的区域为亏损区。

三、盈亏平衡分析案例

某水产养殖场,养殖水面 1 200 亩①,其设计生产能力为 18 万 kg,水产综合平均每千克售价为 4.86 元,年固定总成本(包括固定资产折旧费、企业管理费、管理人员工资等)34.12 万元,年可变总成本(包括鱼苗、鱼种、饵料等)约 30 万元,上缴税金的综合税率为 5.15%(其中水产品税的税率为 5%,无增值税,无营业税,该省现行教育费附加为前三种税额的 2%,所在地的城市维护建设税税率即地方附加为前三种税额的 1%)。试用公式

① 注:1 亩 = 1/15 hm^2。

法及图解法分析其盈亏平衡点 BEP。

(1)公式法:年产品销售收入 = 设计生产能力 × 单价

$$= 18 \times 4.86 = 87.5(\text{万元})$$

年销售税金 = 年销售收入 × 综合税率

$$= 87.5 \times 5.15\% = 4.5(\text{万元})$$

年固定总成本 = 34.12 万元

年可变总成本 = 30 万元

将上述四项数据代入式(5-1)得

$$BEP_1 = \frac{34.12}{87.5 - 30 - 4.5} \times 100\% = 64\%$$

由式(5-2)得

$$BEP_2 = 18 \times 64\% = 11.52(\text{万 kg})$$

(2)图解法:

$$\text{税后年销售收入} = \text{年销售收入} - \text{年销售税金} = 87.5 - 4.5 = 83(\text{万元})$$

$$\text{年总成本} = \text{年固定总成本} + \text{年可变总成本} = 34.12 + 30 = 64.12(\text{万元})$$

由已知数据,按前述方法绘制盈亏平衡图,见图 5-3。图中所得盈亏平衡点 BEP_1(生产能力利用率)仍为 64%,故水产年产量必须大于 18 × 64% = 11.52(万 kg)才有利可图。

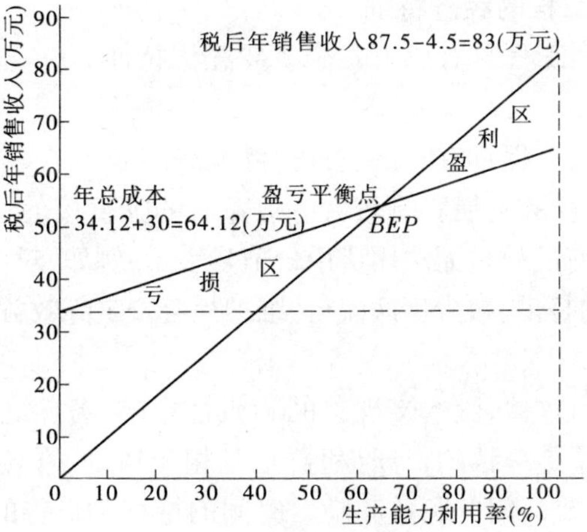

图 5-3 盈亏平衡图

项目六 综合利用水利工程费用分摊

任务一 概 述

一、综合利用水利工程

(一)综合利用水利工程的含义

通常把具有防洪、除涝、发电、灌溉、供水、航运、水产、旅游等多种功能与效益的水利工程称为综合利用水利工程。一般地,综合利用水利工程规模大,总投资大,而单位投资效益高,且效益多面,对社会经济影响大。在现阶段市场经济条件下,综合利用水利工程越来越受到高度重视,我国水利工程建设正在由传统的单一功能与效益向着大综合、多效益的综合利用方向发展。

(二)综合利用水利工程的经济特征

大中型综合利用水利工程具有以下几个主要经济特征。

1. 效益的多面性

大中型综合利用水利工程具有防洪、发电、灌溉、航运、供水、水产养殖、旅游等多种效益,其中一些效益对国民经济发展影响较大。效益有的为直接的,有的为间接的。有的效益可用货币价值量表示,有的效益无法用货币价值量表示,例如,对生态环境的改善、减少洪涝灾害对人民精神造成的打击、减少疾病流行、维护社会安定等效益就不能用货币量表示。

2. 效益的错综复杂性

综合利用水利工程的效益,受水文现象的随机性影响,各年之间的效益是不相同的。各受益部门之间有时利益是一致的,有时利益是互相矛盾的,在调度运用中,保证了主要部门的利益,就要减少次要部门的利益。随着时间的推移和形势的发展,各部门的效益有时需重新分配,相互转移。例如,丹江口水利枢纽是一个综合利用的水利工程,具有防洪、发电、灌溉、供水、航运和养殖五大效益,兴建时以灌溉与发电为主,但随着城市建设的发展,其效益将转为以城镇供水为主,以灌溉和发电为辅。

3. 工程项目的多样性

综合利用水利工程中有一些工程项目是为各受益部门服务的,称为共用工程;有一些工程项目是专门为某部门服务的,称为专用和配套工程。枢纽中的各项工程各有其特点和要求,技术要求是不同的,有其独立性的一面,但各项工程之间又有紧密的联系,要相互协调。

4. 建设期长，发挥效益的时间有先后差异

综合利用水利工程项目多，工程量大，只有完成所有主体、专用、配套工程后，才能全部发挥效益，因此需要的建设期长。枢纽主体工程完成后，有些部门就开始受益。例如，水库的主体工程完工后，就能拦蓄洪水，就可发挥防洪效益。发电、灌溉、航运等部门只有完成了相应的专用和配套工程后，才能发挥效益。由于各个部门的人力、物力、财力的限制，不可能所有部门同时完成工程建设任务，故发挥效益的时间是有先后的。

在过去一段时间内由于缺乏经济核算，整个综合利用水利工程的投资，是由某一水利或水电部门负担的，并不在各个受益部门之间进行投资分摊，结果常常会引发一系列问题。

二、综合利用水利工程的投资费用分摊的目的与意义

（一）投资费用分摊的目的

对综合利用水利工程的投资费用进行分摊的目的主要有以下几个方面：

(1) 充分合理地开发和利用水资源，在满足国民经济各部门要求的条件下，使国家的总投资和年运行费最少。

(2) 充分发挥投资的经济效果，只有对综合利用水利工程进行投资和年运行费分摊，才能正确计算防洪、灌溉、水电、航运等部门的效益与费用，以便加强经济核算，合理地制订价格，不断提高综合利用水利工程的经营和管理水平。

(3) 协调国民经济各部门对综合利用水利工程的要求，选择经济合理的开发方式和发展规模；分析比较综合利用水利工程各部门的有关参数或技术经济指标。

(4) 合理分配国家资金，正确编制国民经济建设计划和发展计划，保证国民经济各部门有计划地发展。

国外对综合利用水利工程（一般称多目标水利工程）的投资分摊问题曾做过较多的研究，提出很多计算方法。由于问题的复杂性，有些文献认为：直到现在为止，还提不出一个可以普遍采用的、能够被各方面完全同意的综合利用开发工程的投资分摊公式。我国过去对这方面的问题研究较少，也缺乏这方面的实践经验。随着改革开放和现代化建设的深入进行，我国水利事业又迎来了新的发展机遇。现在对水资源水能进行综合开发利用的工程越来越多，因而，综合利用开发工程投资分摊的问题得到我国专家学者和高层管理者的普遍重视。下面将介绍比较通用的投资分摊方法和有关部门建议的费用分摊方法，并对各种分摊方法进行讨论。

（二）投资费用分摊的意义

综合利用水利工程在提高水资源开发利用效率以及抵御各种水旱自然灾害方面发挥了重要作用。水资源作为一种稀缺的战略性经济资源，在促进经济和社会稳定发展方面具有特殊重要的地位。从水资源到形成水利产品涉及一系列经济活动，其中一个重要环节就是水利工程的投资建设与管理。水利工程是人们对水资源进行开发利用并实现合理配置的主要工具，同时又是把水资源生产加工成水利产品的基本场所。大型水利工程一般具有多目标、多功能、多产品、多效益等特点。由于水利工程的建设开发需要大量的资金投入，这些资金能否顺利筹措并得到合理分配使用将直接关系到水利产业乃至整个国

民经济的可持续健康发展,对于显著改善生态环境和不断提高人民生活水平均有重要意义。为了提高现有资金使用效率就必须注意开展大型水利工程建设项目的经济评价,通过科学化决策程序最大限度地提高水利工程投资的经济效益和社会效益,解决好综合利用水利工程各受益部门之间的投资费用分摊问题,有助于选择经济合理的开发方式和建设规模,提高项目经济评价分析的全面准确性。

三、综合利用水利工程投资费用分类方法

要进行综合利用水利工程投资费用的分摊,先要了解综合利用水利工程投资的构成。采用不同的分类方法可将综合利用水利工程投资分成不同的种类,以下介绍两种关于综合利用水利工程投资的分类方法。

(一)第一种分类方法

第一种分类方法是把综合利用水利工程的投资划分为共用投资和专用投资两大部分。共用投资是指为各受益部门服务的水利枢纽工程建筑物的投资、工程用地投资和移民安置费,以及给受损失部门的补偿费。专用投资是指为某一部门服务的专用工程及其配套工程的投资,例如,电厂、灌溉引水渠系建筑物、供水管网、水处理设施等的投资都属于这部分。

(二)第二种分类方法

第二种分类方法是把综合利用水利工程的投资划分为可分投资和剩余投资两大部分。某一部门的可分投资是指综合利用水利工程中包括该部门时的总投资与不包括该部门时的总投资的差值。很显然,该部门的可分投资比其专用投资要大一些,例如水电部门的可分投资,除电厂、调压室等专用投资外,还应包括为满足电力系统调峰、调谷等需要而增大压力引水管道的直径,为满足最低发电水头和事故备用库容的要求而必须保持一定死库容所需增加的那一部分投资。某一部门的剩余投资就是用总投资减去各部门可分投资后的值。

在投资分摊计算中,还需考虑各个部门的最优替代工程方案。所谓最优替代工程方案,是指在能够同等程度满足国民经济发展要求的具有同等效益的许多方案中,选择一个在技术上可行的、经济上最有利的替代工程方案。例如,一般情况下,水电站的最优替代工程方案是凝汽式火电站;水库下游地区防洪工程的最优替代工程方案可能是在沿河两岸修筑堤防或在适当地区开辟蓄洪区或滞洪区;地表水自流灌溉的最优替代工程方案可能是在当地抽提地下水灌溉等。

在具体研究综合利用水利工程投资构成时,还会遇到许多复杂的情况,例如:

(1)天然河道原来是可以通航的,由于修建水利工程而被阻隔,为了恢复原有河道的通航能力而增加的投资,不应由航运部门负担,而是由其他受益部门共同承担;但是,为了提高通航标准而专门修建的通航建筑物,其额外增加的费用则应由航运部门负担。

(2)溢洪道和泄洪建筑物及其附属设备的投资,一般占水利枢纽工程总投资相当大的比重。上述建筑物的任务包括两方面:一方面为保证工程本身的安全,当发生千年一遇或万年一遇洪水时,依靠泄洪建筑物的巨大泄洪能力而确保水库及大坝的安全,这一部分工程所需的投资,应由各个受益部门共同负担;另一方面,对于十年一遇或二十年一遇的

一般性洪水,依靠上述建筑物及泄洪设备的控泄能力而能确保下游河道的防汛安全,这一部分任务所需增加的投资,则应由下游防洪部门单独负担。

(3)灌溉、工业和城镇生活用水,常常须修建专用的取水口和引水建筑物,其所需的投资应列为有关部门的专用投资。当这些部门所引用的水量与其他部门用水(例如发电用水)结合时,投资分摊计算就比较复杂。但无论在上述哪种情况下,一般认为任一部门所负担的投资,不应超过该部门的最优替代工程方案所需的投资,也不应少于专为该部门服务的专用建筑物的投资。

综上所述,综合利用水利工程的投资构成可用下列公式表示:

$$K_{总} = K_{共} + \sum_{t=1}^{n} K_{专,j}(j = 1,2,\cdots,n) \tag{6-1}$$

式中　$K_{总}$——工程总投资;

$K_{共}$——几个部门共用建筑物的投资;

$K_{专,j}$——第 j 个部门的专用建筑物的投资。

综合利用水利工程的投资构成也可用下式表示:

$$K_{总} = K_{剩} + \sum_{t=1}^{n} K_{分,j}(j = 1,2,\cdots,n) \tag{6-2}$$

式中　$K_{分,j}$——第 j 个部门的可分离部分的投资(简称可分投资);

$K_{剩}$——工程总投资减去各部门可分投资后所剩余的投资。

任务二　综合利用水利工程费用分摊方法

一、按各部门的主次地位分摊

在综合利用水利工程中各部门所处的地位不同,往往某一部门占主导地位,要求水库的运行方式服从它的要求,其他次要部门的用水量及用水时间则处于从属地位。在这种情况下,各个次要部门只负担为本部门服务的专用建筑物的投资或可分投资,其余部分的投资则全部由主要部门承担。这种投资分摊方法适用于主要部门的地位十分明确,工程的主要任务是满足该部门所提出的防洪或兴利要求。

二、按各部门的用水量比例分摊

综合利用水利工程中的各个兴利部门从水库引用的水量是各不相同的,但在一般情况下,某些兴利部门的用水是完全结合的或者部分结合的,但也有不结合的。例如,冬季电力系统负荷较高,水电站常承担较多的峰荷,而灌溉系统此时不用水或用水较少,城镇生活用水也稍有减少,此时发电用水与灌溉用水是不结合的,与城市用水是部分结合的。春、夏季灌溉用水量较多,水库泄水发电后即把尾水引入灌溉渠道内,在此情况下两者用水是完全结合的。总之,各部门用水量也可分为两部分,一部分是共用水量(或称结合水量),另一部分是专用水量。因此,可以根据各部门所需调节水量的多少,按比例分摊共用建筑物的投资,至于专用建筑物的投资,则应由受益部门单独负担。此法比较公平,但某些部门并不消耗水量，例如防洪部门仅要求保留一定的库容，航运要求保持一定的水深，因而运用此法具有一定的局限性。

$$K_i = K_{共}\frac{w_i}{\sum_{i=1}^{n} w_i} \tag{6-3}$$

式中 K_i——第 i 个部门分摊到的共用工程投资；

$K_{共}$——共用工程投资；

w_i——第 i 个部门的用水量；

n——参与综合利用水利工程的部门数。

三、按各部门所需的库容分摊

根据各部门所需库容的大小分摊共用建筑物的投资，专用建筑物的投资则由受益部门单独负担，但防洪库容与兴利库容在一般情况下是能部分结合的，而在某些情况下完全不能结合，也有个别情况两者完全结合，视洪水预报精度及汛后来水量与用水量等具体条件而定。至于兴利库容，常为若干个兴利部门所共用，如按所需库容大小进行投资分摊，往往防洪部门所分摊的投资可能偏多，各个兴利部门所负担的投资可能偏小，实际上防洪库容也是为各个兴利部门服务的，因此这种按所需库容大小进行投资分摊的方法也不尽合理。

$$K_i = K_{共}\frac{v_i}{\sum_{i=1}^{n} v_i} \tag{6-4}$$

式中 K_i——第 i 个部门分摊到的共用工程投资；

$K_{共}$——共用工程投资；

v_i——第 i 个部门所需库容；

n——参与综合利用水利工程的部门数。

四、可分费用剩余效益（*SCRB*）法

欧、美、日本等地区和国家一般采用可分费用剩余效益法，其要点与计算步骤如下：

（1）计算整个水利工程的投资、年费用和年平均效益，求出各部门的可分费用及其替代工程和专用工程的投资和年费用，见表6-1。

（2）确定本部门及其替代工程的投资年回收值时，须事先定出利率或折现率 i 以及各部门的经济寿命 n（年），见表6-1。

（3）各部门的年效益有两种表达方式：一种是本部门的直接收益（例如发电部门的电费收益），另一种是最优替代工程的年费用，例如修建水电站，可以替代相应规模的凝汽式火电站，从而后者的年费用（包括投资年回收值、年运行费及燃料费）可以节省下来，当作该水电站的年效益。

（4）在上述两者之中选择较小者作为本部门的选用年效益，见表6-2 中的1c。

表 6-1 各部门的投资、年费用和年效益表 （单位：万元）

项目		投资	年费用			年平均效益
			投资年回收值	年运行费	合计	
综合水利工程		20 000	1 635	1 000	2 635	3 000
可分费用	发电	10 000	817	600	1 417	2 000
	灌溉	4 000	327	150	477	1 000
替代工程	发电	14 000	1 144	1 000	2 144	2 000
	灌溉	8 000	654	100	754	1 000
专用工程	发电	7 000	572	520	1 092	
	灌溉	2 000	164	120	284	

注：投资年回收值 = 投资 $(A/P,i,n)$，在本表计算中，假设 $n=50$ 年，$i=8\%$。

（5）各部门的选用年效益减去其可分年费用，即得剩余效益，然后求出分摊百分比，见表 6-2 中的 1e 和 1f。

（6）整个水利工程的年费用，减去各个部门的可分年费用，即得各部门的剩余年费用，按表 6-2 中的 1f 分摊，即得 1g。

（7）各部门的年运行费的分摊，也按上述步骤求得，见表 6-2 中的 2b 和 2c。

（8）按上述步骤对各部门进行投资分摊，部门的可分投资，加上所求得的剩余投资的分摊额，即得综合利用水利工程各部门应承担的投资额，计算结果见表 6-2 中的 3c 项。

表 6-2 用 *SCRB* 法进行分摊计算表 （单位：万元）

项 目	内容	发电	灌溉	合计	说明
1. 年费用分摊	a. 年平均效益	2 000	1 000	3 000	见表 6-1
	b. 替代工程年费用	2 144	754	2 898	见表 6-1
	c. 选用年效益	2 000	754	2 754	选用 a，b 中较小者
	d. 可分年费用	1 417	477	1 894	见表 6-1
	e. 剩余效益	583	277	860	c - d
	f. 分摊百分比	67.8%	32.2%	100%	按 1e 比例
	g. 剩余年费用分摊	502	239	741	(2 635 - 1 894) 按 1f 分摊
	h. 总分摊额	1 919	716	2 635	d + g
2. 年运行费分摊	a. 可分年运行费	600	150	750	见表 6-1
	b. 剩余年运行费分摊	170	80	250	(1 000 - 750) 按 1f 分摊
	c. 总分摊额	770	230	1 000	a + b
3. 投资分摊	a. 可分投资	10 000	4 000	14 000	见表 6-1
	b. 剩余投资分摊	4 068	1 932	6 000	按 1f 分摊
	c. 总分摊额	14 068	5 932	20 000	a + b

五、按各部门的效益比例分摊

各部门的效益一般用等效替代方案的费用表达，当不具备等效替代方案条件时，则可直接按本部门的效益现值的比例进行费用分摊。

费用(F)包括共用工程费用(F_0)、专用工程与设施费用(F_j^s)和与之相应的保证其正常受益的配套设施费用(F_j^c)等三部分，即

$$F = F_0 + \sum_{j=1}^{x} F_j^s + \sum_{j=1}^{x} F_j^c \tag{6-5}$$

式中 j——第 j 个部门，$j=1,2,\cdots,x$；

x——综合利用部门的组成数。

建议根据工程具体条件与计算要求，选用下列三种方法之一进行费用分摊。

(1)按效益分摊总费用分摊：

$$F_j = F \times \frac{F_j^a}{\sum_{j=1}^{x} F_j^a} \tag{6-6}$$

(2)按剩余效益分摊共用部分费用分摊：

$$F_j = F_0 \times \frac{F_j^a - F_j^s - F_j^c}{\sum_{j=1}^{x} (F_j^a - F_j^s - F_j^c)} + F_j^s + F_j^c \tag{6-7}$$

(3)按剩余效益分摊剩余费用(总费用扣除可分离费用后的余额)分摊：

$$F_j = \frac{F_j^a - \Delta F_j}{\sum_{j=1}^{x} (F_j^a - \Delta F_j)} \times \left(F - \sum_{j=1}^{x} \Delta F_j\right) + \Delta F_j \tag{6-8}$$

式中 F_j——替代方案满足第 j 部门效益所需的费用，或者采用直接体现该效益指标的货币量；

F——综合利用工程的总费用；

ΔF_j——某部门的可分离费用，是指考虑第 j 部门受益与不受益时工程总费用的差值，也是第 j 部门至少应承担的费用。

$$\Delta F_j = F_{k+j} - F_k \tag{6-9}$$

式中 F_{k+j}、F_k——包括第 j 部门和不包括第 j 部门效益时的工程总费用。

最后指出，当采用效益分摊总费用法进行费用分摊时，任一部门所承担的费用一般不应小于该部门的专用工程和配套设施费用之和，但也不得大于其替代工程的费用。当综合利用各部门的主次关系明显，次要部门的效益所占的比重很小时，可只承担其可分离费用，其余则由主要部门承担。分摊后的费用是造价和运行费用的总和，其两者之间的分配，可使各部门分摊的造价和运行费各占工程总造价和总运行费的同一比例，必要时可做适当调整。

六、综合利用水利工程费用分摊结果的合理性检查

综合利用水利工程各受益部门所分摊的费用，除应从分摊原则分析其是否公平合理

外,还应从下列各方面进行合理性检查:

(1)任何部门所分摊的年费用不应大于本部门最优替代工程的年费用。在某种情况下,某一部门所分摊的投资,有可能超过替代工程的投资($K_j > K_{替}$),而分摊的年运行费可能小于替代工程的年运行费($u_j < u_{替}$);在另一种情况下,也可能出现 $u_j > u_{替}$,此时应调整 K_j 和 $K_{替}$,使总的分摊结果符合 $F_j < F_{替}$ 的原则。

(2)各受益部门所分摊的费用不应小于因满足该部门需要所须增加的工程费用(即可分离费用),最少应承担为该部门服务的专用工程(包括配套工程)的费用。

如果检查分析时发现某部门分摊的投资和年运行费不尽合理,应在各部门之间进行适当调整。

七、各种综合水利工程费用分摊方法的比较

(一)按各部门的主次地位分摊比较

在综合利用水利工程中各部门所处的地位不同,往往出现某一部门占主导地位,要求水库的运行方式服从它的要求,其他次要部门的用水量及用水时间则处于从属地位的情况。在这种情况下,各个次要部门只负担为本部门服务的专用建筑物的投资或可分投资,其余部分的投资则全部由主要部门承担。这种投资分摊方法适用于主要部门的地位十分明确,工程的主要任务是满足该部门所提出的防洪或兴利要求。

(二)按各部门的用水量投资分摊比较

按各部门的用水量投资分摊方法适用于主要部门的地位十分明确,工程的主要任务是满足该部门所提出的防洪或兴利要求。可以根据各部门所需调节水量的多少,按比例分摊共用建筑物的投资,至于专用建筑物的投资,则应由受益部门单独负担。此法比较公平,但某些部门并不消耗水量,例如防洪部门仅要求保留一定的库容,航运部门要求保持一定的水深,因而运用此法具有一定的局限性。

(三)按各部门所需的库容分摊比较

根据各部门所需库容大小分摊共用建筑物投资,专用建筑物投资则由受益部门单独负担。但防洪库容与兴利库容在一般情况下是能部分结合的,而在某些情况下完全不能结合,也有个别情况两者完全结合,视洪水预报精度及汛后来水量与用水量等具体条件而定。至于兴利库容,常为若干个兴利部门所共用,如按所需库容大小进行投资分摊,往往防洪部门所分摊的投资可能偏多,各个兴利部门所负担的投资可能偏小,实际上防洪库容也是为各个兴利部门服务,因此这种按所需库容大小进行投资分摊的方法也不尽合理。

(四)按各部门的效益比例分摊比较

各部门的效益一般用等效替代方案的费用表达,当不具备等效替代方案条件时,则可直接按本部门的效益现值的比例进行费用分摊。

(五)可分费用剩余效益(*SCRB*)法比较

对于重要的大型综合利用工程进行费用分摊时,尽可能采用按剩余效益分摊剩余费用(*SCRB*)法,虽然计算工作量稍大些,但此法使各部门必须分摊的剩余费用尽可能减少,有利于减少费用分摊的误差。

八、综合利用水利工程费用分摊案例

设某综合利用工程的各部门的投资、年费用和年效益见表6-3，现分别按效益（用替代工程费用表示）分摊工程总费用，按剩余效益分摊工程总费用，按剩余效益分摊剩余费用分摊方法计算。

为简化计算，假设该工程各部门的经济寿命均为50年，在经济比较阶段，$i=8\%$。计算结果见表6-4～表6-6。

表6-3 各部门的投资、年费用和年效益表 （单位：万元）

项目		投资	年费用			年平均效益
			投资年回收值	年运行费	合计	
综合水利工程		20 000	1 635	1 000	2 635	3 000
可分费用	发电	10 000	817	600	1 417	2 000
	灌溉	4 000	327	150	477	1 000
替代工程	发电	14 000	1 144	1 000	2 144	2 000
	灌溉	8 000	654	100	754	1 000
专用工程	发电	7 000	572	520	1 092	
	灌溉	2 000	164	120	284	

注：投资年回收值＝投资$(A/P,i,n)$，在本表计算中，假设$n=50$年，$i=8\%$。

表6-4 按效益（用替代工程费用表示）分摊工程总费用 （单位：万元）

项 目	内容	发电	灌溉	合计	说明
年费用分摊	工程年费用 F			2 635	见表6-3
	替代工程年费用 F_j^a	2 144	754	2 898	见表6-3
	年费用分摊 F_j	1 949	686	2 635	按式(6-6)算
投资分摊	投资分摊额 K_j	14 796	5 204	20 000	按式(6-6)算
年运行费分摊	年运行费分摊额 u_j	740	260	1 000	按式(6-6)算

表6-5 按剩余效益分摊工程总费用 （单位：万元）

项 目	内 容	发电	灌溉	合计	说明
年费用分摊	替代工程年费用 F_j^a	2 144	754	2 898	见表6-3
	专用工程年费用 $F_j^s+F_j^c$	1 092	284	1 376	见表6-3
	$F_j^a-(F_j^s+F_j^c)$	1 052	470	1 522	剩余效益
	共用部分年费用分摊 F_0	870	389	1 259	按式(6-7)算
	年费用分摊额 F_j	1 962	673	2 635	$F_0+(F_j^s+F_j^c)$

续表 6-5

项　目	内　容	发电	灌溉	合计	说明
投资分摊	共用投资分摊 K_0	7 600	3 400	11 000	按式(6-7)算
	专用投资 $K_j^s + K_j^c$	7 000	2 000	9 000	见表 6-3
	投资分摊额 K_j	14 600	5 400	20 000	$k_0 + (k_j^s + F_j^c)$
年运行费分摊	共用部分分摊 u_0	249	111	360	按式(6-7)算
	专用部分 $u_j^s + u_j^c$	520	120	640	见表 6-3
	年运行费分摊 u_j	769	231	1 000	

表 6-6　按剩余效益分摊剩余费用　　（单位:万元）

项　目	内　容	发电	灌溉	合计	说明
年费用分摊	替代工程年费用 F_j^a	2 144	754	2 898	见表 6-3
	可分年费用 ΔF_j	1 417	477	1 894	见表 6-3
	$F_j^a - \Delta F_j$	727	277	1 004	剩余效益
	剩余年费用分摊 F_0	537	204	741	按式(6-8)算,$F_{剩} = 2\,635 - (1\,417 + 477)$
	年费用分摊额 F_j	1 954	681	2 635	$F_0 + \Delta F_j$
投资分摊	剩余投资分摊 K_j'	4 345	1 655	6 000	按式(6-8)算,$K' = 20\,000 - (10\,000 + 4\,000)$
	可分投资 ΔK_j	10 000	4 000	14 000	见表 6-3
	投资分摊额 K_j	14 345	5 655	20 000	$\Delta k_j + k_j'$
年运行费分摊	剩余年运行费分摊 u_j'	181	69	250	按式(6-8)算,$u' = 1\,000 - (6\,000 + 150)$
	可分年运行费 Δu_j	600	150	750	见表 6-3
	年运行费分摊 u_j	781	219	1 000	$\Delta u_j + u_j'$

模块三　实际应用

项目七　防洪工程经济评价

任务一　概　述

一、防洪工程经济评价的目的与意义

防洪工程是指在河道上修建的水库、防洪大堤、疏浚行洪断面等工程，工程建设对保障人民生命财产和社会经济稳定、促进社会发展、避免和减少洪水灾害发挥着巨大的作用。防洪工程经济评价的目的是对拟建工程的经济合理性进行评价，在诸多方案中选出最优方案，以提高防洪工程建设的经济效益。由于洪水具有很大的随机性，形成灾害后损失巨大，因此能够较准确地比较防洪工程修建前后的经济状况，对防洪工程进行经济评价显得尤为重要。

二、洪水灾害的概念与类型

洪水灾害简称洪灾，主要是指河流洪水泛滥成灾淹没广大平原和城市，或者山区山洪暴发冲毁和淹没土地、村镇和矿山，或者由洪水引起的泥石流冲毁田地以及冰凌灾害等。在我国，影响重大而又比较广泛的是对我国经济发展影响极大的平原地区的洪灾，长江中下游平原、黄淮平原、松辽平原和珠江三角洲是防洪的重点地区。

按洪水峰型特性可将洪灾分为洪峰型洪灾和洪量洪灾，前者主要是由洪峰造成的，后者主要是由洪水流量造成的；按漫淤和决堤后成灾的影响，可将洪灾分为归槽型洪灾与不能归槽型洪灾，归槽型洪灾在洪水漫决后能自然回到原河道，只对本流域造成灾害，不能归槽型洪灾在洪水漫决后不能自然回到原河道，危害其他流域；按洪水与涝水的关系，洪灾可分为纯洪水灾害和先涝后洪或洪涝交错的混合型洪水灾害。

三、洪灾特点及其损失

洪水灾害的最大特点是在出现时间上具有随机性。年际间不同频率洪水的差别很大，相应的灾情变化也很大。一般性的或较小的洪水虽然经常出现，但并无危害或危害很小;稀遇的特大洪水则危害很大,甚至影响本区域或全国的经济发展计划。在受洪水威胁的范围内洪灾损失逐年递增,无论是个人的、集体的或国家的财产,均如此;即使同一频率的洪水,发生在不同年份其损失也不一样,有随时间变化的特性。

洪灾的大小与暴雨大小、雨量分布、工程标准等因素有关。在洪灾损失中,有一些损失一般是难以用实物或货币直接估算的,称为无形损失或非经济损失,如人民生命安全、疾病流行、灾区文化古迹遭受破坏、环境方面的损失以及社会的不安定对生产发展的影响等。而另有一些洪灾损失能用实物和货币表达,可以直接估算出来,则称为有形损失或经济损失。

洪灾有形损失还可进一步分为直接损失和间接损失。直接损失是指洪水直接淹没造成的损失,如农作物减产、各种设施的破坏、工商业停工停业等带来的损失等。间接损失是由直接损失带来的间接影响所造成的损失,如停电停水给工矿企业造成的停产停运所形成的损失等。洪灾有形损失按受灾对象的特点和计算上的方便,一般可以划分为以下几个方面。

(一)农产品损失

洪水泛滥成灾,影响农作物收成。农作物遭受自然灾害的面积称作受灾面积,减产30%以上的受灾面积称作成灾面积。一般可按农作物减产的程度将灾害分为四级:①毁灭性灾害,作物荡然无存,损失100%;②特重灾害,减产大于80%;③重灾害,减产50%~80%;④轻灾害,减产30%~50%。

在估算农作物损失时,为了反映其价值的损失,有两种建议可供采用:其一是采用当地集市贸易的年平均价格;其二是采用国际市场价格,再加上运输费用及管理损耗等费用。在计算农作物损失时,也应考虑秸秆的价值,可用农作物损失的某一百分数表示。

(二)房屋倒塌及牲畜损失

在计算这些损失时,要考虑到随着整个国民经济及农村经济的发展,房屋数量增多,质量提高,倒塌率降低,倒塌后残余值回收率增大等因素。

(三)人民财产损失

城乡人民群众的生产设施,如机具、种籽、肥料、农药、树木等;个人生活资料,如用具、粮食、衣物、燃料等,因水灾所造成的损失,一般可按某一损失率估算。20世纪50年代在淮河流域规划时,曾拟定损失率为:长期浸水为25%~50%,短期浸水为5%~25%。

(四)城市、工矿的财产损失

城市、工矿的财产损失包括城市、工矿的厂房、设备、住宅、办公楼、社会福利设施等不动产以及家具、衣物、商店百货、交通工具、可移动设备等动产损失。在考虑损失时,对城市、工矿区的洪水水位、水深、淹没历时等要详细调查核定,并要考虑设备的更新程度、原有质量、洪水来临时转移的可能性、水毁后的重建性等因素,以确定损失的数量及其相应的损失率,不能笼统地全部按原价或新建价折算成洪灾损失。城市、工矿企业因洪灾而停工停产的损失,一般只估算停工期间工资、管理、维修以及利润和税金等损失。

(五)工程损失

洪水冲毁的水利工程,如水库、水电站、堤防、涵洞、桥梁、码头、渠道、水井、排灌站等;冲毁交通运输工程,如公路、铁路、通信线路、航道船闸等;冲毁公用工程,如输电高压线、变电站、电视塔、自来水设施、排水设施等。所有上述各项工程损失,可用国家拨付的工程修复专款来估算。

(六)交通运输中断损失

交通运输中断损失包括铁路、公路、航运、电信等因水毁中断,客、货运被迫停止所遭受的损失。特别是铁路中断对国民经济影响甚大,主要包括以下费用:

(1)线路中断修复费。在遭遇各种频率洪水时,可按不同工程情况,估算铁路损坏长度,再以单位长度铁路造价的扩大指标进行估算。

(2)中断期间客、货运费的损失。估算不同频率洪水时运输中断的天数、设计水平年或计算基准年的客、货运量,加权运距等,再按运价、票价、运输成本等计算运输损失值。

(3)间接损失。铁路中断引起的间接损失,一种情况是工矿企业的原材料、产品不能及时运进、运出,对生产和消费产生一系列的连锁反应,但这样考虑的范围很广,任意性很大。另一种情况是工矿企业和其他行业所需的原料、物资等商品,一般均有储备,当铁路中断时,可动用储备。目前,国外一般是用绕道运输的办法来完成同样的运输任务,以绕道增加的费用来计算铁路中断损失的。也可以考虑按那些运输量大、产值利润小的企业停产损失来计算铁路中断引起的间接损失。

(七)其他损失

其他损失包括水灾后国家支付的生产救灾、医疗伤病、救护、抚恤等经费,抗洪抢险费用,堤防决口、泥沙毁田、淤塞河道及排灌设施和土地地力恢复等损失。

四、防洪措施概念与类型

防洪是指用一定的工程措施或其他综合治理措施,防止或减轻洪水的灾害。人类在与自然的斗争过程中,早已掌握了许多不同的防洪措施。随着人类社会的发展和科技的进步,这些工程措施现在更趋于完善和先进,效益更为显著,并由单纯除害发展为除害与兴利相结合的综合利用工程措施。

防治洪水的措施有两大类。第一类是治标措施,这类措施是在洪水发生以后,设法将洪水安全排泄以减免其灾害,主要包括堤防工程、分洪工程、防汛、抢险及河道整治等。第二类是治本措施,其中一种是在洪水未发生前就地拦蓄洪水的水土保持措施,另一种是修建具有调蓄洪水能力的综合利用水库等。

堤防工程是在河流两岸修筑堤防,以增加河道宣泄洪水的能力,保护两岸低地。这种措施最古老,且应用最广泛,在现阶段仍为防御洪水的一种重要措施,例如我国黄河下游两岸大堤及长江中游的荆江大堤等。

分洪工程是在河流上(一般是在中、下游)适当地点修建分洪闸、引洪道等建筑物,将一部分洪水分到别处,以减轻干流负担。例如,黄河下游的北金堤分洪工程及长江中游的荆江分洪工程等。

河道整治也是增加河道泄洪能力的一种工程措施,包括拓宽和浚深河道、裁弯取直、消灭过水卡口、消除河道中障碍物以及开辟新河道等。

水土保持是防治山区水土流失,从根本上消除洪水灾害的一项措施。水土保持分为坡面和沟壑治理两方面,一般采用农、林、牧业及工程等综合措施。水土保持不但能根治洪水,而且能蓄水保土,有利于农业生产,是发展山区经济的一种重要措施。

蓄洪工程是在干、支流的上、中游,兴建水库以调蓄洪水。这种措施不但能从根本上控制洪水对下游的危害,而且能与发电、灌溉、供水及航运等结合,是除害兴利、综合利用水资源的根本措施。

除上述各项工程措施外,还可采取非工程性防洪措施,这是指在受洪水威胁的地区种植高秆作物、采取加高房基等防御洪水的措施,或者加强水文气象预报,疏散受洪水威胁地区的人口,甚至有计划地采取人工决口等措施,尽可能减轻洪灾及其损失。

防洪措施常常是上述若干措施的组合,包括治本的和治标的、工程性的和非工程性的措施,通过综合治理,联合运用,尽可能减免洪水灾害,并进一步达到除害兴利的目的。

任务二 防洪工程费用与效益分析

一、防洪工程费用分析

防洪工程的费用包括两个方面:

(1)防洪工程投资。主要指主体工程、附属工程、配套工程、移民安置以及环境保护、维持生态平衡所需的投资。分洪滞洪工程淹没耕地和迁移居民所需的投资,如果是若干年才遇到一次,且持续时间不长,则可根据实际损失情况给予赔偿,可不列入基建投资,而作为洪灾损失考虑。

(2)防洪工程的年运行费。主要包括工程实施后每年须负担的岁修费、大修费、防汛费等。一般岁修费率为0.5%~1.0%,大修理费率为0.3%~0.5%,两者合计为0.8%~1.5%。防汛费是防洪工程的一项特有费用,与防洪水位、工程标准、防汛措施等许多因素有关,一般随防洪工程标准的提高而减少。

二、防洪工程效益分析

防洪工程效益是指防洪工程所减免的灾害损失。防洪工程的效益与灌溉或供水发电工程的效益不同,它不直接创造财富,而是把因修建防洪工程而减少的洪灾损失作为效益。防洪工程效益只有当遇到能防御的洪水时才能体现出来。如果遇不到引发洪灾损失的洪水,工程的防洪效益就体现不出来,因此防洪效益也称为“潜在效益”。

防洪工程从防御常遇洪水提高到防御稀遇洪水时,所需工程规模及其投资和年运行费等,均要相应大幅度地增加,虽然遇上稀遇洪水时一次防洪效益很大,但因其出现机会稀少,因此若按多年平均值计算,比起防御常遇洪水所增加的效益可能并不很大。若在很长时间内,甚至在工程有效使用期内遇不到这种稀遇洪水,则长期得不到较大的防洪效益,就形成投资积压,每年还得支付利息和运行管理费等,因此防洪效益分析是一个随机问题,具有不确定性和不准确性。

洪灾损失大小与淹没的范围、淹没的深度、历时和淹没的对象有关,还与决口流量、行洪流速有关,这些因素是估计洪灾的基本资料。

不同频率洪水的损失不同,在经济评价中要求用年平均损失值衡量,因此需要计算工程修建前后不同频率洪水的灾害损失,求出工程修建前后的年平均损失差值。

洪灾损失一般可通过历史资料对比法和水文水利计算法确定,具体内容和计算步骤如下。

(一)洪冰淹没范围

根据历史上几次典型洪水资料,通过水文水利计算,求出拟建防洪工程兴建前后河道、分蓄洪区、淹没区的水位和流量,由地形图和有关淹没资料查出防洪工程兴建前后的淹没范围、耕地面积、人口以及淹没对象的数量。

在进行水文水利计算时,要考虑防护地区的具体条件、河道、地形特点,拟定防洪工程(如水库、分蓄洪工程)的控制运用方式,堤防决口、分蓄洪区行洪的水力学条件等作为计算依据。这种方法已经被广泛应用,优点是能进行不同方案各种典型洪水的计算,同时能考虑各种具体条件;缺点是工作量太大,有些假定可能与实际情况有较大的出入。

(二)洪灾损失率

目前,洪灾损失率都是通过在本地区或经济和地形地貌相似的地区,对若干次已经发生过的大洪水进行典型调查分析后确定的。以下是调查实例,见表7-1、表7-2。

表7-1 若干省、区典型调查洪水灾害损失率

地区及洪水		损失率(元/亩)	说明
调查单位	洪水灾情		
河南	某地区1975·8洪水	475	受灾面积297万亩
河南	某县1982年洪水	263	受灾面积51万亩
安徽	某地区1979洪水	560	受灾面积85.3万亩
广东	某县1982年洪水,某县1968年洪水	500	
黄委	某地区1975·8洪水,某滞洪区(年调查)	340 450	受灾面积1 000万亩
长委	长江流域几个分洪区调查资料	905~986	

表7-2 河南省某地1975·8洪水灾害损失统计(成灾面积297万亩)

项目	单位	数量	单价	总值(万元)
一、直接损失				
1.农业				31 991
粮食作物	万亩	178.84	100元/亩	17 884
经济作物	万亩	117.56	120元/亩	14 107
2.粮食储备	万斤	54 000	0.2元/斤	10 800
3.水利工程				2 461
堤防				2 075
小型水库	座	8		386
4.群众财产				64 507
房屋	万间	107.8	500元/间	53 900
家庭日用品				10 394
牛、骡、马	头	2 070		137
猪、羊	头	12 930		76

续表 7-2

项目	单位	数量	单价	总值(万元)
5. 冲毁铁路路基、钢轨、桥梁、列车等				175
6. 其他(通信、仓库等)				7 416
二、间接损失				23 733
1. 生产救灾				13 900
2. 工厂停产				7 600
3. 运输中断(京广线中断 1 个月)				2 233
三、总计				141 083
四、平均每亩损失(元/亩)				475

(三)洪灾损失计算

通常根据受淹地区典型调查材料,确定淹没损失指标,一般用每亩综合损失率表示,然后根据每亩综合损失率指标和淹没面积,确定洪灾损失值。

因为调查的是各种典型年的洪灾损失,所以防洪的年平均效益为未修工程前的年平均损失减去修建防洪工程后的年平均损失。可以采用频率曲线法或实际年系列平均法求出,现分述如下。

1. 频率曲线法

洪水成灾面积及其损失与暴雨洪水频率等有关,因此必须对不同频率的洪水进行调查计算,以便制作成洪灾损失频率曲线,从而计算年平均损失值。其计算步骤为:

(1)对修建工程前和修建工程后分别计算不同频率洪水时受灾面积及其相应的洪灾损失,由此即可绘制修建工程前后的洪灾损失频率曲线,见图 7-1。

(2)曲线与两坐标轴所包围的面积即为修建工程前、后各自的多年洪灾损失(Oac、Obc),求出相应整个横坐标轴(0～100%)上的平均值。纵标为各自的年平均洪灾损失值。如图 7-1 中的 Oe 为修建工程前的年平均值,而 Og 为修建工程后的年平均值。二者之差值(ge)即为工程实施前后的年平均洪灾损失的差值,即工程的防洪效益。

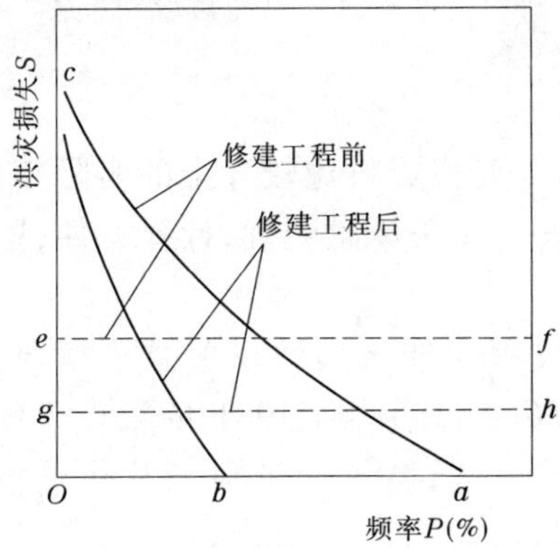

图 7-1　洪灾损失频率曲线

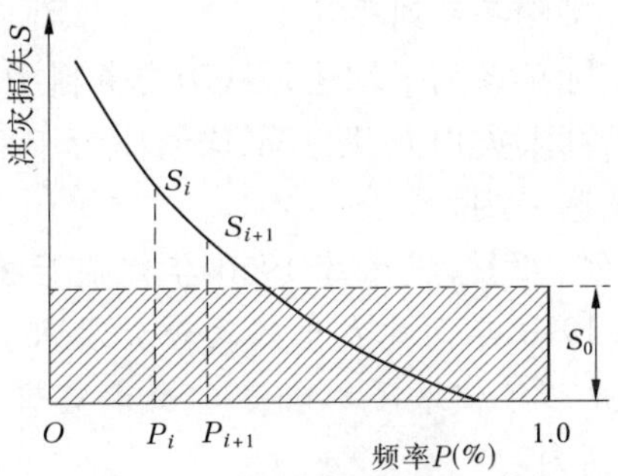

图 7-2　多年平均洪灾损失计算

根据洪灾损失频率曲线，可用下列式子计算年平均损失值 S_0。图 7-2 中 S_0 以下的阴影面积，即为多年平均洪灾损失值，即

$$S_0 = \sum_{P=0}^{i}(P_{i+1} - P_i)(S_i + S_{i+1})/2 = \sum_{P=0}^{i}\Delta P\overline{S} \tag{7-1}$$

式中 P_i, P_{i+1} ——两相邻频率；

S_i, S_{i+1} ——两相邻频率的洪灾损失；

ΔP——频率差，$\Delta P = P_{i+1} - P_i$；

$\overline{S}$—平均经济损失，$\overline{S} = (S_i + S_{i+1})/2$。

【例 7-1】 某江现状能防御 200 年一遇洪水，超过此标准即发生决口。该江某水库建成后，能防御 1 000 年一遇洪水，超过此标准时也假定决口。修建水库前(现状)与修建水库后在遭遇各种不同频率洪水时的损失值见表 7-3，试计算水库防洪效益。

表 7-3 洪灾损失计算表

工程情况	洪水频率	经济损失 S（亿元）	频率差 ΔP	$\overline{S}=\frac{S_i+S_{i+1}}{2}$（亿元）	$\Delta P\,\overline{S}$（亿元）	年平均损失 $\sum\Delta P\,\overline{S}$（亿元）	年平均效益 B（亿元）
现状	>0.005	0					
	≤0.005	33					
			0.004	37	1.48		
	0.001	41				1.521 4	
			0.000 9	46	0.041 4		
	0.000 1	50					1.516
修建水库后	>0.000 25	0					
	≤0.000 25	33					
	0.000 1	39	0.000 15	36	0.005 4	0.005 4	

解：根据表 7-3 所列数据进行洪灾损失计算，由式(7-1)可求得年平均效益 $B = 1.516$ 亿元。

2. 实际年系列平均法

实际年系列平均法是从历史资料中选择一段洪水灾害资料比较齐全的实际年系列，逐年计算洪灾损失，取其平均值作为年平均洪灾损失。此法概念明确，计算方便，国内外均较普遍采用。

【例 7-2】 某水库 1950 年建成后对下游地区发挥了较大的防洪效益。据调查，在 1951～1990 年间共发生四次较大洪水(1954 年、1956 年、1958 年、1981 年)，由于修建了水库，这四年该地区均未发生洪水灾害；若未修建该水库，估计受灾面积及受灾损失如表 7-4 所列。

表7-4 某地区1951～1990年在无水库情况下受灾损失估计

年份	1954	1956	1958	1981
受灾面积(万亩)	10	84	17	15
受灾损失(万元)	3 000	25 200	5 100	4 500

在这40年内，若未修建水库，总计受灾损失共达37 800万元，相应年平均防洪效益为945万元/年。

(四)考虑国民经济增长率的防洪效益计算

随着国民经济的发展，在防洪保护区内的财产是逐年递增的，一旦被淹没，其单位面积的损失值也是逐年递增的。设S_0、A分别为防洪工程减淹范围内单位面积的年平均综合损失值及年平均减淹面积，则年平均防洪效益为

$$b_0 = S_0 A \tag{7-2}$$

设防洪区内洪灾损失的年增长率(即防洪效益年增长率)为j，则

$$b_t = b_0(1+j)^t \tag{7-3}$$

式中 b_t——防洪工程经济寿命期内第t年的防洪效益期望值；

t——年份序号，$t=1,2,\cdots,n$，其中n即为经济寿命，年。

设计算基准年在防洪工程的生产期初，则在整个生产期(即经济寿命期)内的防洪效益现值为

$$\begin{aligned} B &= \sum_{t=1}^{n} b_0(1+j)^t(1+i)^{-t} = b_0\frac{1+j}{1+i} + b_0\frac{(1+j)^2}{(1+i)^2} + \cdots + b_0\frac{(1+j)^n}{(1+i)^n} \\ &= \frac{1+j}{i-j}\left[\frac{(1+i)^n-(1+j)^n}{(1+i)^n}\right]b_0 \end{aligned} \tag{7-4}$$

【例7-3】 已知某防洪工程的年平均防洪效益$b_0=945$万元/年，该工程的经济寿命$n=50$年，社会折现率$i=12\%$，防洪效益年增长率$j=0$,$j=3\%$,$j=5\%$，三种情况，试分别求出在不同j值情况下该工程的防洪效益现值B(计算基准年在生产期初)。

解：当$j=0$，则

$$B = b_0\left[\frac{(1+i)^n-1}{i(1+i)^n}\right] = 945\times 8.304\ 5 = 7\ 848(\text{万元})$$

当$j=3\%$，则

$$\begin{aligned} B &= \frac{1+j}{i-j}\left[\frac{(1+i)^n-(1+j)^n}{(1+i)^n}\right]b_0 \\ &= \frac{1+0.03}{0.12-0.03}\times\left[\frac{(1+0.12)^{50}-(1+0.03)^{50}}{(1+0.12)^{50}}\right]\times b_0 \\ &= 11.27\times 945 = 10\ 650(\text{万元}) \end{aligned}$$

当$j=5\%$，则

$$B = \frac{1+j}{i-j}\left[\frac{(1+i)^n-(1+j)^n}{(1+i)^n}\right]b_0$$

$$= \frac{1+0.05}{0.12-0.05}\left[\frac{(1+0.12)^{50}-(1+0.05)^{50}}{(1+0.12)^{50}}\right]\times b_0$$

$$= 14.4 \times 945 = 13\ 608(\text{万元})$$

任务三　防洪工程经济评价方法

一、防洪工程国民经济评价

(一)防洪工程经济评价的内容和任务

防洪工程经济评价的内容和任务，就是对技术上可能的各种措施方案及其规模进行投资、年运行费、效益等的经济分析计算，并综合考虑其他因素，确定最优防洪工程方案及其相应的技术经济参数和有关指标。不同的防洪标准，不同的工程规模，不同的技术参数，均可视为经济分析计算中的不同方案。

防洪的目的是用一定的工程措施防止或减少洪水灾害。对一条河流或一个区域而言，防止或减少洪灾的措施，常常有很多可供选择的可能方案。它们的投资、淹没占地、防洪能力、综合效益以及对环境的影响不尽相同。在一定的条件下，需要比较分析不同方案的经济合理性。

(二)防洪工程经济评价方法步骤

(1)根据国民经济发展的需要与可能，结合当地的具体条件，拟定技术上可能的各种方案，并确定相应的工程指标。

(2)调查分析并计算各个方案的投资、年运行费、效益等基本经济数据。其中包括：

①防洪工程投资。主要指主体工程、附属工程、配套工程、移民安置以及环境保护、维持生态平衡所需的投资。分洪滞洪工程淹没耕地和迁移居民所需的投资，如果是若干年才遇到一次，且持续时间不长，则可根据实际损失情况给予赔偿，可不列入基建投资，而作为洪灾损失考虑。

②防洪工程的年运行费。主要包括工程实施后每年须负担的岁修费、大修费、防汛费等项。一般岁修费率为0.5% ~1.0%，大修理费率为0.3% ~0.5%，两者合计为0.8% ~1.5%。防汛费是防洪工程的一项特有费用，与防洪水位、工程标准、防汛措施等许多因素有关，一般随防洪工程标准的提高而减少。

③防洪工程的效益。用防洪工程所减免的灾害损失表示。

分析计算各个方案的主要经济效果指标及其他辅助指标，然后对各个方案进行经济分析和综合评价，确定比较合理的可行方案。

(三)防洪工程国民经济评价主要评价指标

(1)经济内部收益率(*EIRR*)。

(2)经济净现值(*ENPV*)。

(3)经济效益费用比(*EBCR*)。

二、防洪工程不确定性分析

由于水利工程建设项目经济评价采用的数据大多数来自预测或者估算结果，其效益、费用和计算期等都存在着一定程度的不确定性。这种不确定性,有的来自客观因素,有的来自主观因素。为了弄清楚不确定因素对经济评价指标的影响,或经济评价指标对不确定因素的反映情况,就需进行不确定性分析,以检验和判断水利工程建设方案在经济、财务上的可靠性。不确定性分析包括敏感性分析、概率分析和盈亏平衡分析三个方面。

盈亏平衡分析主要是测算企业投产后的盈亏平衡点,该点表示销售收入减税金等于成本。若产品产量超过这一点,企业就有利可图;若产品产量少于这一点,则企业出现亏损。这种分析仅适用于财务评价。

敏感性分析是研究和验证各项主要因素发生变化时对整个建设项目的经济评价指标的影响,从中找出最为敏感的因素。同时根据指标的变化程度,进行必要的补充研究,以便论证计算结果的可靠性和合理性。敏感性分析表明评价指标对各种不确定因素的敏感程度,敏感性较稳定的方案优于较不稳定的方案。敏感性分析适用于国民经济评价和财务评价。

敏感性分析考虑的主要变动因素有投资、效益、价格、工期、可变成本等。可用净效益、内部收益率指标反映对以上变动因素的敏感程度。最常用的敏感分析指标是内部收益率。敏感分析可用列表分析和绘图分析。

建设项目经济评价的概率分析是运用数理统计原理,研究一个或几个不确定因素在发生随机变化的情况下,对项目经济评价指标所产生影响的一种定量分析方法。概率分析适用于国民经济评价和财务评价。

敏感性分析与概率分析的区别还在于,敏感性分析中不确定因素的各种状态的概率是未知的,而概率分析中不确定因素的各种状态的概率是可知的。

由于防洪工程一般无财务收入,所以对其只进行国民经济评价,不进行财务评价,并且防洪工程经济评价中不确定因素的各种状态的概率是未知的。因此,防洪工程经济评价过程中只进行敏感性分析。

三、防洪工程经济评价案例

假设某水库以防洪为主要任务。该工程于 1988 年建成,总投资 $K=26\ 327$ 万元,年运行费 $u=380$ 万元。经调查,在未建水库前,下游地区遇五年一遇洪水($P=20\%$)时即发生洪灾损失。

(1)计算水库的防洪效益。先分别计算修建水库前和修建水库后发生不同频率洪水时的洪灾损失,然后计算两者的差值,即为水库的防洪效益。

现将根据 1982 年生产水平所求出的无水库和有水库两种情况下的洪灾损失值分别列于表 7-5。

表 7-5 在不同频率洪水情况下有、无水库时洪灾损失

洪水频率 P(%)	33	20	10	1	0.1	0.01
无水库时损失 S_1(万元)	0	3 699	7 212	16 135	19 248	20 766
有水库时损失 S_2(万元)	0	0	0	6 432	16 210	19 248

根据表 7-5 和式(7-1),以及表 7-3 的方法可求出水库的年平均防洪效益 $b_0=1\ 617$ 万元。假设水库下游地区防洪效益年增长率 $j=3\%$,折现率 $i=7\%$,则水库开始发挥防洪效益的 1988 年年末年效益为 $b=b_0(1+j)^t=1\ 617\times(1+0.03)^6=1\ 931$(万元)。

(2)计算该水库各年的投资、年费用及年效益等,并将计算结果列于表 7-6 中。

表 7-6 某水库防洪效益及费用现值计算(以 1988 年末为计算基准) (单位:万元)

年份	投资	年运行费	费用	年效益
1984	2 500			
1985	4 000			
1986	4 200			
1987	6 000			
1988	5 200			
1989		380		$1\ 931\times1.03$
1990		380		$1\ 931\times1.03^2$
⋮		⋮		⋮
2038		380		$1\ 931\times1.03^{50}$
现值	26 327	5 244	31 571	42 328
年值	1 909	380	2 289	3 069

注:1. 投资在年初,年运行费及年效益发生在年末,经济寿命 $n=50$ 年。

2. 年值 = 现值$(A/P,i,n)$ = 现值 ×0.072 5。

3. 防洪效益现值 $=b(P/A,i=7\%,j=3\%,n=50)=1\ 931\times21.92=42\ 328$ 万元,见式(7-4)。

(3)计算经济评价指标(防洪工程国民经济评价可采用经济内部收益率 *EIRR*、经济净现值 *ENPV*、经济效益费用比 *EBCR* 等评价指标。)

①经济净现值 *ENPV* 及经济净年值 *ENAV*。

由表 7-6 计算结果,可知效益现值 $B=42\ 328$ 万元,费用现值 $C=26\ 327+5\ 244=31\ 571$(万元),故经济净现值 $ENPV=B-C=10\ 757$(万元),经济净年值 $ENAV=ENPV(A/P,i,n)=10\ 757\times0.072\ 5\approx780$(万元),或者 $ENAV=3\ 069-2\ 289=780$(万元)(>0)。

②经济效益费用比 *EBCR*

$$EBCR=B/C=42\ 328/31\ 571=1.34(>1.0)$$

③敏感性分析。以效益和费用单项指标分别浮动和两项指标同时浮动进行测算,计算结果见表 7-7。

表 7-7　敏感性分析　（单位：万元）

敏感性因素	费用年值 C	效益年值 B	效益费用比 B/C	净效益年值 $B-C$
基本方案	2 289	3 069	1.34	780
费用增加 +10%	2 518	3 069	1.22	551
效益增加 −15%	2 289	2 609	1.14	320
费用 +10%，效益 −15%	2 518	2 609	1.04	91
费用 −10%，效益 −15%	2 059	2 609	1.27	550

（4）分析评价。从表 7-7 的结果看，基本方案的 $B-C=780$ 万元（>0），$B/C=1.34$（>1.0），说明本工程在经济上是可行的；在费用和效益两项主要因素同时浮动情况下，即费用增加 10%、效益减少 15% 时，$B/C=1.04$（>1.0），$B-C=91$ 万元（>0），说明其经济评价指标仍然是稳定的。因此，可认为本工程在经济上是有利的。

项目八　灌溉工程经济评价

任务一　概　述

一、灌溉工程经济评价的目的与意义

灌溉工程经济评价的目的是在技术评价的基础上，进一步通过国民经济评价（与财务评价），选择经济上合理（财务上可行）的方案，稳定可靠的灌溉工程方案，为拟建灌溉工程项目投资决策提供依据，为已建灌溉工程运行管理提供依据，也为其他灌溉工程建设与管理提供参考依据。

农业是国民经济的基础，灌溉工程是为农业生产提供生产要素——水的，没有水就没有农业。而修建灌溉工程涉及面宽、投资大、工期长、不确定性因素多及情况复杂等，对灌溉工程建设项目进行经济评价，有利于降低工程投资成本，缩短投资周期，优化投资结构，提高各种资源的配置效率，提高工程项目的技术等级水平和服务功能，是实现建设项目决策科学化、民主化，减少和避免投资决策失误，提高投资效益的重要手段和有效措施。

二、灌溉工程的类型

按照不同的分类方法可将灌溉工程划分为不同的类型。按照水源类型可分为地表水灌溉工程和地下水灌溉工程；按照水源取水方式可分为无坝引水工程、低坝引水工程、抽水取水工程和水库取水工程；按照用水方式又可分为自流灌溉工程和提水灌溉工程等。

灌溉工程的类型取决于水源的水文地理、农业生产条件及科学技术发展水平等。当灌区附近水源丰富，河流水位、流量均能满足灌溉要求时，即可选择适宜地点作为取水口，修建进水闸引水自流灌溉。在丘陵山区，灌区位置较高，河流水位不能满足灌溉要求时，可从河流上游水位较高处引水，借修筑较长的引水渠以取得自流灌溉的水头，此时引水工程一般较为艰巨；在河流上修建低水坝或水闸抬高水位，以便引水自流灌溉，这与无坝引水比较，虽然增加了拦河闸坝工程，但可缩短引水干渠，经济上往往也是合理的。若河流水量丰富，而灌区位置较高，则可考虑就近修建提灌站，这样的干渠工程量小，但增加了机电设备投资及其年运行费。当河流来水与灌溉用水不相适应，即河流的水位及流量均不能满足灌溉要求时，必须在河流的适当地点修建水库进行径流调节，以解决来水和用水之间的矛盾，并可综合利用河流的水利资源。采用水库取水，必须修建大坝、溢洪道、进水闸等建筑物，工程量较大，且常会带来较大的水库淹没损失，投资也较大。

对某一灌区，可综合各种取水方式，形成“蓄、引、提”相结合的灌溉系统。在灌溉工

程规划设计中，究竟采用那种取水方式，应通过不同方案的技术经济分析比较才能确定。

三、灌溉的主要方法

（一）漫灌

漫灌要挖沟渠，以前用人工，后来用牲畜、拖拉机，再后来用激光测距的先进机械，具体采用何种方式取决于经济和地理条件，例如需要灌溉的地域面积大小、有什么可用的技术、人工费用等。植物在畦和垄沟中排成行或在苗床上生长时，水沿着渠道进入农田，顺着陇沟或苗床边沿流入；也可以在田中用硬塑料管或铝管引水，在管上间隔距离开孔灌溉，用虹吸管连接渠道。

由于温度、风速、土壤、渗透能力等不同，漫灌容易造成有的地方水多，有的地方水不足，应用管道可以控制水流量，且管道可以移动，因此可以控制这种不均的现象，尤其是采用自动阀门更可以增加效率。

由于漫灌比较浪费水资源，需要较多的劳动力，并且容易造成地下水位抬高，因此使土壤盐碱化，在发达国家已经逐渐被淘汰。但由于只需要少量的资金和技术，在多数发展中国家中仍然被广泛使用。

（二）喷灌

喷灌是由管道将水送到位于田地中的喷头中喷出的灌溉形式。喷灌分为高压喷灌和低压喷灌，也可以分为固定式和移动式。固定式喷头安装在固定的地方，有的喷头安装在地表面高度，主要用于需要美观的地方，如高尔夫球场、跑马场草地、公园、墓地等。如果将喷头和水源用管子连接，使得喷头可以移动，就成为移动式喷灌，将塑料管卷到一个卷筒上，可以随着喷头移动放出，也可以人工移动喷头。

喷灌的缺点是蒸发会损失许多水，尤其在有风的天气，而且不容易均匀地灌溉整个灌溉地面，水存流在叶面上容易造成霉菌的繁殖，如果灌溉水中有化肥的话，在炎热、阳光强烈的天气会造成叶面灼伤。

（三）微喷灌

微喷灌是利用折射、旋转或辐射式微型喷头将水均匀地喷洒到作物枝叶等区域的灌水形式。微喷灌的工作压力小，流量小，既可以定时定量地增加土壤水分，又能提高空气湿度，调节局部小气候，广泛应用于蔬菜、花卉、果园、药材种植场所，以及扦插育苗、饲养场所等区域的加湿降温。

（四）滴灌

滴灌是将水一滴一滴地、均匀而又缓慢地滴入植物根系附近土壤中的灌溉形式，滴水流量小，水滴缓慢入土，可以最大限度地减少蒸发损失，如果再加上地膜覆盖，可以进一步减少蒸发，滴灌条件下除紧靠滴头下面的土壤水分处于饱和状态外，其他部位的土壤水分均处于非饱和状态，土壤水分主要借助毛管张力作用入渗和扩散。

但如果滴灌时间太长，根系下面可能发生浸透现象，因此目前滴灌都是由高技术的计算机操纵完成的，也有由人工操作的。滴灌水压低，节水，可以用于生长不同植物的地区，对每棵植物分别灌溉，但对坡地需要有压力补偿，用计算机可以调节不同地段的阀门，关键是控制调节压力和从水中去除颗粒物，以防堵塞滴灌孔。水的输送一般用塑料管，应该是黑色的,或覆盖在地膜下面,防止生长藻类,也防止管道由于紫外线的照射而老化。滴灌也可以用埋在地下的多孔陶瓷管完成,但费用较高。

(五)渗灌

渗灌技术已经在地下水位较高的地方应用许多年了,是人工将地下水位抬高,直接从地下为植物根系供水的方法。

渗灌常用于商业温室,如对盆花进行灌溉,还可以施肥,用含有肥料的水溶液从底部浸泡花盆10~20分钟,然后水可以回收,这种运作需要高技术自动操作,设备费用贵,但节省人力、水和化肥,同时维护和操作费用也很低,原理和地下滴灌一样。

(六)调亏灌溉

调亏灌溉是在作物的非临界期减少灌水(亏缺),处于干旱胁迫状态,减少蒸腾耗水和延缓营养生长,而把有限的水量集中供给作物的需水临界期,满足生殖器官形成和生长的要求。该技术可显著提高水分利用效率而不降低甚至可增加产量。

(七)控制性分根交替灌溉

该技术原来提出时,一方面是使部分根系处于土壤干燥的区域(干燥区),作物受到水分胁迫,根部形成大量脱落酸,传送到叶片,气孔开度减少,降低蒸腾耗水量;另一方面是使部分根系处于灌水的区域(湿润区),作物从土壤中吸收水分,满足正常的生理活动的需要。干燥区和湿润区交替灌溉。交替水分胁迫后次生根大量增加,根系吸水吸肥能力增加,水分利用效率明显提高。

任务二　灌溉工程经济效益分析

一、灌溉工程经济效益及特征

(一)灌溉工程经济效益的概念

灌溉工程经济效益指由于兴建灌溉工程而带来的农业增产、经济效益、社会效益和环境效益的总和,或者是指灌溉和未灌溉相对比所增加的农产品的产值。前者为广义的,后者为狭义的。

灌溉工程经济效益的含义一般指狭义的,可通过科学的方法估算出一定的数量结果。灌溉效益受多种因素,如气象、水文、土壤、生物以及人的耕作活动影响,其产量或者效益是诸多因素综合作用的结果,效益表现出随机性、复杂性和高度综合性,在进行分析计算时不能只做简单的处理,必须合理分析,估算出结果。

一般认为,由于灌区开发后农作物的增产效益是水利和农业两种措施综合作用的结果,故应对增产效益在水利和农业之间进行合理的分摊。

(二)灌溉工程经济效益的特性

灌溉工程经济效益是指灌溉和未灌溉相对比所增加的农、林、牧产品的产值。由于灌区开发后农作物的增产效益是水利和农业两种措施综合作用的结果,故应对增产效益在水利和农业之间进行合理的分摊。一般说来,有两大类计算方法:一类是分摊系数法,即对灌溉后增产量进行合理分摊,从而计算出水利灌溉分摊的增产量,并用分摊系数ε表示部门间的分摊比例;另一类是扣除农业生产费用法,即求得灌溉后增产的净产值作为水利灌溉分摊的效益。

由于我国幅员辽阔,各地气象、水文、土壤、作物构成及其他农业生产条件相差甚大,所以灌溉效益也不尽相同。我国南方及沿海地区,雨量充沛,平均年降雨量一般在 1 200 mm 以上,旱作物一般不需要进行灌溉,这类地区灌溉工程的效益主要表现为:

(1)提高灌区原有种植面积的灌溉保证率。

(2)作物的改制,如旱地改水田,冬季蓄水的蓄水田改种两季作物等。

(3)由于水利条件的改善或灌溉水源得到保证以及农业技术措施的提高,可引起水田作物品种(例如杂交水稻)的推广等。

在西北地区,由于雨量少、蒸发量大,平均年降雨量一般仅为 200 ~ 300 mm。干旱是这类地区的主要威胁,因此灌溉工程的效益主要表现在农作物的高产、稳产方面。华北地区基本上也属于这一类型。

二、灌溉工程经济效益的计算

计算灌溉工程经济效益常用的方法有以下三种。

(一)分摊系数法

由于灌区开发后农作物的增产效益是水利和农业两种措施综合作用的结果,应对增产效益在水利和农业之间进行合理的分摊。假定水利工程灌溉效益分摊系数为 ε,则水利工程灌溉效益的计算式可表示为

$$B = \varepsilon\left[\sum_{i=1}^{n} A_i(Y_i - Y_{0i})V_i + \sum_{i=1}^{n} A_i(Y'_i - Y'_{0i})V'_i\right] \tag{8-1}$$

式中 B——灌区水利工程措施分摊的多年平均年灌溉效益,元;

A_i——第 i 种作物的种植面积,亩;

Y_i——采取灌溉措施后第 i 种作物单位面积的多年平均产量,kg/亩,可根据相似灌区、灌溉试验站、历史资料确定;

Y_{0i}——无灌溉措施时,第 i 种作物单位面积的多年平均年产量,kg/亩,可根据无灌溉措施地区的调查资料分析确定;

V_i——第 i 种农作物产品的价格,元/kg;

Y'_i、Y'_{0i}——有、无灌溉的第 i 种农作物副产品单位面积的多年平均年产量,kg/亩,可根据调查资料确定;

V'_i—— 第 i 种农作物副产品的价格,元/kg;

i——表示农作物种类的序号;

n——农作物种类的总数目;

ε——灌溉效益分摊系数。

计算时,多年平均产量应根据灌区调查材料分析确定。若利用试验小区的资料,则应考虑大面积上的不均匀折减系数。当多年平均产量调查有困难时,也可以用近期的正常年产量代替。因采取灌溉工程措施而使农业增产的程度,各地区变幅很大,在确定相应数

值时应慎重。对于各种农作物的副产品，也可合并以农作物主要产品产值的某一百分数计算。

现将灌溉效益分摊系数的计算方法简要介绍如下。

1. 根据历史调查和统计资料确定分摊系数 ε

长期灌溉的灌区若具有齐全的灌溉资料，便可以将这种系列的资料划入三个阶段：

（1）在无灌溉工程的若干年中，农作物的年平均单位面积产量，以 $Y_{前}$ 表示。

（2）在有灌溉工程后的最初几年中，农业技术措施还没有来得及大面积展开，其年平均单位面积的产量以 $Y_{水}$ 表示。

（3）农业技术措施和灌溉工程同时发挥综合作用后，其年平均单位面积产量以 $Y_{水+农}$ 表示。则灌溉工程的效益分摊系数为

$$\varepsilon = \frac{Y_{水} - Y_{前}}{Y_{水+农} - Y_{前}} \tag{8-2}$$

2. 根据试验资料确定分摊系数

假设某灌溉试验站对相同的试验田块进行下述试验：

（1）不进行灌溉，但采取与当地农民基本相同的旱地农业技术措施，结果单位面积产量为 $Y_{前}$（kg/亩）；

（2）进行充分灌溉，即完全满足农作物生长对水的需求，但农业技术措施与上述基本相同，结果单位面积产量为 $Y_{水}$（kg/亩）；

（3）不进行灌溉，但完全满足农作物生长对肥料、植保、耕作等农业技术措施的要求，结果单位面积产量为 $Y_{农}$（kg/亩）；

（4）使作物处在水、肥、植保、耕作等灌溉和农业技术措施都是十分良好的条件下生长，结果单位面积产量为 $Y_{水+农}$（kg/亩）。

灌溉工程的效益分摊系数

$$\varepsilon_{水} = \frac{Y_{水} - Y_{前}}{(Y_{水} - Y_{前}) + (Y_{农} - Y_{前})} \tag{8-3}$$

农业措施的效益分摊系数

$$\varepsilon_{农} = \frac{Y_{农} - Y_{前}}{(Y_{水} - Y_{前}) + (Y_{农} - Y_{前})} \tag{8-4}$$

且

$$\varepsilon_{水} + \varepsilon_{农} = 1.0$$

我国东部半湿润半干旱且实行补水灌溉的地区，灌溉项目兴建前后作物组成基本没有变化时，灌溉效益分摊系数大致在0.2～0.6，平均为0.40～0.45。丰、平水年和农业生产水平较高的地区取较低值，反之取较高值；我国西北和北方地区取较高值，南方、东南地区取较低值。在年际间也有变化，丰水年份水利灌溉作用减小，而干旱年份则水利灌溉作用明显增加。在实际确定灌溉工程的效益分摊系数时，应结合当地情况，尽可能选用与当地情况相近的试验研究数据。

用试验法确定分摊系数，仅适用于有进行灌溉试验条件的地区，试验法也有一定的局

限性。用调查法确定分摊系数，适用于无法进行灌溉试验的地区，也有一定的局限性。但调查法比试验法适用性更宽一些。

（二）扣除农业生产费用法

此法是从农业增产的产值中扣除农业技术措施所增加的生产费用（包括种籽、肥料、植保、管理等所需的费用）后，求得农业增产的净产值作为水利灌溉效益；或者从有、无灌溉的农业产值中，各自扣除相应的农业生产费用，分别求出有、无灌溉的农业净产值，其差值即为水利灌溉效益。这种扣除农业生产费用的方法，目前为美国、印度等国家所采用。

（三）以灌溉保证率为参数推算多年平均增产效益

灌溉工程建成后，当保证年份及破坏年份的产量均有调查或试验资料时，则其多年平均增产效益 B 按式(8-5)进行计算

$$\begin{aligned} B &= A[Y(P_1 - P_2) + (1 - P_1)\alpha_1 Y - (1 - P_2)\alpha_2 Y]V \\ &= A[YP_1 + (1 - P_1)\alpha_1 Y - (1 - P_2)\alpha_2 Y - YP_2]V \\ &= A[YP_1 + (1 - P_1)\alpha_1 Y - Y_0]V \end{aligned} \tag{8-5}$$

式中 A——灌溉面积，亩；

P_1、P_2——有、无灌溉工程时的灌溉保证率；

Y——灌溉工程保证年份的多年平均产量，kg/亩；

$\alpha_1 Y$、$\alpha_2 Y$——有、无灌溉工程在破坏年份的多年平均亩产量，kg/亩；

α_1、α_2——减产系数；

Y_0——无灌溉工程时多年平均亩产量，kg/亩；

V——农产品价格，元/kg。

当灌溉工程建成前后农业技术措施变化较大时，需乘以灌溉工程效益分摊系数 ε。

减产系数 α 取决于所缺的水量和缺水时期，一般减产系数和缺水系数存在如图 8-1 的关系。

缺水系数 $$\beta = \frac{\text{缺水量}}{\text{作物在该生育阶段的需水量}} \tag{8-6}$$

减产系数 α = 该生育阶段缺水后实际产量/水分得到满足情况下的产量 (8-7)

以上两个系数均可通过调查或试验确定。

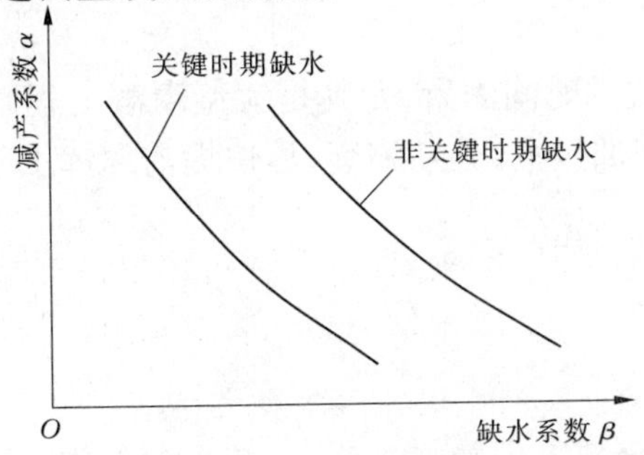

图 8-1 减产系数 α 与缺水系数 β 的关系

任务三　灌溉工程经济评价方法

一、灌溉工程经济评价的内容

（一）灌溉工程经济评价的内容

（1）研究设计方案，收集有关经济评价资料。

（2）确定经济评价参数，计算灌溉工程投资、运行费和效益。

（3）进行国民经济评价。

（4）进行财务评价。

（5）进行不确定性分析，最后形成评价报告。

（二）灌溉工程经济评价应注意的问题

灌溉工程的经济效果主要反映在灌溉前后或者现有灌溉土地经过工程改造后农作物产量和质量的提高以及产值的增加。由于农业生产有其自身的特点，因而进行灌溉工程经济分析时应注意下列几个问题。

（1）农作物产量与质量的提高是由水、种籽、肥料、土壤改良以及其他农业技术和管理措施综合作用的结果，因此不能把农业增产的效益全部算在灌溉的账上，应在水利部门与农业等其他部门之间进行合理的分摊，对综合措施或综合利用工程的费用，也应在有关受益部门之间进行分摊。

（2）农作物对灌溉水量和灌水时间的要求以及灌溉水源本身，均直接受气候等因素变化的影响，由于水文气象因素每年均不相同，致使灌溉效益年度间也有差异，因此不能用某一代表年来估算效益，例如在干旱年份，作物灌溉增产显著，灌溉效益很大；在风调雨顺年份即使没有灌溉也会丰收，灌溉效益就很小；在丰水多雨年份，某些作物根本不需要灌溉，这一年可能没有灌溉效益。因此，在估算灌溉效益时，不能采用某一保证率的代表年作为灌溉工程的年效益，必须用某一代表时段（例如 15 年以上，其中包括各种不同典型水文年）逐年估算灌溉效益，求出其多年平均值作为灌溉的年效益。

（3）计算灌溉工程投资不但要考虑主体工程所需投资，还应考虑配套工程所需投资，只有考虑这两部分所需的投资与年运行费后，才能与灌溉效益比较。此外，集体与群众所出的材料和劳务，必须按规定的价格和标准工资计算，使各部分投资与年运行费均在相同基础上进行核算。

（4）要考虑投资和效益的时间因素，尤其是大型灌溉工程，投资大，工期长，为了减少资金积压损失，应该考虑分期投资，分期配套，尽快提前发挥工程效益。

二、灌溉工程经济评价的参数

（一）灌溉工程的投资

1. *灌溉工程投资的概念*

灌溉工程的投资是指全部工程费用的总和，其中包括渠道工程、渠系建筑物和设备、各级固定渠道以及田间工程等部分。进行投入估计时，应分别计算各部分的工程量、材料量以及用工量，然后根据各种工程的单价及工资、施工设备租用费、施工管理费、土地征收费、移民费以及其他不可预见费，确定灌溉工程的总投资。在尚未进行详细的工程设计阶段，常用扩大指标进行投资估算。

2. 灌溉工程的投资构成

灌溉工程的投资构成，一般包括国家及地方的基本建设投资、农田水利事业补助费、群众自筹资金和劳务投资。过去在大中型灌溉工程规划设计中，国家及地方的基建投资，一般包括斗渠口以上部分，进行灌溉工程经济分析时，还应考虑以下几个部分的费用。

(1)斗渠口以下配套工程(包括渠道及建筑物)的全部费用。过去常按面积大小及工程难易程度，由国家适当补助一些农田水利事业费，实际上远远不足配套工程所需，群众投资及投工都很大。因此，应通过典型调查，求得每亩实际数值。

(2)土地平整费用。灌区开发后，一种情况是把旱作物改为水稻，土地平整要求高，工程量大；另一种情况是原为旱地作物，为适应畦灌、沟灌需要平整地形，平整要求较低，因而工程量较小。平整土地所需的单位投资，也可通过典型调查确定。

(3)工程占地补偿费。通过典型调查，求出工程占地亩数。补偿费用可按面积计算方式计算，根据所需费用赔偿，也可按工程使用年限内农作物产值扣除农业成本后求出。

(二)灌溉工程的年运行费

灌溉工程的年运行费主要包括大修理费、经营管理费和燃料动力费。

(1)大修理费，一般以投资的百分数计算，土建工程为0.5% ~1.0%，机电设备为3% ~5%，金属结构为2% ~3%。

(2)经营管理费，包括建筑和设备的经常维修费、工资、行政管理费以及灌区作物的种籽、肥料费等，可通过调查确定为投资的某一百分比。

(3)燃料动力费，当灌区采用提水灌溉或喷灌方法时，必须计算燃料动力费，该值随灌溉用水量的多少与扬程的高低等因素而定。

(三)灌溉工程的效益

灌溉工程的效益可分为农业灌溉效益(社会效益)和水库管理单位的水费收入(财务效益)。

(四)折现率

采用同期社会折现率(或行业基准收益率)。

(五)计算期

采用设计方案预先设计的计算期。

三、灌溉工程经济评价的主要方法指标

灌溉工程既具有经济效益、社会效益等，也能取得财务收益，故灌溉工程项目既做国民经济评价，也做财务评价。

灌溉项目国民经济评价指标：

(1)经济内部收益率(*EIRR*)。

(2)经济净现值(*ENPV*)。

(3)经济效益费用比(*EBCR*)。

灌溉项目财务评价指标：

(1)财务内部收益率(*FIRR*)。

(2)财务净现值(*FNPV*)。

(3)财务效益费用比(*FBCR*)。

(4)固定资产投资贷款偿还期(P_t)。

四、灌溉工程不确定性分析

由于灌溉工程经济评价中所采用的数据绝大多数来自于测算和估算，加上灌溉工程建设涉及的因素多，牵涉面广，许多因素难以定量；所采用的预测方法、手段又有一定局限性，因而项目实施后实际情况难免与预测情况产生差异。换句话说，就是预测估算的项目的经济评价结果存在不确定性。为了分析这些不确定因素对经济评价指标的影响，考察经济评价结果的可靠程度，还必须在经济评价中进行相应的不确定性分析。不确定性分析包括敏感性分析、盈亏平衡分析和概率分析(风险分析)。

敏感性分析是研究建设项目主要敏感因素发生变化时，项目经济效果发生的相应变化，并据此判断这些因素对项目经济目标的影响程度。

盈亏平衡分析主要是研究在一定市场条件下，在拟建项目达到设计生产能力的正常生产年份，产品销售收入(产品价格与产品结构一定时)与生产成本(包括固定成本和可变成本)的平衡关系。盈亏平衡分析的主要依据是产品的生产成本。

风险分析主要是研究敏感因素在未来出现的概率以及建设项目承担的风险有多大。《水利建设项目经济评价规范》(SL 72—2013)规定，对于特别重要的大型水利建设项目，应通过模拟法确定主要经济评价指标的概率分析，确定其投资风险程度和主要风险因素，研究提出减少风险的对策。

五、灌溉工程经济评价案例

由于灌溉工程一般无财务收入或收入很低，所以对其也只进行指国民经济评价，不进行财务评价。现举例说明灌溉工程经济评价的方法步骤。

某水利枢纽的开发目标为防洪、发电、灌溉、供水。水库于 1991 年开工，计划在五年内建成，按影子价格调整后投资为 2.25 亿元，1996 年起工程投产。水库总库容 $V_{总}$ = 28.17 亿 m^3，其中防洪库容 $V_{洪}$ = 11.87 亿 m^3，发电库容 $V_{电}$ = 6.30 亿 m^3，灌溉库容 $V_{灌}$ = 8.84 亿 m^3，供水(包括工业和生活用水)库容 $V_{供}$ = 4.12 亿 m^3，发电、灌溉、供水共用库容 $V_{共}$ = 4.30 亿 m^3，死库容 $V_{死}$ = 1.34 亿 m^3。估计水库的平均年运行费为 420 万元。

位于水库下游的灌溉工程，计划灌溉面积 200 万亩，工程于 1994 年开工，7 年内建成。按影子价格调整后投资为 9 600 万元，计划于 1996 年开始灌溉，灌溉面积逐年增加，至 2001 年达到设计水平，每年灌溉 200 万亩。灌溉工程年运行费估计为 192 万元。灌溉工程的生产期为 40 年(2001 ~ 2040 年)。

本灌区的主要作物为冬小麦、棉花和玉米，有关指标见表 8-1。

在计算农作物的产值时，还应计入 15% 的副产品的产值。经调查和对实际资料分析，取灌溉效益分摊系数 ε = 0.50。

表 8-1 灌区作物的有关指标

项目	冬小麦	棉花	春玉米	夏玉米
种植面积比(%)	60	30	10	60
无灌溉工程时年产量(kg/亩)	195	26	162.5	146
有灌溉工程时设计年产量(kg/亩)	300	40	250	225
作物影子价格(元/kg)	0.504	3.80	0.354	0.354

注:冬小麦收获后即种植夏玉米。

(一)水库投资分摊计算

(1)水库投资分摊,可按各个部门使用的库容比例进行分摊。死库容可从总库容中先予扣除,共用库容从兴利库容中扣除,则灌溉工程应分摊的水库投资比例为$\beta_{灌}$,即

$$\beta_{灌} = \frac{(V_{灌} + V_{电} + V_{供}) - V_{共}}{V_{总} - V_{死}} \times \frac{V_{灌}}{(V_{灌} + V_{电} + V_{供})} = \frac{V_{灌} - \dfrac{V_{灌}}{V_{灌} + V_{电} + V_{供}} V_{共}}{V_{总} - V_{死}}$$

$$= \frac{8.84 - \dfrac{8.84}{8.84 + 6.30 + 4.12} \times 4.3}{28.17 - 1.34} = 0.256$$

(2)1991 ~ 1995 年各年灌溉部门应分摊的投资见表 8-2。

表 8-2 灌溉部门各年应分摊的投资 (单位:亿元)

年份	1991	1992	1993	1994	1995	合计
水库总投资	0.30	0.70	0.80	0.30	0.15	2.25
灌溉部门应分摊投资	0.076 8	0.179 2	0.204 8	0.076 8	0.038 4	0.576

(二)灌溉工程年运行费计算

(1)水库年运行费分摊,根据上述原则按各部门使用的库容比例进行分摊。已知水库的年运行费为 420 万元,则灌溉应分摊水库的年运行费为 420 ×0.256 =108(万元)。

(2)灌区达到设计水平年后年运行费为 192 万元。在投产期(1996 ~ 2000 年)内,灌区年运行费按各年灌溉面积占设计水平年灌溉面积的比例进行分配,再加上灌溉分摊水库部分的年运行费后即为灌溉工程的年运行费,见表 8-3。

表 8-3 灌溉部门各年年运行费

年份	1996	1997	1998	1999	2000	2001	2002	…	2040
灌溉面积(万亩)	35	70	105	140	175	200	200	…	200
年运行费(万元)	141	175	208	242	276	300	300	…	300

(三)灌溉工程国民经济效益计算

(1)根据灌区各种作物的种植面积比例,由式(8-1)可计算设计水平年的灌溉效益为

$$B = \varepsilon\left[\sum_{i=1}^{n} A_i(Y_i - Y_{0i})V_i + \sum_{i=1}^{n} A_i(Y'_i - Y'_{0i})V'_i\right]$$

$= 0.5 \times [200 \times 60\% \times (300 - 195) \times 0.504 + 200 \times 30\% \times (40 - 26) \times 3.80 + 200 \times 10\% \times (250 - 162.5) \times 0.354 + 200 \times 60\% \times (225 - 146) \times 0.354] \times (1 + 15\%) = 7\ 773$(万元)

(2)灌区投产后达到设计水平前的各年灌溉效益分别见表8-4。

表8-4 灌区各年灌溉面积及灌溉效益

年份	1996	1997	1998	1999	2000	2001
灌溉面积(万亩)	35	70	105	140	175	200
灌溉效益(万元)	1 359	2 718	4 078	5 437	6 796	7 773

(四)经济评价指标计算

将本灌溉工程在计算期内历年的投资、年运行费和年效益汇总于表8-5中。

由题意知,1991～2040年为计算期,其中1991～1995年为水库建设期,1994～2000年为灌区建设期,1996～2000年为灌区投产期,2001～2040年为灌溉工程生产期,工程全部投入正常运行。以开工的1991年作为基准年,以1991年年初为基准点,计算期$n=50$年,社会折现率分别取$i_s=7\%$与$i_s=12\%$,计算经济净现值*ENPV*及经济内部收益率*EIRR*,对该工程进行国民经济评价。

表8-5 灌溉工程历年投资、年运行费和效益汇总表 (单位:万元)

年份	投资			运行费	效益
	分摊水库投资	灌区投资	合计		
1991	768		768		
1992	1 792		1 792		
1993	2 048		2 048		
1994	768	3 600	4 368		
1995	384	2 000	2 384		
1996		1 000	1 000	141	1 359
1997		1 000	1 000	175	2 718
1998		1 000	1 000	208	4 078
1999		500	500	242	5 437
2000		500	500	276	6 796
2001				300	7 773
2002				300	7 773
⋮				⋮	⋮
2040				300	7 773

(1)当$i_s=7\%$时,计算过程如下:

①投资现值

$I_P=768\times1.07^{-1}+1\,792\times1.07^{-2}+2\,048\times1.07^{-3}+4\,368\times1.07^{-4}+2\,384\times1.07^{-5}+1\,000\times1.07^{-6}+1\,000\times1.07^{-7}+1\,000\times1.07^{-8}+500\times1.07^{-9}+500\times1.07^{-10}=11\,384$（万元）

②年运行费现值

$$U_P=141\times1.07^{-6}+175\times1.07^{-7}+208\times1.07^{-8}+242\times1.07^{-9}+276\times1.07^{-10}+300\times\frac{1.07^{40}-1}{0.07\times1.07^{40}}(P/F,i,n=10)$$

$=2\,625$（万元）

③效益现值

$$B_P=1\,359\times1.07^{-6}+2\,718\times1.07^{-7}+4\,078\times1.07^{-8}+5\,437\times1.07^{-9}+6\,796\times1.07^{-10}+7\,766\times\frac{1.07^{40}-1}{0.07\times1.07^{40}}(P/F,i,n=10)$$

$=64\,019$（万元）

④经济净现值

$ENPV=B_P-(I_P+U_P)=64\,019-(11\,384+2\,625)=50\,010$（万元）（$>0$）。

（2）当 $i_s=12\%$ 时，用同样方法可求得经济净现值，$ENPV=B_P-(I_P+U_P)=29\,331-(9\,384+1\,206)=17\,741$（万元）（$>0$）。

（3）求经济内部收益率 $EIRR$。

当 $ENPV=B_P-(I_P+U_P)=0$ 时，经试算可求得 $i=EIRR=24.9\%$（$>i_s=7\%$ 及 $i_s=12\%$）。

（五）分析评价

由上述计算结果可知，本工程的经济净现值（在 $i_s=7\%$ 与 $i_s=12\%$ 时）均大于0，经济内部收益率大于所给定的社会折现率。因此，认为该方案在经济上是可行的。

若知道农业供水水费收入，则可按现行价格计算灌溉工程的投资、年运行费和年效益，可按项目四所介绍的方法进行财务评价。

项目九 城镇供水工程经济评价

任务一 概 述

一、城镇供水工程经济评价的目的及意义

城镇供水工程是关系国计民生的一项基础设施,以社会效益为主,兼顾经济效益,具有公益性和经营性双重性质。近年来,随着经济社会的发展和人民生活水平的提高,乡镇和城市的生活、工业用水量逐渐增加,一些城市、村镇供水紧张,缺水严重,原有的供水工程因水源不足或规模较小已不能满足用水需求,必须兴建水源工程、输水系统等远距离调水供水系统。按照以人为本的主导思想,国家加大了供水投资力度,鼓励对供水实行融资机制,实现可持续运行。因此,必须重视城镇供水工程的经济评价,优选城镇供水工程方案,以提高供水工程的运行效益。城镇供水工程按水利工程分类属经营性(或称收益性)工程项目,其投资主体为多渠道社会融资,其经营运行主体应为企业性质的管理机构,项目在经济评价时,既要做国民经济评价,更要注重财务评价,以考察在国家现行财税制度和价格体系条件下,项目在财务上的可行性和合理性。

二、城镇供水工程种类

城镇供水工程是指由取水、输水、水质处理和配水等设施组成的总体工程。根据系统的性质,可分类如下:

(1)按水源种类分为地表水供水系统和地下水供水系统。地表水水源有江水、河水、湖泊水、水库水等;地下水水源有浅层地下水、深层地下水、泉水等。

(2)按供水方式分为重力供水系统、压力供水系统和混合供水系统。

(3)按使用目的分为生活用水系统、生产供水系统和消防供水系统。

(4)按服务对象分为城镇供水系统和工业供水系统。城镇供水系统主要满足城镇居民生活用水(含公共建筑用水)、生产用水(含工业企业及内部职工用水)、城镇中的消防用水。除以上三种主要用水外,城镇用水还需要考虑景观用水、浇洒道路和绿地用水等。

供水系统一般由以下部分组成:

(1)取水建筑物。取集原水而设置的各种建筑物的总称。

(2)原水输水管(渠)。将取水构筑物取集的原水送入净水厂处理的管(渠)设施。

(3)水处理构筑物。对原水进行处理,以达到用户对水质要求的各种构筑物,通常把这些构筑物布置在水厂。

三、城镇供水水价

2003 年 7 月，国家发改委和水利部联合制定了《水利工程供水价格管理办法》（简称《水价办法》）。《水价办法》明确规定，水利工程供水价格是指水利工程的管理单位或供水经营者通过拦、蓄、引、提等水利工程设施销售给用水户的天然水的价格。

（一）制定水价的根据和原则

（1）水价制定应以供水成本加利润为依据，本着以丰补欠、适当积累的原则加以合理的政策调节。

（2）对不同供水单位，应在政策调节上给予区别对待。

（3）城镇工矿和生活用水要实行计量定额管理，按方收费，超额累进收费等制度。

（二）供水水价构成

根据《水利工程供水价格核算规范（试行）》（水财经〔2007〕470 号）规定，水利工程供水价格由供水生产成本费用、利润和税金构成。即

$$水利工程供水价格 = 供水生产成本费用 + 利润 + 税金 \tag{9-1}$$

1. 供水生产成本费用

供水生产成本费用如按经济用途分类，则包括生产成本和生产费用，即

$$供水生产成本费用 = 供水生产成本 + 供水生产费用 \tag{9-2}$$

1）供水生产成本

供水生产成本是指正常供水生产过程中发生的职工薪酬、直接材料费用、其他直接支出、制造费用以及水资源费用等，即

$$\begin{aligned}供水生产成本费用 = {} & 职工薪酬 + 直接材料费用 + 其他直接支出 + \\ & 制造费用 + 水资源费用\end{aligned} \tag{9-3}$$

（1）职工薪酬。是指水利工程供水运行和生产经营部门职工获得的各种形式的报酬以及其他相关支出，包括职工工资（指工资、奖金、津贴、补贴等各种货币报酬）、工会经费、职工教育经费、住房公积金、医疗保险费、养老保险费、失业保险费、工伤保险费、生育保险费等。

（2）直接材料费用。包括水利供水工程运行和生产经营过程中消耗的原材料、原水、辅助材料、备品备件、燃料、动力以及其他直接材料等的费用。

（3）其他直接支出。指水利供水工程运行维护过程中发生的除职工薪酬、直接材料费用以外的与供水生产经营活动直接相关的支出，包括供水工程实际发生的工程观测费、临时设施费等。

（4）制造费用。包括供水经营者所属生产经营、服务部门的固定资产折旧费、租赁费（不包括融资租赁费）、修理费、机物料消耗、低值易耗品、运输费、设计制度费、监测费、保险费、办公费、差旅费、水电费、取暖费、劳动保护费、试验检验费、季节性修理期间停工损失以及其他制造费用。

（5）水资源费是行政性收费。征收水资源费是水行政主管部门代表国家对水资源进行权属管理的体现。水资源费根据取水口所在地县级以上水行政主管部门确定的水资源费征收标准和多年平均取水量决定。

2)供水生产费用

供水生产费用是指供水经营者为组织和管理供水生产经营而发生的合理销售费用、管理费用和财务费用等期间费用,即

供水生产费用=销售费用+管理费用+财务费用 (9-4)

(1)销售费用是指供水经营者在供水销售过程中发生的各项费用,包括运输费,资料费,包装费,保险费,展览费,广告费,租赁费(不含融资租赁费),销售服务费,代收水费手续费,销售部门职工薪酬、差旅费、办公费,折旧费,修理费,物料消耗,低值易耗品,摊销费等。

(2)管理费用是指供水经营者的管理部门为组织和管理供水生产经营而发生的各项费用,包括供水经营者管理机构经费、咨询费、审计费、诉讼费、排污费、绿化费、土地(水域、岸线)使用费、土地损失补偿费、技术转让费、技术开发费、无形资产摊销费、开办费摊销、业务招待费摊销、坏账损失、存货盘亏(减盘盈)、毁损及报废等。其中,供水经营者管理机构经费包括管理人员职工薪酬、差旅费、办公费、折旧费、修理费、物料消耗、低值易耗品摊销费等。

(3)财务费用是指供水经营者为筹集资金而发生的费用。包括在生产经营期间发生的利息支出(减利息收入)、汇兑净损失、金融机构手续费以及筹资发生的其他财务费用。

3)各类用水生产成本分摊系数计算

具有多种功能的综合利用水利工程的共同资产和共同费用,应在各种不同功能之间进行分摊。分摊顺序是:首先在公益服务和生产经营之间进行分摊,在扣除其他生产经营应分摊的部分得出供水应分摊的资产和生产成本、费用。具体来讲,分摊顺序是,首先在防洪治涝等公益性功能与供水、水产、发电、旅游、航运等生产经营性功能之间分摊;然后在生产经营性功能分摊的共同资产和共同费用部分扣除供水功能外其他功能应分摊的费用。

根据《水利工程供水价格核算规范(试行)》(水财经〔2007〕470号)规定,公益服务和生产经营活动的公用资产和共同费用应根据工程类型选取相应的分摊方法,具体如下。

(1)库容比例法(主要适用于具有防洪公益服务和生产经营功能的水库工程),公式为

生产经营分摊比例=兴利库容/(兴利库容+防洪库容) (9-5)

(2)工作量比例法(主要适用于具有排涝公益服务与生产经营功能的机电排灌站等水利工程),公式为

生产经营分摊比例=[供水工时(或供水量)]/[供水工时(或供水量)+排涝工时(或排涝量)] (9-6)

(3)过水量比例法(主要适用于具有行洪排涝公益服务与生产经营功能的河道、涵闸等水利工程),公式为

生产经营分摊比例=[供水总量(或供水时间)]/[供水总量(或总利用时间)] (9-7)

水利工程供水按供水对象分为农业用水和非农业用水。农业用水是指由水利工程供应的粮食作物、经济作物用水和水产养殖用水;非农业用水是指由水利工程供应的工业、自然水厂、水力发电和其他用水。不同供水对象水价实行分类核算。

(1)对于供水生产过程中发生的直接生产成本,应分别计入各类供水生产成本。

(2)不同供水对象的共用资产和共同费用,应综合考虑收入、成本、费用、供水量、供

水保证率等因素，可以采用供水保证率法或其他科学合理的方法进行分摊。农业供水和非农业供水的分摊按下列公式计算

$$农业供水分配系数 = (A \times A')/(A \times A' + B \times B') \tag{9-8}$$

$$非农业供水分配系数 = (B \times B')/(A \times A' + B \times B') \tag{9-9}$$

式中　A——年农业供水量；

B——年非农业供水量；

A'——农业供水保证率；

B'——非农业供水保证率。

$$农业供水生产成本、费用 = 供水经营者供水生产成本、费用 \times 农业供水分配系数 \tag{9-10}$$

$$非农业供水生产成本、费用 = 供水经营者供水生产成本、费用 \times 非农业供水分配系数 \tag{9-11}$$

2. 税金

税金是指按税法规定应缴纳并可计入水价的税金。根据我国税收法规，供水经营者应缴纳行为税、流转税和所得税，但其中部分税种可以减免，现分述如下。

（1）行为税中的房产税、车船使用税、印花税等，均应缴纳，并应计入水价。

（2）流转税一般包括营业税和增值税。根据2008年国务院修订通过的《中华人民共和国增值税暂行条例》，自来水项目增值税税率为13%，其他项目增值税税率为17%。国家税务总局明确规定“供应和开采未经加工的天然水，不征收增值税”。此外，规定农业的排灌水免征营业税。水利工程的增值税为价外税，一般不计入产品价格，对于地方和部门有另外规定的可计入产品价格。水利工程需要缴纳城市建设维护税和教育费用附加，以增值税、营业税为依据计提。城市建设维护税按照纳税人（工程）所在地实行差别税率，市区为7%，县城、建制镇为5%，其他地区为1%。教育费附加的计税依据是纳税人缴纳增值税、营业税的税额，附加率为3%。

（3）根据2007年全国人民代表大会通过的《中华人民共和国企业所得税法》，水利水电工程企业所得税税率为25%。对于国家或地方政府另外规定减征或者免征的按规定执行。

3. 利润

农业供水价格按补偿供水生产成本、费用的原则核算，不计利润和税金。

非农业供水价格在补偿供水生产成本、费用和依法计税的基础上，按供水净资产计提利润。净资产利润率按国内商业银行长期贷款年利率加2%～3%核算。国内商业银行长期贷款利率一般按五年贷款期的利率确定。

非农业供水利润按下列公式核算：

$$非农业计价供水净资产 = 供水净资产 \times 非农业供水分配系数 \tag{9-12}$$

式中，供水净资产包括实收资本、资本公积、盈余公积和未分配利润。因政策性原因

造成净资产账面价值严重偏低的，供水净资产可不计未分配利润。

$$非农业供水利润 = 非农业供水净资产 \times [国内商业银行长期贷款利率 + (2\% \sim 3\%)] \tag{9-13}$$

（三）供水价格核定

水利工程供水价格按照供水对象分为农业用水价格和非农业用水价格。根据目前定价政策《水利工程供水价格管理办法》的规定：水利工程供水价格由供水生产成本、费用、利润和税金构成。农业用水是指由水利工程直接供应的粮食作物、经济作物用水和水产养殖用水，其价格按补偿供水生产成本、费用的原则核定，不计利润和税金，而且暂不增收水资源费。非农业用水是指由水利工程直接供应的工业、自来水厂、水利发电和其他用水，其价格在补偿供水生产成本、费用和依法计税的基础上，按供水净资产计提利润，利润率按国内商业银行长期贷款利率上浮2% ~3%确定。

下面从不同角度就供水价格核定进行介绍。

1. 供水量

供水价格核定应在计算单位供水成本、费用的基础上进行，这就涉及供水量的确定，根据《水利工程供水价格核算规范（试行）》（水财经〔2007〕470 号），水利工程供水量确定有以下规定：

（1）水利工程供水一般按产权分界点作为供水和水费结算（收费）计量点，实际水费结算（收费）点与产权分界点不一致的，也可以把水费结算（收费）点作为供水计量点，但应合理界定不同产权单位的供水生产成本。

（2）供水量按多年平均供水量核算，其中非农业供水年平均供水量一般按照最近三年平均实际供水量确定，农业用水年平均供水量一般按照最近五年平均实际供水量确定。如果最近几年连续出现较严重干旱或洪涝灾害或者供水结构发生重大变化，年平均供水量的计算期可以适当延长。新建水利工程，采用供水计量点的年设计供水量并适当考虑3 ~5 年内预计实际供水量计算。

（3）供水经营者与用水户签订供用水合同的，合同供水量也可作为核算供水价格时的供水量依据。

2. 分类供水价格

农业供水价格按照下式计算：

$$农业供水价格 = 农业供水生产成本费用/农业用水量 \tag{9-14}$$

非农业供水价格按照下式计算：

$$非农业供水价格 = (非农业供水生产成本费用 + 非农业供水计价利润) \div 非农业供水量 \div [1 - 营业税 \times (1 + 城市建设维护税率 + 教育费附加税率)] \tag{9-15}$$

3. 不同计价方式下的供水价格核算

根据国家发展和改革委员会与水利部联合颁布的《水利工程供水价格管理办法》，各地应逐步推行基本水价和计量水价相结合的两部制水价，两部制水价包括基本水价和计量水价。基本水价按补偿职工工薪、管理费用和50%的折旧费、修理费的原则核算。计量水价按补偿基本水价以外的其他供水生产成本、费用以及计入规定利润和税金的原则核算。

一般情况下，两部制水价按如下程序进行成本分摊：

(1)归集供水生产成本、费用。

(2)将供水生产成本、费用在农业供水和非农业供水对象之间分摊。

(3)将分摊到农业供水和非农业供水的各项供水生产成本、费用划分为两部分：

A 部分供水生产成本、费用 = 职工薪酬 + 管理费用 + 50% 折旧费 + 50% 修理费

B 部分供水生产成本、费用 = 直接材料 + 其他直接支出 + 制造费用 + 水资源费 + 销售费用 + 财务费用 − 50% 折旧费 − 50% 修理费。

原则上两部制水价也应分类计价，具体核算方法如下。

(1)农业用水两部制水价核算：

$$\text{基本水价(元/m}^3\text{)} = \text{A 部分供水生产成本、费用} \div \text{供水总用量或设计供水量或协议供水量} \tag{9-16}$$

$$\text{计量水价(元/m}^3\text{)} = \text{B 部分供水生产成本、费用} \div \text{计量供水量} \tag{9-17}$$

供水经营者未与用水户签订供水量协议的，基本水价也可暂按有效灌溉面积计算，即

$$\text{基本水价(元/亩)} = \text{A 部分供水生产成本、费用/有效灌溉面积} \tag{9-18}$$

(2)非农业用水两部制水价核算：

$$\text{基本水价(元/m}^3\text{)} = \text{A 部分供水生产成本、费用} \div \text{供水总量或设计供水量或协议供水量} \tag{9-19}$$

$$\text{计量水价(元/m}^3\text{)} = \text{(B 部分供水生产成本、费用 + 税金 + 利润)/计量供水量} \tag{9-20}$$

超定额供水价格可按照如下方法核算：

$$\text{超定额供水价格} = \text{正常供水价格} \times (1 + \text{超定额用水加价幅度}) \tag{9-21}$$

季节水价是指在不同用水季节实行不同水价标准的计价方式。季节水价(以分两个季节为例)的平衡公式为

$$\text{第一季节供水量} \times \text{第一季节供水价格} + \text{第二季节供水量} \times \text{第二季节供水价格} = \text{多年平均供水量} \times \text{基准水价} \tag{9-22}$$

基准水价是指按照多年平均供水量计算出来的水价。

浮动水价是指在基准水价的一定幅度内上下浮动的供水价格，计算公式为

$$\text{某一用水时段的浮动水价} = \text{基准水价} \times (1 \pm \text{浮动幅度}) \tag{9-23}$$

浮动幅度一般按因水价上调而多收取的水费和因水价下调而少收取的水费数额大体相等的原则确定。

四、城镇供水工程效益特点

(1)城市供水项目的效益是指有、无项目对比可为城镇居民增供生活用水和为工业企业增供生产用水所获得的国民经济效益。

(2)应通过调研，根据统计资料求出供水效益频率曲线，由此求出各种保证率的供水量及其供水效益。

(3)在国民经济评价阶段,应按影子价格计算供水工程的经济效益;在财务评价阶段,应按现行价格及有关规定计算供水工程实际财务收益。

任务二 城镇供水工程费用与效益分析

一、城镇供水工程费用分析

(一)城镇供水工程的投资

城镇供水工程的投资包括水源工程投资、输水系统投资、水厂工程投资、水处理设施投资以及配水管网投资等,用水设备投资一般可由用水户承担,不计入工程投资。工程投资额可按工程量和当地定额标准做出概算。

(二)城镇供水工程的年运行费

城镇供水工程的年运行费包括全年运行所需的燃料及动力费、材料费、修理费(包括正常维护、岁修以及大修分摊费)、职工薪酬及管理费等。年运行费一般可采用类比的方法加以估算。

二、城镇供水工程效益分析

城镇供水工程效益主要反映在提高工业产品的数量和质量以及提高居民的生活水平和健康水平方面。其效益不仅具有经济效益,还具有社会效益,目前尚无相对完善的计算方法。根据《水利建设项目经济评价规范》(SL 72—2013),城镇供水效益可采用以下方法计算。

(一)最优等效替代法

最优等效替代法是指依据拟建供水项目的最优等效替代方案的年费用作为项目拟建供水项目年效益的间接计算供水效益的一种方法。本法分析计算供水项目效益有两个关键环节,一是确定拟建供水项目的最优等效替代方案;二是分析计算最优等效替代方案的年费用。

1. 最优等效替代方案

所谓拟建供水项目的最优等效替代方案,是指与拟建供水项目具有相同的效果,并且一旦拟建供水项目不能实现时,肯定将被采纳的替代方案。

在选择替代方案时,一般应遵循以下原则:

(1)替代方案必须是在除拟建供水项目设计方案外的备选设计方案中最优的设计方案,即在备选设计方案中该设计方案的年费用最小。

(2)备选设计方案应与拟建的供水项目设计方案具有相同的供水规模,均能满足用户要求。

(3)替代方案在选择时各备选设计方案的费用分析计算所采用的方法、计算原则、口径和相关参数应与拟建供水项目相一致或者相同。

(4)备选设计方案的工作深度基本上与拟建供水项目设计方案的工作深度一致。

(5)所有备选设计方案在技术上均具有可行性。

城镇供水项目一般由水源工程、输水工程、水处理厂和供水管网四部分组成。供水项目设计方案的选择主要集中在供水项目的水源工程和输水工程的选择上。

对于供水水源，其可供选择的方案主要有地表水、地下水，其中地表水又包括从已建成的水库饮水和直接从河道引水两种方案。

对于输水工程，可分为管道输水和渠道输水两种方案。

对于这些方案要根据拟建供水项目所在地的实际情况，采用定量分析的方法选择被选设计方案和最优等效替代方案。

2. 最优等效替代方案的年费用

最优等效替代方案的年费用是指以影子价格分析计算的拟建供水项目的最优等效替代方案的年折现投资额与年运行费之和，即

$$C_{替代年费用} = K_{替代年折现投资额} + C_{替代年运行费}$$

式中 $C_{替代年费用}$——最优等效替代方案的年费用，万元；

$K_{替代年折现投资额}$——最优等效替代方案的年投资现值，万元；

$C_{替代年运行费}$——最优等效替代方案的年运行费用，万元。

最优等效替代方案年费用的分析计算主要包括两项，即最优等效替代方案的影子投资和年运行费。

(1)影子投资。指依据现行的水利工程概算编制方法及费用标准，采用影子价格分析计算的拟建供水项目扣除国内转移支付资金(主要包括税金、建设期贷款利息和价差预备费等)以后的项目总投资。

(2)年运行费。年运行费是指拟建项目建成后，达到正常运行时项目每年所需的费用。

本法适用于水资源短缺，供需矛盾比较突出的地区。要注意拟建项目与最优等效替代方案计算口径对应一致。

此法适用于具有多种供水方案的地区。该方法能够较好地反映替代工程的劳动消耗和劳动占用，避免了直接进行供水经济效益计算中的困难，替代工程的投资与年运行费是比较容易确定和计算的，因此本方法为国内外广泛采用。

(二)影子水价法

影子水价法是指以项目城镇供水量乘以项目区的影子水价计算供水效益的一种方法。影子水价可通过研究测算区域供水成本分析确定或采用城镇用户可接受的水价。本法适用于已进行水资源影子价格分析研究的地区。这里的影子水价是指水作为产出物的影子价格，是通过分解本地区的供水边际成本计算，不是以某一供水工程的分解成本计算。在国家和地区未明确颁布影子水价的情况下，可通过调查城镇用水户可接受的水价作为用户支付意愿的方法测算影子水价。

由于商品市场具有区域性、垄断性和无竞争性等特点，不能采用传统的成本分解法求出影子水价，当求出某地区的影子水价后即可根据供水工程的供水量估算其经济效益。

影子水价法计算供水效益的关键是影子水价的确定。

根据城镇供水项目的特点，影子水价的确定可采用以下方式：

(1)在拟建项目所在地没有测算合理的影子水价时，中小型供水项目可直接采用拟建供水项目所在地现行的综合供水水价。

(2)大型项目可采用分解成本法测算。

影子水价法计算项目效益十分简便。目前在我国大部分地区未做影子水价的测算工作,故此法在计算供水项目效益时就受到一定的限制。

附带说明,在国民经济评价阶段,应按影子价格计算供水工程的经济效益;在财务评价阶段,应按现行价格及有关规定计算供水工程实际财务收益。

(三)分摊系数法

分摊系数法是指按含有该项目的工矿企业等的增产值乘以供水效益的分摊系数近似估算供水效益的一种方法。

分摊系数法适用于方案优选后的供水项目。本法以供水项目费用占供水范围内整个工矿企业生产费用的比例作为供水效益分摊系数,分摊含有该供水项目的工矿企业的净增产值。

此法的关键问题在于如何确定分摊系数。一般采用供水工程的投资(或固定资金)与工矿企业(包括供水工程,下同)的投资(或固定资金)之比作为分摊系数,或者按供水工程占用的资金(包括固定资金(固定资产的货币价值)和流动资金)与工矿企业占用资金之比作为分摊系数。

根据统计资料,在引黄济青工程供水范围内综合万元产值的耗水量为110 m^3,相应供水量1.67亿m^3的工业产值为151.8亿元。净效益(利润与税金)占工矿企业产值的比例平均为17.7%,而供水工程占用资金约为供水范围内工矿企业总资金的8%,因此供水工程的年平均效益为2.15亿元,相应单位水量的供水效益$B=2.15/1.67=1.29$(元/m^3)。

本法存在供水项目投资越大,供水效益越大的不合理现象,在进行供水项目方案比选时不宜采用。应按供水在生产中的地位分摊总效益,求出供水效益。现在把供水工程作为整个工矿企业的有机组成部分之一,按各组成部分占用资金的大小比例所确定的分摊系数,没有反映水在生产中的特殊重要性,没有体现水利是国民经济的基础产业,因此用此法所求出的供水效益也有可能是偏低的。

如采用本法,还应同时采用其他方法进行验证。

(四)综合替代法

综合替代法是指有兴建替代工程条件和可实施节水措施相结合的综合替代措施。替代该供水项目向城镇供水的,则以综合替代措施所需的年费用计算供水效益的一种方法。本法适用于水资源短缺、供需矛盾比较突出的地区。

根据《水利建设项目经济评价规范》(SL 72—2013),水利建设项目的城镇供水效益应按该项目向城镇工矿企业和居民提供生产、生活用水可获得的效益计算,以多年平均效益、设计年效益和特大干旱年效益表示。

城镇供水建设,除水源建设外,一般还需相应进行输水工程、净水厂和市政管网建设,才能形成完整的供水体系,将水送到用户。水利建设项目的城镇供水效益一般应按拟建工程的相应年费用占整个供水体系所需年费用比例进行分摊。如果该水利建设项目的费用已包括输水工程、水厂和管网设施的费用或计算的效益是项目供水水源的效益,就不再进行分摊计算。

城镇供水量逐步增长,达到设计供水规模所需时间较长时,应估算初期逐年达产率,按当年供水量计算供水效益。

任务三　城镇供水工程经济评价方法

一、城市供水工程国民经济评价方法

国民经济评价中水利建设项目的费用,应是国民经济为项目建设投入的全部代价;水利建设项目的效益,应是项目为国民经济所做出的全部贡献。国民经济评价应采用影子价格和社会折现率 i_s 计算费用和效益。供水工程国民经济评价以经济内部收益率、经济净现值和经济效益费用比作为评价指标。

(一)经济内部收益率(*EIRR*)

经济内部收益率即项目在计算期内经济净现值累计等于零时的折现率,是反映供水工程对国民经济贡献的相对指标,其表达式为

$$\sum_{t=1}^{n}(CI-CO)_t(1+EIRR)^{-t}=0 \tag{9-24}$$

式中　CI——供水工程某一年的产出效益;

CO——供水工程某一年的费用;

$(CI-CO)_t$——第 t 年项目的净效益;

n——计算期,包括建设期和生产期;

t——计算期的年份序号,基准年的序号为0。

经计算求出的供水工程经济内部效益率 *EIRR* 大于规定的社会折现率($i_s=6\%$ 或 8%),则表明供水工程对国民经济是十分有利的。

(二)经济净现值(*ENPV*)

经济净现值采用规定的社会折现率($i_s=6\%$ 或 8%),将供水工程计算期内净效益折算到建设期初(基准点)的现值之和,是反映供水工程对国民经济所做贡献的绝对指标。经济净现值愈大,供水工程效果愈好。其表达式为

$$ENPV=\sum_{t=1}^{n}(CI-CO)_t(1+i_s)^{-t} \tag{9-25}$$

式中符号意义同前。

(三)经济效益费用比(*EBCR*)

经济效益费用比 *EBCR* 即供水工程效益现值与费用现值之比,是反映供水工程单位费用为国民经济所做贡献的相对指标。当经济效益费用比大于或等于1时,供水工程在经济上才是合理的。其表达式为

$$EBCR=\frac{\sum_{t=1}^{n}CI_t(1+i_s)^{-t}}{\sum_{t=1}^{n}CO_t(1+i_s)^{-t}} \tag{9-26}$$

式中符号意义同前。

供水工程国民经济评价通常须同时计算以上三项经济评价指标,以便全面考察供水工程对国民经济是否十分有利。

二、城镇供水工程财务评价方法

财务评价以财务内部收益率、财务净现值、财务净现值率和投资回收期作为主要评价指标,并以总投资利润率、项目资本金率作为辅助指标。

(一)财务内部收益率(*FIRR*)

财务内部收益率是指供水工程在计算期内各年净现金流量现值累计等于零时的折现率,其表达式为

$$\sum_{t=1}^{n}(CI-CO)_t(1+FIRR)^{-t}=0 \tag{9-27}$$

式中 CI——供水工程现金流入量;

CO——供水工程现金流出量;

$(CI—CO)_t$——第 t 年的净现金流量;

n——计算期。

当供水工程财务内部收益率 $FIRR>i_c$(行业基准收益率)时,说明供水工程财务上是可行的。

(二)财务净现值(*FNPV*)和财务净现值率(*FNPVR*)

财务净现值和财务净现值率是反映供水工程在计算期内获利能力的动态评价指标。前者是指供水工程按行业基准收益率(i_c)将各年的净现金流量折现到建设期初的现值之和,后者是供水工程净现值与全部投资现值 I_P 之比,其表达式为

$$FNPV=\sum_{t=1}^{n}(CI-CO)_t(1+i_s)^{-t} \tag{9-28}$$

$$FNPVR=FNPV/I_P \tag{9-29}$$

当财务净现值 *FNPV* 大于零,财务净现值率 *FNPVR* 大于等于 i_c 时,供水工程在财务上是有利的。

(三)投资回收期(P_t)

投资回收期是以供水工程的净收益抵偿供水工程全部投资所需的时间,它是反映供水工程财务上投资回收能力的一项指标,投资回收期 P_t 表达式为

$$\sum_{t=1}^{P_t}(CI-CO)_t(1+i_c)^{-t}=0 \tag{9-30}$$

(四)总投资利润率(*ROI*)

总投资利润率表示供水工程总投资的盈利水平,应以供水工程达到设计能力后正常年份的年息税前利润或运营期内年平均息税前利润(*EBIT*)与供水工程总投资(*TI*)的比率表示。其表达式为

$$ROI=\frac{EBIT}{TI}\times 100\% \tag{9-31}$$

式中 $EBIT$——供水工程达到设计能力后,正常年份的年息税前利润或运营期内年平均息

税前利润；

TI——供水工程总投资。

(五)项目资本金净利润率(ROE)

项目资本金净利润率表示供水工程资本金的盈利水平,应以供水工程达到设计能力后正常年份的年净利润或运营期内年平均利润(NP)与供水工程资本金(EC)的比率表示。其表达式为

$$ROE = \frac{NP}{EC} \times 100\% \tag{9-32}$$

式中　NP——供水工程达到设计能力后,正常年份的年净利润或运营期内年平均净利润；

EC——供水工程资本金。

项目资本金净利润率高于同行业的净利润率参考值,表明用供水工程资本金净利润率表示的盈利能力满足要求。

三、城镇供水工程的不确定性分析

不确定性分析一般包括盈亏平衡分析、敏感性分析和概率分析。但对于城镇供水工程一般只做盈亏平衡分析和敏感性分析。

(一)盈亏平衡分析

盈亏平衡分析是通过盈亏平衡点(BEF)分析项目成本与收益的平衡关系的一种方法。盈亏平衡点根据项目正常运行年份的供水量、供水可变成本、固定成本、供水综合价格和销售税金及附加等数据计算。

盈亏平衡供水能力利用率

$$LV_{BEF} = \frac{C_{固}}{S_{收} - C_{变} - S_{税}} \times 100\%$$

式中　$C_{固}$——年供水固定总成本,只要包括供水项目的年折旧费、年摊销费、年工资及福利费用,万元；

$S_{收}$——年供水收入,万元；

$C_{变}$——年供水可变总成本,其值等于供水工程年总成本扣除项目年固定成本,万元；

$S_{税}$——年销售税金及附加,万元。

盈亏平衡供水量

$$W_{BEF} = \frac{C_{固}}{j - C'_{变} - S'_{税}} \times 100\% = W_{设总} LV_{BEF}$$

式中　j——综合供水价格,元/m^3；

$C'_{变}$——单位供水可变成本,元/m^3；

$S'_{税}$——单位供水销售税金及附加,元/m^3；

$W_{设总}$——项目年设计供水量,万 m^3。

盈亏平衡供水综合水价

$$J_{BEF} = C'_{变} + S'_{税} + C_{固}/W_{设总}$$

式中 J_{BEF}——供水工程盈亏平衡供水综合水价，元/m^3。

（二）敏感性分析

敏感性分析是指研究预测若干不确定性因素发生变化时，对经济评价产生影响的定量分析方法。依据不确定变动因素的数量分为单因素敏感性分析和多因素敏感性分析。

对于城镇供水工程，其不确定因素主要包括固定资产投资、供水水价、供水总成本、年供水量等，其变动幅度一般控制在±10%～±20%。在对城镇供水项目进行敏感性分析时，不仅要做单因素分析，而且更重要的是要做多因素敏感性分析。只有这样才能真正起到做敏感性分析的意义。

四、城镇供水工程经济评价案例

（一）工程概况

甘肃引洮二期供水工程规划水平年调水量3.1亿m^3，工程受水区涉及4市8个县（定西市安定区、陇西县、通渭县、白银市会宁县，天水市武山县、甘谷县、秦安县及平凉市静宁县）。这些地区的城镇生活用水、工业用水、农村生活用水、生态环境用水等，以期达到适当发展农业灌溉，改善生活及农业生产条件，为区域经济社会的发展提供水资源保障的规划目标。

（二）经济评价的计算参数

甘肃引洮二期供水工程是社会公益性水利项目，国民经济评价社会折现率采用6%，项目建设期6年，效益计算期采用40年。基准年为2010年，规划水平年为2030年。

1. 固定资产投资

项目经济评价固定资产静态总投资141.8亿元。影子投资依据《水利建设项目经济评价规范》(SL 72—2013)，采用简化计算法进行换算，得影子总投资130.2亿元。工程分年投资根据建设期的安排，分6年投入。各部分项目建设组成及分年度投资见表9-1。

表9-1 引洮二期供水工程引投资项目组成及分年度使用计划 （单位：亿元）

项目	年度投资						合计
	第1年	第2年	第3年	第4年	第5年	第6年	
总干渠工程	6.2	8.6	7.0	5.8	3.1	1.2	31.9
干渠、供水管线及调蓄水工程		14.1	18.6	14.3	12.9	4.3	64.2
支渠及相关配套工程			8.7	8.2	7.1	4.3	28.3
分摊一期总干投资	17.1	0	0	0	0	0	17.1
总投资	23.6	22.7	34.4	28.3	23.1	9.7	141.8
影子投资	21.7	20.8	31.6	31.6	21.2	8.9	135.8

2. 年运行费

(1)维修费。工程维修费按影子投资乘以维修费率计算，包括一般维修和大修理费。

维修费率按有关规定确定，按建筑、金属、机电等工程投资分别计算。本项目年综合维修费率暂取1.0%。

(2)人员工资及福利费。按照《水利工程管理单位定岗标准(试点)》和《水利维修养护定额标准(试点)》测算，引洮二期供水管理人员1 850人，管理人员年人均工资按3.6万元计算，工会、教育、住房公积金、工伤生育保险、医疗保险、养老保险、失业保险分别按工资总额的2%、1.5%、6%、4%、2%、20%、2%考虑。

(3)材料费。主要包括生产运行过程中实际消耗的原材料、辅助材料、备用配件等。引洮二期供水工程按照总投资的0.1%估算。

(4)其他费用。其他费用按维修费、人员工资福利费、材料费之和的10%计取。规划水平年2030年运行费计算结果汇总见表9-2。

表9-2 引洮二期供水工程规划水平年年运行费汇总

项目	维修费	工资及福利费	材料费	其他费用	合计
费用(万元)	12 760.89	9 157.50	1 302.25	2 322.06	25 542.70

3.流动资金

流动资金包括维持项目正常运行所需购买燃料、材料备品、备件和支付职工工资等的周转资金，流动资金按运行费的10%计取，经计算，本工程流动资金0.25亿元。

本工程流动资金在第6年投入，在计算期末回收。

(三)经济效益计算

国民经济效益包括直接效益、间接供水效益两部分。直接效益主要为城镇、农村、工业供水效益及农业灌溉效益。间接供水效益为修建水利工程后，与之有关的经济活动所获得的间接价值。

1.直接效益

引洮二期供水工程直接供水效益包括城镇生活供水效益、农村生活供水效益、工业供水效益、农业灌溉效益四部分。

1)城镇生活供水效益

引洮二期供水工程规划水平年2030年可供给城镇生活水量为5 550万m^3。经调查分析，供水区最为缺水时段经常发生在2～5月，共计4个月，此时，城市供水多采用汽车拉水解决，拉水距离30～100 km，平均约50 km。经分析，单方水拉水费用约30元，则缺水时段单方水效益按照30元计算。丰水时段单方水按照3.0元/m^3分析效益。规划水平年城镇生活供水效益为6.2亿元。

2)农村生活供水效益

引洮二期供水工程规划水平年2030年可供给农村生活、生产水量为4 487万m^3，工程实施后基本解决本区人畜饮水问题，其效益按每年可节省运水费用(畜力、机械和相应燃料、材料等)，改善水质、减少疾病、节约医疗及保健费用等项目估算。经调查，当地最为缺水时段经常发生在每年2～5月共计4个月，此时，农村供水多采用农用三轮车拉水解决，拉水距离50～120 km，平均约70 km。经分析，单方水拉水及其他费用约50元，则缺水时段单方水效益按照 50 元计算。丰水时段单方水按照 3.0 元/m^3 分析效益。规划水平年城镇生活供水效益为 7.7 亿元。

3)工业供水效益

引洮二期供水工程规划水平年供给工业净水量为 5 771 万 m^3。经调查,当地最为缺水时段经常发生在每年 2~5 月共计 4 个月,此时,工业多停产。根据缺水时工业损失量估算工业供水效益。经调查统计,现状 2010 年该区域工业增加值为 19.03 亿元,到 2030 年工业增加值将达到 170 亿元。经分析,缺水时工业停产导致的损失为 71 亿元,缺水损失分摊系数采用 20% 估算,则损失增加值 14.20 亿元,以此为工业供水效益。丰水时段单方水按照 3.0 元/m^3 分析效益。规划水平年城镇生活供水效益为 19.8 亿元。

4)农业灌溉效益

引洮二期供水工程新增灌溉面积 29.2 万亩。灌溉效益按分摊系数法计算,即按有、无项目时,计算的农、林、果、草业总产值效益差乘以效益分摊系数后的值为水利灌溉效益。无项目时农作物种值比例及单产按项目区调查资料确定,有项目时农作物种植比例及单产按本次规划及现状灌溉区调查资料分析计算确定,农产品价格,均采用当地市场价格。

根据二期灌区的灌溉面积与农作物种植结构,经计算规划水平年无项目时产值为 2.7 亿元,有项目时产值为 6.0 亿元,年增量产值为 3.3 亿元,灌溉效益分摊系数采用 0.6。项目规划水平年灌溉效益达到 1.98 亿元。

2. 间接供水效益

引洮二期供水工程通水后,除当地水资源外,二期受水区内农村集雨水窖工程和节水治污后的污水也可用来改善区域生态,农村利用集雨水窖工程水量可以发展庭院经济及作为居民点周边林木生态用水,提高受水区生产和生活条件。

间接效益涉及灌溉效益和庭院经济效益,间接效益只做定性分析。

1)灌溉效益

规划水平年 2030 年通渭锦屏水库退换挤占原灌区农业灌溉水量可发展农业灌溉 1.2 万亩,会宁县城退换靖会灌区水量可发展农业灌溉 1.3 万亩。亩产值引用二期北部和南部半干旱区农业灌溉有项目和无项目亩产值计算,灌溉效益分摊系数采用 0.6。经计算锦屏水库规划水平年年增产量产值为 716 万元;靖会灌区规划水平年年增产量产值为 971 万元;项目规划水平年灌溉效益合计 0.2 亿元。

2)庭院经济效益

考虑农村生活全部采用了优质的外调水源供给,农村利用集雨水窖工程水量可以退还给居民点周边林木生态和庭院经济,改善农村生产生活条件。根据现状雨水利用情况,可发展庭院经济灌溉面积 22.5 万亩,经调查,当地庭院主要种植蔬菜和苹果,亩产值引用二期北部和南部半干旱区农业灌溉有项目亩产值计算,灌溉效益分摊系数按 0.6 计算,则年均新增效益为 3.3 亿元。规划水平年 2030 年间接供水效益合计 3.5 亿元。

3. 效益合计

引洮二期供水工程规划水平年直接供水效益 35.6 亿元,间接供水效益为 3.5 亿元,总效益 39.1 亿元。规划水平年效益汇总表见表 9-4。

表 9-3　规划水平年效益汇总表　（单位：亿元）

项目	直接效益				小计	间接效益		小计	总计
	城镇供水	农村供水	工业供水	农业灌溉		灌溉	庭院经济		
效益	6.2	7.7	19.7	2.0	35.6	0.2	3.3	3.5	39.1

（四）国民经济评价指标计算

根据投资、费用和效益计算及经济评价规范的有关规定，计算经济内部收益率、经济效益净现值、经济效益费用比等国民经济评价的主要指标，汇总表见表 9-4。

引洮二期供水工程经济效益费用比为 2.39，大于 1；经济内部收益率 12.7%，大于社会折现率 6%，经济净现值为 188.62 亿元（$i_s=6\%$），大于 0。各项指标均满足规范要求，所以本项目在经济上是合理的。

表 9-4　引洮二期供水工程国民经济评价指标

项目	指标	评价
经济内部收益率（%）	12.7	>6%
经济效益净现值（亿元）	188.62	>0
经济效益费用比	2.39	>1.0

（五）敏感性分析

假设引洮二期供水工程投资、效益等在一定范围浮动变化，进行项目敏感性分析，其分析结果见表 9-5。

表 9-5　引洮二期供水工程国民经济评价敏感性分析

项目	经济内部收益率（%）	经济净现值（亿元）	经济效益费用比
基本方案	12.7	188.62	2.39
投资增加 10%	11.9	175.96	2.19
投资减少 10%	13.6	201.27	2.64
年收益增加 10%	13.6	221.03	2.63
年收益减少 10%	11.8	156.21	2.15

效益变化对国民经济指标影响敏感，固定资产投资变化次之，所以在工程实施过程中，要加强工程管理与施工进度管理，使本项目早日发挥效益，特别是要严格控制投资，以降低成本，减小工程风险。

（六）结论

通过引洮二期供水工程费用和效益计算，进行了国民经济评价和敏感性分析，结果表明，工程经济效益费用比为 2.39，大于 1；经济内部收益率为 12.7%，大于社会折现率 6%；经济净现值为 188.62 亿元，大于 0。各项经济评价指标反映出该项目良好的经济可行性。项目建成后，在改善受水区水资源缺乏状况、改进当地生产和生活条件、增加人均收入等方面都将起到很大作用。

项目十 水力发电工程经济评价

任务一 概 述

一、水力发电工程经济评价的目的及意义

(一)水力发电工程经济评价的目的

根据国民经济发展要求,在工程技术可行的基础上,分析与计算水电工程项目投入的费用和产出的效益,然后进行经济评价,作为投资决策的主要依据,也是水电项目可行性研究报告和初步设计的重要内容。

(二)水力发电工程经济评价的意义

(1)论证拟建水电项目在经济上的合理性及财务上的可行性,并进行方案经济比较选优,提高投资效果。

(2)评价已建水电项目在经济上的合理性及其存在的问题。水电项目经济评价是以动态评价分析为主,以静态分析为辅,它包括国民经济评价和财务评价两个方面。国民经济评价结论不可行的项目,一般应予以否定。

二、水力发电工程的种类

(1)按集中落差的方式分类。可分为堤坝式水电厂、引水式水电厂、混合式水电厂、潮汐水电厂和抽水蓄能水电厂。

(2)按径流调节的程度分类。可分为无调节水电厂和有调节水电厂。

(3)按照水源的性质分类。可分为常规水电站,即利用天然河流、湖泊等水源发电;抽水蓄能电站,即利用电网负荷低谷时多余的电力,将低处下水库的水抽到高处存蓄,待电网负荷高峰时放水发电,尾水收集于下水库。

(4)按水电站利用水头的大小分类。可分为高水头(70 m 以上)水电站、中水头(15 ~ 70 m)水电站和低水头(低于 15 m)水电站。

(5)按水电站装机容量的大小分类。可分为大型水电站、中型水电站和小型水电站。一般将装机容量在 5 000 kW 以下的称为小型水电站,5 000 ~ 100 000 kW 的称为中型水电站,100 000 kW 或以上的称为大型水电站或巨型水电站。

三、水力发电工程效益的特点

(1)水电站的工作常受水文特性影响,各年的发电量并不相同,尤其是缺乏调节水库

的水电站，丰枯水年发电量差别很大，因此水电站效益是变化的。

(2)水力发电机组开停十分灵便，从停机状态到满负荷运行所需时间仅 1 ~ 2 min。水力发电机组可以迅速改变出力大小，以适应负荷的突然变化，保证电力系统的周波稳定。因此，水电站适宜于担任电力系统调峰、调频等任务，同时也适宜于担任系统的事故备用容量。计算水电站效益时应考虑供电质量。

(3)水电站是利用水能发电的，水能是天然再生能源。丰水年或汛期来水较多时，应尽量多发电。这样可以节省电网中其他类型电站的大量燃料，获得更大的系统效益。

(4)用户对电力的需求影响水电站效益的大小。供电大于需求时，其效益应根据负荷确定。

(5)供电保证率一般要求高达 90% 以上。这就要求水电站必须和其他电站在同一电力系统中联合工作，进行电力的互相补偿，以保证电力系统的正常供电不受破坏。

(6)水电站的水工建筑物及其机电设备相对来说易于维护，运行管理人员少，厂用电少，因而发电成本较低。

任务二 水力发电工程费用与效益分析

一、水力发电工程费用分析

一般电力系统是把若干座不同类型的发电站用输电线、变电站、供电线路联络起来成为一个电网，统一向许多不同性质的用户供电，满足各种负荷要求。由于各种电站的动能经济特性不同，不同类型电站在统一的电力系统中运行，可以使各种能源得到更充分合理的利用，电力供应更加安全可靠，供电费用更加节省。现简要介绍水电站、火电站的主要经济特性。

(一)水电站的投资

水电站的投资，一般包括永久性建筑工程(例如大坝、溢洪道、输水隧洞等)、机电设备的购置和安装、临时工程及库区移民安置等费用。从水电工程基本投资的构成比例看，永久性建筑工程占 32% ~45%；机电设备购置和安装费占 18% ~25%；临时工程投资占 15% ~20%，其中主要为施工队伍的房建投资和施工机械的购置费等；库区移民安置费和水库淹没损失补偿费以及其他费用共占 10% ~35%。由于水电站一般远离负荷中心地区，输变电工程的投资有时可能达到水电站本身投资的 30% 以上，当与火电站进行经济比较时，应考虑输变电工程费用。

水电站单位千瓦投资与电站建设条件关系很大，20 世纪 50 年代平均约为 1 000 元，后来由于水电站开发条件逐渐困难，库区移民安置标准适当提高，施工机械化程度不断增加，加上物价水平不断上升等原因，60 年代约为 1 500 元，70 年代约为 2 000 元，80 年代约为 3 000 元。90 年代，举世闻名的长江三峡水利工程的静态投资(包括输变电工程，以 1990 年不变价格计算)为 570 亿元，折合单位千瓦投资为 3 223 元(投资尚未在防洪、发电、航运等受益部门之间分摊)，其中库区移民安置费用以及远距离高压输变电工程投资各约占工程总投资的 20%。

(二)水电站的年运行费

水电站维持正常运行所需的年运行费包括下列几个部分。

(1)大修理费。一般每隔二、三年对主要的建筑物和机电设备进行一次大修理,从每年的电费收入中提存一部分费用作为基金供大修理时使用。

$$大修理费 = 固定资产原值 \times 大修理费率 \tag{10-1}$$

(2)维修费。指对建筑物及机电设备进行经常性的检查、维护与保养所需的费用。

(3)材料费。指库存材料和加工材料的费用。

(4)工资。包括基本工资和附加工资、各种津贴和奖金等,按职工编制计算。

(5)水费。电厂发电按所用的水量和发电水价计算的水费,应向水库管理处或其主管单位缴付。发电用水的水价应与发电、灌溉等各部门综合利用水量的水价不同。汛期内水电站增发电量的水价更低廉些。

(6)其他费用。包括劳保费、行政管理费、办公费、差旅费等。

以上各种费用可根据电力工业有关统计资料结合本电站的具体情况计算。当缺乏资料时,水电站年运行费可按其投资或造价的1%~2%估算,大型电站取较低值,中小型电站取较高值。

(三)水电站的年费用

为了综合反映水电站所需的费用(包括一次性投资和经常性年运行费)的大小,常用年费用表示。

(1)当进行静态经济评价时,水电站年费用为基本折旧费与年运行费之和,其中

$$基本折旧费 = 固定资产原值 \times 基本折旧率 \tag{10-2}$$

当采用直线折旧法并不计残值时,基本折旧率为

$$基本折旧率 = 1/折旧年限 \tag{10-3}$$

式(10-3)中,折旧年限一般采用经济寿命。假设水电站主要建筑物的经济寿命定为50年,则其基本折旧率为2%;假设水电站机电设备的经济寿命为25年,则其基本折旧率为4%,其余类推。

水电站的发电成本包括基本折旧费与年运行费两大部分,即为水电站的年费用。

(2)当进行动态经济评价时,水电站年费用 $NF_{水}$ 为本利年摊还值(资金年回收值)与年运行费之和,即

$$年费用 NF_{水} = 水电站造价现值 \times (A/P,i,n) + 年运行费 \tag{10-4}$$

当进行国民经济评价时,式(10-4)中造价现值与年运行费均应按影子价格计算,i 为社会折现率;当进行财务评价时,则按现行价格计算,i 为行业基准收益率;n 为水电站的经济寿命;$(A/P,i,n)$ 为本利摊还因子(或称资金回收因子)。

(四)火电站的投资

火电站的投资应包括火电厂、煤矿、铁路运输、输变电工程及环境保护等部门的投资。

火电厂本身单位千瓦投资比水电站少,主要由于其土建工程及移民安置费用比水电站少得多。据统计,在火电厂投资中土建部分占24%~36%,机电设备部分占43%~54%,安装费用占15%~18%,其他费用占3%~8%。关于煤矿投资,各地区由于煤层地质构造及其他条件的影响,吨煤投资差别较大,火电厂单位千瓦装机容量年需原煤2.5 t

左右,相应煤矿投资为火电厂单位千瓦投资的40% ~50%。火电厂可以建在负荷中心地区,这样可以节省输变电工程费用;或者修建在煤矿附近,可以节省铁路运输费用,具体应根据技术经济条件而定。有关火电输变电工程及铁路运输的投资合计折算为火电厂单位千瓦投资的50% ~60%。此外,火电厂及煤矿对附近地区污染比较严重,应考虑环境保护措施,据初步估计,火电厂的消烟、除尘、去硫设施等投资,一般为火电厂本身投资的25%左右。综上所述,仅就火电厂本身投资而言,一般为同等装机容量水电站投资的1/2 ~2/3,但如包括煤矿、铁路、输变电工程及环境保护措施在内的总投资,一般比同等装机容量的水电站投资(也包括输变电工程等投资)多一些。

(五)火电厂的年运行费

火电厂的年运行费包括固定年运行费和燃料费两大部分,现分述如下。

(1)固定年运行费。主要包括火电厂的大修理费、维修费、材料费、工资、水费(冷却用水等)以及行政管理费等。以上各种费用可以根据电力工业有关统计资料结合本电站的具体情况计算求出。由于火电厂汽轮发电机组、锅炉、煤炭运输、传动、粉碎、燃烧及除灰系统比较复杂,设备较多,因而运行管理人员也比同等装机容量的水电站要增加若干倍。当缺乏资料时,火电厂固定年运行费可按其造价的4%左右估算。

(2)燃料费。火电厂的燃料费 $u_{燃}$ 主要与年发电量 $E_{火}$(kWh)、单位发电量的标准煤耗 e(kg/ kWh)及折合标准的到厂煤价 $p_{燃}$(元/kg)等因素有关,即

$$u_{燃} = E_{火}\, e p_{燃} \tag{10-5}$$

必须说明,如果火电站的投资中包括了煤矿及铁路等部门所分摊的投资,则燃料费应该只计算到厂燃煤所分摊的年运行费;如果火电站的投资中并不考虑煤矿及铁路等部门的投资,仅指火电厂本身的投资,则燃料费应按当地影子煤价(国民经济评价时)或现行煤价(财务评价时)计算。

(六)火电站的年费用

(1)当进行静态经济分析时,火电站年费用为基本折旧费与固定年运行费和燃料费三者之和,即

$$年费用 = 基本折旧费 + 固定年运行费 + 燃料费 \tag{10-6}$$

火电站固定资产的基本折旧率一般采用4%。

火电站固定资产 = 火电站投资 × 固定资产形成率(一般采用0.95)。

(2)当进行动态经济分析时,火电站年费用 $NF_{火}$ 为本利年摊还值(资金年回收值)与上述固定年运行费与燃料费三者之和,即

$$年费用\ NF_{火} = 火电站造价现值 \times (A/P,i,n) + 固定年运行费 + 年燃料费 \tag{10-7}$$

式中 $(A/P,i,n)$——本利摊还因子(资金回收因子);

n——火电站经济寿命,一般采用25年;

i——社会折现率(国民经济评价时)或行业基准收益率(财务评价时)。

二、水力发电工程效益分析

(一)水力发电工程效益概述

1. 水力发电工程效益

水力发电工程效益是指水力发电工程提供电力、电量和发挥其他功能为社会创造的经济价值和社会效益。它是评价水力发电工程建设效果的重要指标。

现代的水电开发,除提供电力能源外,应贯彻水资源综合利用的原则。在评价水电工程时,应全面考虑水电工程在电力和水利两个系统中所发挥的效益。

2. 水力发电工程效益的分类

根据具体工程项目的建设任务和规模不同,效益可分为经济效益、社会效益、环境效益三类。

(1)经济效益。一般包括售电经济效益、给电网带来的安全与经济效益、综合利用经济效益。

(2)社会效益。水电站提供电力能源,促进地区国民经济发展,改善人民的物质与文化生活条件;当水电站水库具有防洪功能时,可减轻或防止下游有关地区的洪涝灾害,有利于社会经济的稳定发展。

(3)环境效益。利用水能发电,可减少燃煤发电对大气的污染,有利于环境保护。水电站的水库能改善和调节局部小气候,有利于农林作物的生长,但对水库的淹没和浸没损失,需采取妥善的处理措施。

根据水力发电工程经济评价方法不同,水电效益可分为国民经济效益和财务效益。

(1)国民经济效益。是从国民经济整体的角度分析计算的效益指标,用于论证水电建设项目的经济可行性,比选建设方案。它是水电项目能够实供的电力与电量,用电力影子价格计算的经济价值,作为计算工程项目的国民经济评价指标(经济内部收益率、经济净现值等)中的经济收益部分的依据。

(2)财务效益。是以水电工程项目为核算单位进行分析计算的效益指标,用于论证建设项目的财务可行性。它是水电项目能够实供的电力与电量(或仅计电量),用电网平均市场价格计算的售电收入,为计算建设项目的财务评价指标(财务内部收益率、投资回收期限等)的财务收益部分的依据。

(二)水电站的国民经济效益

水电建设项目国民经济评价中可以用下列两种方法之一表示水电站的国民经济效益。

(1)用同等程度满足电力系统需要的替代电站影子费用作为水电站国民经济效益。一般认为,水电站的替代方案应是具有调峰、调频能力,并可担任电力系统事故备用容量的火电站。为了满足设计水平年电力系统的负荷要求,如果不修建某水电站,则必须修建其替代电站。换句话说,如果修建某水电站,则可不修建其替代电站,所节省的替代电站的影子费用(包括投资与运行费)可以认为就是修建水电站的国民经济效益。由于火电站的厂用电较多,为了向电力系统供应同等的电力和电量,因此替代电站的发电出力 $N_{火}$ 应为水电站发电出力 $N_{水}$ 的1.1倍,即 $N_{火}=1.1N_{水}$,替代电站的年发电量 $E_{火}$ 应为水电站

年发电量 $E_水$ 的1.06倍，即 $E_火=1.06E_水$。因此，根据设计水电站的装机容量和年发电量，即可换算出替代电站的装机容量和年发电量及其所需的造价、固定年运行费和燃料费，根据式(10-7)，即可求出替代电站的年费用 $NF_火$，这就是水电站的国民经济效益 $B_水$，即 $B_水=NF_火$。

(2)用水电站的影子电费收入作为水电站的国民经济效益。

$$\text{水电站国民经济效益 } B_水 = \text{水电站年供电量}(E_水) \times \text{影子电价}(S_电) \quad (10\text{-}8)$$

用此法计算水电站的国民经济效益比较直接了当，容易令人理解，困难在于如何确定不同类电量(峰荷电量、基荷电量、季节性电量等)的影子电价(元/kWh)。在有关部门尚未制订出作为产出物的各种影子电价之前，可参照国家计委颁布的《建设项目经济评价方法与参数》中的有关规定，结合电力系统和电站的具体条件，分析确定影子电价。

对于具有综合利用效益的水电建设项目，应以具有同等效益的替代建设项目的影子费用，作为该水电建设项目的效益；或者采用影子价格直接计算该水电建设项目的综合利用效益。

(三)水电站的财务效益

在水电建设项目的财务评价中，通常用水电站发电量销售收入所得电费作为水电站的财务效益，一般按下列两种情况进行核算。

(1)实行独立核算的水电建设项目

$$\text{销售收入所得电费} = \text{上网电量} \times \text{上网电价} \quad (10\text{-}9)$$

式中，上网电量＝有效电量×(1－厂用电率)×(1－配套输变电损失率)，有效电量是指根据系统电力电量平衡得出的电网可以利用的水电站多年平均年发电量；上网电价＝发电单位成本(按上网电量计)＋发电单位税金＋发电单位利润。当采用多种电价制度时，销售收入为按不同电价出售电量所得的总收入。

(2)实行电网统一核算的水电建设项目

$$\text{销售收入所得电费} = \text{有效电量} \times (1-\text{厂用电率}) \times (1-\text{线损率}) \times \text{售电单价} \quad (10\text{-}10)$$

$$\text{水电站分摊效益} = \text{销售收入所得电费} \times \frac{\text{水电站发电成本}}{\text{售电成本}} \quad (10\text{-}11)$$

水电建设项目的实际收入，主要是发电量销售收入，即电费，有时还有综合利用效益中可以获得的其他实际收入。

任务三　水力发电工程经济评价方法

一、水力发电工程国民经济评价

水电站国民经济评价的任务，主要是选择地区供电电源、河流梯级水电站开发方案、水电站正常蓄水位、死水位及其装机容量等主要参数。

国民经济评价是水电建设项目经济评价的核心部分，它是从电力系统或从国家整体出发，考察本项目的效益与费用，用影子价格和社会折现率计算本项目对国民经济带来的净效益，评价水电建设项目经济上的合理性。

国民经济评价可以用电力系统年费用 $NF_{系}$、效益费用比 B/C、经济内部收益率 $EIRR$ 等作为评价指标，一般以经济内部收益率作为主要评价指标，现分述如下。

（一）电力系统年费用 $NF_{系}$

在此，费用最小法仍然适用。如果有效益相同的若干个比较方案，则其中年费用最小的即为经济上最有利的方案。例如，水电站正常蓄水位方案的选择，可采用在同等程度上满足系统对电力、电量和其他综合利用要求的条件下，选择电力系统总费用或其年费用 $NF_{系}$ 最小的那个方案。其计算公式如下

$$NF_{系}(S) = \sum_{j=1}^{M} NF_j = \text{最小} \tag{10-12}$$

式中 $NF_{系}(S)$——电力系统方案 S 的年费用；

M——方案 S 包括有 M 个工程项目（电力系统一般包括水电站和火电站两个项目，即 $M=2$）；

NF_j——方案 S 第 j 个工程项目的年费用，$j=1,2$。

$$NF_j = \sum_{k=1}^{2} K_{jk}(A/P, r_0, n_k) + u_j \tag{10-13}$$

式中 k——项目 j 中按经济寿命 n_k 的不同而分为 k 个子项，例如水电工程项目分为土建工程（$n_1=50$ 年）和机电设备（$n_2=25$ 年）两个子项，即 $k=2$；

K_{jk}——项目 j 子项 k 各年 t 净投资折算至基准年 T 的总投资，即

$$K_{jk} = \sum_{t=1}^{T} K_{jkt}(1+r_0)^{T-t} \tag{10-14}$$

式中 r_0——社会折现率 i_s，$[A/P, r_0, n_k]$ 为子项 k 的本利摊还因子；

u_j——项目 j 的年运行费，其中包括投产期年运行费的折算值与生产期正常年运行费两部分，即

$$u_j = r_0 \sum_{t=1}^{T} u_{jt}(1+r_0)^{T-t} + u_0 \tag{10-15}$$

现结合水电站正常蓄水位方案的选择，说明国民经济评价中一般采用的计算步骤与计算方法。

在正常蓄水位方案比较时，首先根据河流梯级开发布置确定其上、下限值，并在此范围内拟订若干个比较方案，然后计算各方案电站及系统中火电站补充动能经济指标，最后按系统年费用 $NF_{系}$ 最小准则进行经济比较，再结合政治、社会、技术、环境等因素综合选择最佳方案。

例如，某水库主要任务为发电，根据水库不淹没上游某城的要求，确定正常蓄水位的上限方案为 110 m 高程；为了满足电力系统对本电站的最低出力及其他综合利用要求，确定正常蓄水位的下限方案为 100 m 高程，现拟选择水电站经济上最有利的正常蓄水位，具体计算步骤分述如下，参见图 10-1。

（1）在正常蓄水位的上下限之间，根据地形、地质、水库淹没、浸没等变化情况，拟订 3～6 个比较方案。

（2）分别对各个方案进行径流调节和水能计算，求出水电站的保证出力、必需容量和

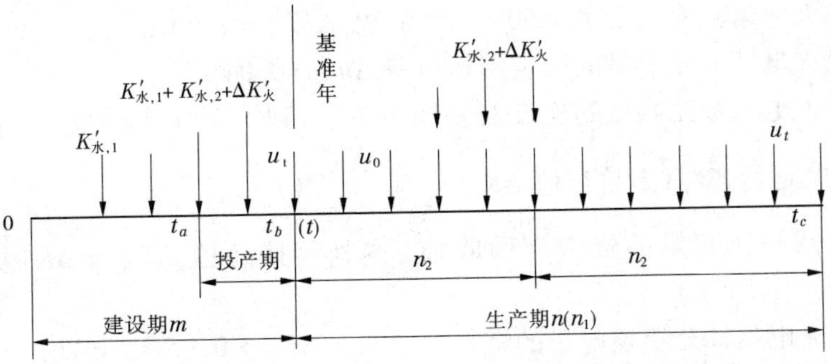

图 10-1　水电站及补充火电站逐年造价及运行费支出

多年平均年发电量等动能指标。

(3)对各个方案进行投资估算,并在综合利用各部门之间进行分摊,求出水电站应分摊的费用。

(4)求出水电站土建部分(包括大坝、溢洪道、隧洞及其他水工建筑物)在建设期内各年的造价。

(5)根据水电站机组安装计划进度,求出各年机电部分(包括配套的输变电工程)的造价。

(6)求出水电站各正常蓄水位方案的总造价,即为土建与机电两部分造价之和。

(7)假设水电站各个方案的建设期分别为 8、9、10 年,其中包括投产期 3 年。

(8)假设计算基准年 T(点)在建设期末,则水电站土建部分造价现值为 $K_{水,1}=\sum_{t=1}^{T}k'_{t,1}(1+r_0)^{T-t}$,$r_0=0.10$(下同)。

(9)水电站机电部分造价现值为 $K_{水,2}=\sum_{t=1}^{T}k'_{t,1}(1+r_0)^{T-t}\left[1+\frac{1}{(1+r_0)^{25}}\right]$,由于机电设备经济寿命 $n_2=25$ 年,故须于投产后 25 年重置资金更换机组。

(10)在水电站投产期 3 年内,其年运行费 $u_{水,t}$ 随投产机组台数增加而递增,其现值为 $U_{水,初}=\sum_{t=T-2}^{T}u_{水,t}(1+r_0)^{T-t}$,$T$ 为基准年,仍在建设期末。

(11)水电站正常年运行费 $u_{水,0}$,是指在生产期内当全部机组投入运行时所需的年运行费。假设 $u_{水,0}$ 等于水电站造价 $K_{水}$ 的 1.25%,在生产期内为一常数。

(12)水电站平均年运行费 $u_{水}=U_{水,初}(A/P,r_0,n)+u_{水,0}$,即把各年的年运行费折现后平均摊分在生产期 n 年内。简化计算为 $u_{水}=r_0U_{水,初}+u_{水,0}$。

(13)水电站年费用 $NF_{水}=(K_{水,1}+K_{水,2})[A/P,r_0,n=50]+u_{水}$。

(14)为了各方案能够同等程度地满足系统对电力、电量的要求,正常蓄水位较低的方案,即水电站规模较小的方案,应以替代电站(具有调峰能力的火电站)的电力电量补充。为简化计算,以正常蓄水位较高的第三方案为准,其所需火电站补充的电力、电量为零;对其他方案,由于水电站、火电站所需厂用电力(必需容量)的差别,假设 $\Delta N_{火}=1.1\Delta N_{水}$。

(15)同理,要考虑水电站、火电站厂用电量的差别,假设 $\Delta E_{火}=1.06\Delta E_{水}$。

(16)假设火电站补充造价为 1 500 元/kW,故 $\Delta K'_{火}=1\ 500\Delta N_{火}$。

(17)假设火电站补充容量的固定年运行费 $\Delta u_{火}=0.04\Delta K'_{火}$。

(18)假设火电站补充容量的建设安装期为 3 年,到第 T 年末建成,与水电站一并建成投入系统正式运行,故其造价现值 $\Delta K_{火}=\sum_{t=T-2}^{T}\frac{\Delta K_{火}}{3}(1+r_0)^{T-t}$。

(19)火电站补充容量的资金年回收值(本利年摊还值 $\Delta R_{火}=\Delta K_{火}[A/P,r_0,n=50]$)。

(20)假设火电站补充年发电量的燃料费 $\Delta u_{燃}=\Delta E_{火}\times 0.05$ 元/kWh。

(21)火电站补充年费用 $\Delta NF_{火}=\Delta R_{火}+\Delta u_{火}+\Delta u_{燃}$。

(22)电力系统年费用 $NF_{系}=NF_{水}+\Delta NF_{火}$。由表 10-1 可知,第二方案的 $NF_{系}$ 最小,即从经济比较上看该方案最为有利。求解过程详见表 10-1。

表 10-1　对某水电站水库正常蓄水位进行方案比较(系统年费用最小法)

序号	项目	单位	方案			说明
			一	二	三	
1	正常蓄水位高程 $Z_{蓄}$	m	100	105	110	假设
2	水电站必需容量 $N_{水}$	万 kW	20	25	28	
3	水电站平均年发电量 $E_{水}$	亿 kWh	7.0	7.5	8.2	
4	水电站土建部分造价 $K'_{水,1}$	万元	32 791	34 235	40 742	原值
5	水电站机电部分造价 $N'_{水,2}$	万元	10 930	11 411	12 014	原值
6	水电站总造价 $K'_{水}$	万元	43 721	45 646	52 756	(4)+(5)
7	水电站建设期 m	年	8	9	10	包括投产期三年
8	水电站土建部分造价现值 $K_{水,1}$	万元	46 875	51 653	66 800	基准年在建设期末
9	水电站机电部分造价现值 $K_{水,2}$	万元	15 624	17 217	19 146	基准年在建设期末
10	水电站投产期年运行费现值 $U_{水,初}$	万元	738	770	890	基准年在建设期末
11	水电站正常年运行费 $u_{水,0}$	万元	547	570	660	$0.012\ 5K'_{水}$
12	水电站平均年运行费 $u_{水}$	万元	621	647	749	r_0(10)+(11)
13	水电站年费用 $NF_{水}$	万元	7 080	7 754	9 595	见式(10-13)
14	火电站补充必需容量 $\Delta N_{火}$	万 kW	8.8	3.3	0	$1.1\Delta N_{水}$
15	火电站补充年发电量 $\Delta E_{火}$	亿 kWh	1.272	0.742	0	$1.06\Delta E_{水}$
16	火电站补充造价 $\Delta K'_{火}$	万元	13 200	4 950	0	$1\ 500\Delta N_{水}$
17	火电站补充固定年运行费 $\Delta u_{火}$	万元	528	198	0	(16)×4%
18	火电站补充造价现值 $\Delta K_{火}$	万元	14 564	5 461	0	基准年在建设期末
19	火电站补充资金年回收值 $\Delta R_{火}$	万元	1 605	602	0	$18[A/P,r_0,n_{火}]$
20	火电站补充燃料费 $\Delta u_{燃}$	万元	636	371	0	(15)×0.05 元/ kWh
21	火电站补充年费用 $\Delta NF_{火}$	万元	2 769	1 171	0	(17)+(19)+(20)
22	电力系统年费用 $NF_{系}$	万元	9 849	8 925	9 595	(13)+(21)

从表 10-1 中的计算结果看,以第二方案经济上最为有利。

(二)效益费用比 B/C

在国民经济评价中,水电建设项目的年效益已如上述,可以采用能同等程度满足系统的电力和电量需要的替代电站(一般指凝汽式火电站)的年费用表示,或者采用水电站多年平均年供电量的影子电费收入表示。现假定用上述两种水电站年效益的表示方法,计算上述某水电站3个正常蓄水位方案的效益费用比 B/C,从中选择 B/C 最大值作为经济上最有利的方案。当水电站的必需容量和多年平均年发电量求出后,可以计算替代电站相应的各项动能经济指标,例如某水电站的必需容量 $N_{水}=20$ 万 kW,多年平均年发电量 $E_{水}=7.0$ 亿 kWh,则替代电站相应的必需容量 $N_{火}=1.1N_{水}=22$ 万 kW,相应的平均年发电量 $E_{火}=1.06E_{水}=7.42$ 亿 kWh,其余类推。根据表10-1,已知水电站各正常蓄水位方案的年费用 $NF_{水}$ 分别为7 080万元、7 754万元和9 595万元,用替代电站年费用 $NF_{火}$ 表示的水电站年效益 $B_{水}=NF_{火}$ 分别为9 041万元、10 639万元和11 809万元(见表10-2),各方案相应的效益费用比 $B/C=B_{水}/NF_{水}=1.276$、1.372、1.231,再次表明正常蓄水位第二方案在经济上仍然比较有利。

表10-2 对某水电站水库正常蓄水位方案进行经济比较(效益费用比 B/C)

序号	项目	单位	方案			说明
			一	二	三	
1	正常蓄水位高程 $Z_{蓄}$	m	100	105	110	假设
2	水电站必需容量 $N_{水}$	万 kW	20	25	28	见表10-1
3	水电站平均年发电量 $E_{水}$	亿 kWh	7.0	7.5	8.2	见表10-1
4	水电站年费用 $NF_{水}$	万元	7 080	7 754	9 595	见表10-1,$C_{水}=NF_{水}$
5	替代电站必需容量 $N_{火}$	万 kW	22	27.5	30.8	$N_{火}=1.1N_{水}$
6	替代电站平均年发电量 $E_{火}$	亿 kWh	7.42	7.95	8.69	$E_{火}=1.06E_{水}$
7	替代电站造价 $K'_{火}$	万元	33 000	41 250	46 200	$K'_{火}=N_{火}\times 1\,500$ 元/kW
8	替代电站固定年运行费 $u_{火}$	万元	1 320	1 650	1 848	(7)×4%
9	替代电站造价现值 $K_{火}$	万元	36 410	45 513	50 974	基准年在建设期末
10	替代电站资金年回收值 $R_{火}$	万元	4 011	5 014	5 616	$R_{火}=K_{火}[A/P,r_0,n_{火}]$
11	替代电站燃料费 $u_{燃}$	万元	3 710	3 975	4 345	(6)×0.05 元/kWh
12	替代电站年费用 $NF_{火}$	万元	9 041	10 639	11 809	(8)+(10)+(11)
13	水电站年效益 $B_{水}$	万元	9 041	10 639	11 809	$B_{水}=NF_{火}$
14	水电站效益费用比 $B_{水}/C_{水}$		1.276	1.372	1.231	$B/C=(13)/(4)$
15	水电站年效益差额 $\Delta B_{水}$	万元		1 598	1 170	(13)相邻方案差额
16	水电站年费用差额 $\Delta NF_{水}$	万元		674	1 841	(4)相邻方案差额
17	水电站差额效益费用比 $\Delta B_{水}/\Delta C_{水}$	万元		2.37	0.64	(15)/(16)
18	水电站年效益(影子电费收入)$B'_{水}$	万元	10 780	11 550	12 628	(3)×0.154 元/kWh
19	水电站效益费用比 $B'_{水}/C'_{水}$		1.52	1.490	1.316	(18)/(4)
20	水电站年效益差额 $\Delta B'_{水}$	万元		770	1 078	(18)相邻方案差额
21	电站相邻效益费用比 $\Delta B'_{水}/\Delta C'_{水}$	万元		1.14	0.585	(20)/(16)

由于本课题是研究同一工程不同规模的经济比较问题,因此需计算各水位相邻方案

之间的效益与费用的差额 $\Delta B_{水}$ 与 $\Delta NF_{水}$ 及其差额效益费用比 $\Delta B_{水}/\Delta NF_{水}$，由表 10-2 可知，仍以方案二在经济上最为有利。

此外，当用水电站影子电费年收入作为水电站的年效益时，用同法求出各方案的效益费用比 $B_{水}/NF_{水}$ 及其差额效益费用比 $\Delta B_{水}/\Delta NF_{水}$，仍可判断第二方案在经济上最有利。

（三）经济内部收益率（*EIRR*）

以经济内部收益率法对某水电站水库正常蓄水位进行方案比较，见表 10-3。

经济内部收益率是反映项目对国民经济贡献的相对指标，它是使项目在计算期内的经济净现值累计等于零的折现率。其表达式为

$$\sum_{t=1}^{n}(CI - CO)_t(1 + EIRR)^{-t} = 0 \tag{10-16}$$

式中 CI——现金流入量，可用影子电费等年收入表示；

CO——现金流出量，包括净投资（造价）、设备更新费、年运行费等。

设某水电站（举例中的第二方案）的建设期 $m=9$ 年（1991～1999 年），生产期 $n=50$ 年（2000～2049 年），因此计算期为 59 年（1991～2049 年）。现将该水电站在建设期内各年的净投资 CO_1、机电设备中间更新费 CO_2、年运行费 CO_3 以及装机容量、年发电量、影子电费年收入 CI 等指标分别列入表 10-3 中。经试算，当 $EIRR=20\%$ 时，在计算期（1991～2049 年）内净现值累计恰好等于零（基准年在建设期初）。同法，可以试算求出其他方案的经济内部收益率 $EIRR$，见表 10-3。计算基准点在 1991 年初。

表 10-3 对某水电站水库正常蓄水位进行方案比较（经济内部收益率（*EIRR*）法）

年份	净投资 CO_1（万元）	机电设备中间更新费 CO_2（万元）	年运行费 CO_3（万元）	装机容量（万 kW）	年发电量（亿 kWh）	影子电费年收入 CI（万元）	净流入量 $CI-CO$（万元）	折现系数（$EIRR=20\%$）	净现值 $ENPV$（万元）
1991	2 738						−2 738	0.833 3	−2 282
1992	3 652						−3 652	0.694 5	−2 536
1993	5 478						−5 478	0.578 7	−3 170
1994	6 390						−6 390	0.482 3	−3 082
1995	7 303						−7 303	0.401 9	−2 935
1996	7 760						−7 760	0.334 9	−2 599
1997	5 478		228	10	3.0	4 620	−1 099	0.279 1	−303
1998	4 566		342	15	4.5	6 930	2 002.5	0.232 6	470
1999	2 281		456	20	6.0	9 015	6 252	0.193 8	1 216
2000	0		570	25	7.5	11 550	10 948	0.161 5	1 773
2001～2020	0		570	25	7.5	11 550	10 948	0.134 6～0.042	13 226

续表 10-3

年份	净投资 CO_1（万元）	机电设备中间更新费 CO_2（万元）	年运行费 CO_3（万元）	装机容量（万 kW）	年发电量（亿 kWh）	影子电费年收入 CI（万元）	净流入量 $CI-CO$（万元）	折现系数（$EIRR=20\%$）	净现值 $ENPV$（万元）
2021			570	25	7.5	11 550	10 948	0.035	38
2022		3 804	570	25	7.5	11 550	7 144	0.002 9	21
2023		3 804	570	25	7.5	11 550	7 144	0.002 4	18
2024		3 804	570	25	7.5	11 550	7 144	0.002 0	14
2025 ~ 2049			570	25	7.5	11 550	10 948	0.001 7 ~ 0.000 1	131
合计								$\sum_{i=1}^{n} ENPV = 0$	

由于举例中水电建设项目所采用的数据，一般来自预测和估算，有一定的不确定性。假设当投资增加 20%、电费收入降低 19% 以及投资增加 10%、建设期拖延一年等不利情况分别进行了敏感性分析，根据试算所求出的经济内部收益率 EIRR，分别列入表 10-4。由于本水电建设项目的经济内部收益率 EIRR 总是大于规定的社会折现率，因而认为本水电建设项目在经济上是有利的。

表 10-4 国民经济评价敏感性分析（以影子电价计算年效益）

项目	经济内部收益率 EIRR（%）		
	方案一	方案二	方案三
投资、电费收入、建设工期均按原计划不变	14.0	20.0	15.0
投资增加 20%，电费收入减少 10%	12.2	15.0	12.5
投资增加 10%，建设期拖后一年	12.5	16.0	13.0

二、水力发电工程财务评价

（一）水力发电工程财务评价的含义

水力发电工程财务评价是根据国家现行财税制度和现行价格，分别测算项目的实际收入和支出，全面考察其获利能力和清偿贷款能力等财务状况，以判别建设项目财务上的可行性。

（二）水力发电工程财务评价的内容

水力发电工程财务评价主要内容有资金筹措、实际收入和实际支出、贷款偿还能力、财务评价指标计算等。

（三）水力发电工程财务评价基本数据

1. 水力发电工程费用

水力发电工程费用包括固定资产投资、流动资金、产品成本及应缴纳的税金等。固定资产投资是指水电站本身和与其配套的输变电工程等投资，应根据施工进度计划，确定各分年度的投资，并根据资金的不同来源，分别计算贷款利息。流动资金是水电站建成投产后用于维持正常生产所需的周转资金，一般分为自有流动资金（应不少于总额的30%）和流动资金借款两部分，其借款利息可列入发电成本内。水电站发电成本为电厂全年运行时所支出的费用，其中包括折旧费、大修理费、材料费、工资及职工福利基金、库区维护基金及水费等项。发电成本扣除过上述折旧费、借款利息和保险费后称为经营成本。供电成本是指水电站送到用户的供电量所需输电、变电、配电、售电费用的总和。水电站的发电成本和局网的供电成本两者组成售电成本。

对于实行电网统一核算的发电项目，单位供电成本可采用电网上一年度的实际统计数据；对于实行独立核算的发电项目，其供电成本只计算发电厂到主网的配套输、变电费用。其中固定资产折旧费，是指水电站和输变电设备等固定资产在生产运行过程中对固定资产磨损和损耗的补偿费，其计算公式为

固定资产折旧费 =（固定资产投资 × 固定资产形成率 + 建设期借款利息）× 综合折旧率 (10-17)

式中，建设期是指从工程开工到全部竣工的时间，其中包括发电站机组陆续投入运行的投产期。电站固定资产形成率一般在0.95左右。建设期借款利息是指水电建设项目（包括配套的输变电工程）在建设过程中所支付的固定资产投资的利息。综合折旧率是指水电建设项目各类固定资产折旧率的加权平均值，一般为2.5%～3.0%。

电力工业应缴纳的税金有产品税、增值税、地方税、企业所得税等。产品税包括发电环节和供电环节两部分，地方税包括城市维护建设税和教育费附加两部分，所得税是指项目按销售利润的某一固定比例征收的税金。

发电项目实现利润值可以按以下两种情况分别计算。

（1）实行独立核算的发电项目

实现利润 = 销售收入 − 发电成本及配套输变电成本 − 发电环节税金 (10-18)

（2）实行电网统一核算的发电项目

实现利润 = 销售收入 − 售电成本 − 销售税金 (10-19)

式(10-19)中，实现利润按发电和供电两个环节分配，当水力发电工程项目固定资产投资中包括配套的输变电投资时，利润分配比例为：发电占70%，供电占30%；否则按发电占60%和供电占40%的比例分配。

例如，对某水电站进行财务评价，某水力发电工程项目以发电为主，兼有防洪任务。本电站装机容量为30万kW，多年平均年发电量（有效电量）为7.5亿kWh，投产后担任电网的调峰、调频和事故备用等任务。

2. 资金筹措和工程进度

本电站总投资为6亿元，按发电、防洪两大受益部门进行投资分摊，发电部门应分摊的固定资产投资为4.6亿元，全部使用国家的贴息贷款，年利率6%；防洪部门分摊的投

资由国家财政拨款解决。电站竣工后核定固定资产投资为 45 446 万元,流动资金 200 万元,在流动资金中,自有流动资金 60 万元,借款流动资金 140 万元,由工商银行贷款,年利率 8%。本电站自 1991 年初开始建设,至第 7 年年末有两台机组共 10 万 kW 开始投产,第 8 年年末、第 9 年年末也分别投产两台机组,至第 9 年年末全部装机容量 30 万 kW 建成,自第 10 年(2000 年)起进入生产期正式投入电网运行。本工程建设期 9 年(含投产期 3 年),生产期 50 年,故计算期为 59 年。

本项目实行独立核算,投资中已计入配套的输变电部分的投资。下面分别计算成本、销售收入、税金、利润以及贷款偿还年限、财务内部收益率、财务净现值、投资利润率、投资利税率等财务指标。

(四)成本计算

1. 发电成本

发电成本包括折旧费、大修理费、材料费、工资等。

(1)折旧费。

折旧费 = (固定资产投资 × 固定资产形成率 + 建设期利息) × 综合折旧率

$= (46\ 000 \times 0.956 + 14\ 008) \times 2.5\%$

$\approx 58\ 000 \times 2.5\% = 1\ 450$(万元)。

(2)大修理费 = 固定资产 × 综合大修理费率 = 58 000 × 0.5% = 290(万元)。

(3)材料费及其他费用分别按 0.78 元/ kW 和 1.6 元/ kW 计算(参阅《水电建设项目设计阶段成本计算暂行规定》),合计 71 万元。

(4)工资按本水电站定员 300 人,每人每年平均工资按 2 000 元计算,职工福利基金按职工工资总额的 11% 计提,合计 67 万元。

(5)流动资金借款利息 = 140 × 8% = 11.2(万元)。

(6)水库库区维护基金按厂供电量的 1 元/10^3 kWh 计提,水电站供电量 = 发电量 × (1 - 厂用电率) = 7.5 亿 kWh × (1 - 0.4%) = 74 700 万 kWh,故库区维护基金为 75 万元。

以上六项合计,可求出发电成本 = 1 965 万元,其中经营成本 = 515 万元(约占固定资产投资的 1.1%)。

2. 供电成本

供电成本包括经营成本和折旧费两项,可分别按配套的输变电工程固定资产的 2% 和 3.3% 估算,两项合并计算可得 371 万元,其中经营成本 = 140 万元,折旧费 = 231 万元。

3. 售电成本

售电成本包括发电成本和供电成本两部分,故售电成本 = 1 965 万元 + 371 万元 = 2 336万元,其中经营成本 655 万元,折旧费 1 681 万元。

(五)销售收入、税金、利润

由于本项目实行独立核算,故销售收入只计算发电效益。

$$销售收入 = 上网电量 \times 上网电价 \tag{10-20}$$

式中,上网电量 = 厂供电量 × (1 - 配套输变电损失率) = 年发电量 × (1 - 厂用电率)×(1－配套输变电损失率);厂用电率采用0.4%,输变电损失率采用3.5%,上网电价暂按还贷要求定为0.20元/kWh。

销售收入$=7.5\times10^8\times(1-0.4\%)\times(1-3.5\%)\times0.20=1.4417$(亿元)

销售税金＝产品税＋城市维护建设税＋教育费附加等

(1)产品税＝厂供电量×税率$=7.5\times10^8\times(1-0.4\%)\times0.01=747$(万元)。

(2)城市维护建设税。因本电站远离县城,税额为产品税的1%,即7.5万元。

(3)教育费附加。税额为产品税的1%,为7.5万元。

以上三项税金合计762万元。

销售利润＝销售收入－售电成本－销售税金＝14 417－2 336－762＝11 319(万元)

(六)贷款偿还

1.还贷资金

还贷资金是用于偿还贷款的资金,包括下列三部分。

(1)还贷利润。销售利润扣除企业留利后即可作为还贷利润。关于销售利润计算,参见表10-6。由于目前尚无统一的企业留利标准,暂按年人均2 000元的标准作为企业留利额,即企业留利额＝2 000×300＝60(万元)。关于逐年还贷利润,见表10-5。

表10-5 偿还贷款资金汇总表

(单位:万元)

序号	项目	建设期(年)			生产期(年)		说明
		7	8	9	10	11～59	
一	还贷利润	1 483	5 163	9 300	11 260	11 260	1－2
	1.销售利润	1 513	5 203	9 350	11 320	11 320	见表10-6
	2.企业留利	30	40	50	60	60	
二	还贷折旧	505	672	840	631	631	前三年折旧剩余80%
	1.电站折旧费	841	1 120	1 400	1 681	1 681	包括配套输变电工程
	2.自折旧费中提取能源交通基金	126	168	210	252	252	电站折旧费×15%
	3.自折旧费中提取国家预算基金	84	112	140	168	168	电站折旧费×10%
三	还贷税金	102	255	425	510	510	1＋2＋3
	1.产品税减免部分	100	250	417	500	500	应交税金×67%
	2.城市维护建设税减免部分	1	2.5	4	5	5	
	3.教育费附加减免部分	1	2.5	4	5	5	
四	偿还贷款资金合计	2 090	6 090	10 565	12 401	12 401	(一)＋(二)＋(三)

表 10-6 利润计算表 (单位:万元)

序号	项目	建设期(年)			生产期(年)		说明
		7	8	9	10	11~59	
一	年末装机容量(万 kW)	10	20	30	30	30	根据装机进度计划
	年发电量(亿 kWh)	1.5	3.75	6.25	7.5	7.5	
二	上网电量(亿 kWh)	1.442	3.604	6.007	7.209	7.209	扣除厂用电及输变电损失
	销售收入	2 884	7 205	12 014	14 417	14 417	上网电量×0.2 元/kWh
三	售电成本	1 219	1 624	2 029	2 336	2 336	发电成本+供电成本
	发电成本	1 033	1 377	1 720	1 965	1 965	
	供电成本	186	247	309	371	371	指配备输变站部分
四	销售税金	152	381	635	762	762	
	产品税	149	373.5	622.5	747	747	供电量×0.01 元/kWh
	城市维护建设税	1.5	3.75	6.25	7.5	7.5	产品税×1%
	教育费附加	1.5	3.75	6.25	7.5	7.5	产品税×1%
五	销售利润	1 513	5 203	9 350	11 319	11 319	(二)-(三)-(四)

(2)还贷折旧。从电站基本折旧费中扣除 15% 的能源交通基金及 10% 的国家预算调节基金后,再提取还贷折旧,按规定在电站建成后 3 年内提取 80%,第 4 年起提取 50%。关于逐年还贷折旧费见表 10-5。投产期内的还贷折旧费,是按投产容量与总装机容量的比例确定。

(3)还贷税金。包括产品税金及其附加的城市维护建设税和教育费附加的减免部分,一般为应缴纳税金的 67%,故还贷税金 = 供电量 ×0.01 ×67% ×(1 +1% +1%) = 7.5 ×10^8 ×(1 -0.4%) ×0.006 83 =510(万元)。关于逐年还贷税金见表 10-5。附带说明,贷款偿清后不再减免税金。

2. 贷款利息

贷款自支用之日起计息,按复利年息计算。在设计阶段,当年贷款均假定在年中支用,按半年计息,以后年份按全年计息,见表 10-7。表中应用的计算公式为

本年度贷款利息累计 = [上年度末贷款本息累计 + 1/2 × 本年度贷款] × 6% (10-21)

本年度贷款本息 = 本年度贷款 + 历年贷款利息累计 (10-22)

本年度末贷款本息累计 = 上年度末贷款本息累计 + 本年度贷款本息 (10-23)

表 10-7 贷款本息计算表 （单位：万元）

时间	贷款本金(1)	贷款利息(2)	贷款本息(3)	贷款本息累计(4)	说明
第 1 年	2 738	82	2 820	2 820	$(2)_t=[(4)_{t-1}+\frac{1}{2}(1)_t]\times 6\%$ $(3)_t=(1)_t+(2)_t$ $(4)_t=(4)_{t-1}+(3)_t$ 年利率 $i=6\%$
第 2 年	3 652	279	3 931	6 751	
第 3 年	5 478	569	6 047	12 798	
第 4 年	6 390	960	7 350	20 148	
第 5 年	7 303	1 428	8 731	28 879	
第 6 年	7 760	1 966	9 726	38 605	
第 7 年	5 478	2 481	7 959	46 564	
第 8 年	4 566	2 931	7 497	54 061	
第 9 年	2 281	3 312	5 593	95 654	
合计	45 645	14 008	59 654		

3. 贷款偿还年限

贷款偿还年限是指项目投产后可以用作偿还贷款的利润、折旧费、减免的税金以及其他收益额，用来偿还固定资产投资借款本金和利息所需的时间，一般从借款年开始算起。

由表 10-7 可知，在建设期第 9 年年末，贷款本金和利息累计为 59 654 万元。由表 10-5 可知，自建设期第 7 年开始，由于部分机组投产，故于第 7、8、9 年各年末分别偿还贷款 2 090万元、6 090 万元、10 565 万元，从第 10 年起进入正常运行的生产期，每年年末可偿还贷款 1 2401 万元。

假设贷款偿还年限为 P_d，即从贷款第 1 年算起，至第 P_d年偿还清全部借款的本金和利息，即 $59\ 654-2\ 090(1+i)^2-6\ 090(1+i)-10\ 565-\sum_{t=10}^{P_d}12\ 401(1+i)^{9-t}=0$。

经试算，当贷款年利率 $i=6\%$ 时，$P_d=12$ 年，即本项目开始施工后第 12 年即可偿清所借贷款的本金和利息。

（七）财务盈利能力分析方法指标

财务盈利能力分析，常采用财务内部收益率、财务净现值、投资利润率和投资利税率等指标，现分述如下。

1. 财务内部收益率 *FIRR*

财务内部收益率是指计算期内各年净现金流量现值累计等于 0 时的折现率，用来反映项目盈利能力的一个重要动态指标，其表达式为

$$\sum_{t=1}^{n}(CI-CO)_t(1+FIRR)^{-t}=0 \tag{10-24}$$

式中 CI——现金流入量，主要指各年销售收入（售电收入）；

CO——现金流出量，主要指各年固定资产投资、更新改造投资、经营成本支出、销售税金支付等；

$(CI—CO)_t$——第 t 年的净现金流量；

n——计算期，包括建设期与生产期。

财务内部收益率可用试算法求出。当求出的财务内部收益率大于行业基准收益率时，说明本项目有盈利能力，在财务上是可行的。根据本例的基本资料及表 10-5 ~ 表 10-7中的有关数据代入式(10-24)，可试算求出 $FIRR=18\%$，大于电力工业基准收益率 $i_c=10\%$，说明本项目具有较大的盈利能力。

2. 财务净现值 FNPV

财务净现值是按行业基准收益率 i_c，将计算期内各年的净现金流量折算到建设期初的现值之和，它也是反映项目在计算期内盈利能力的动态评价指标，其表达式为

$$FNRV = \sum_{t=1}^{n}(CI - CO)_t(1 + i_s)^{-t} \tag{10-25}$$

当财务净现值 $FNPV>0$ 时，说明本项目在财务上是可行的。

将本例中有关数据代入式(10-25)，当 $i_c=10\%$，$n=59$ 年时，则可求出 $FNPV=44\ 240$ 万元(>0)，说明本项目具有较大的盈利能力。

3. 投资利润率

投资利润率是指项目达到设计生产能力后的一个正常生产年份的年利润总额与项目总投资的比率，它是反映项目单位投资盈利能力的指标，其计算公式为

$$投资利润率 = \frac{年利润或年平均利润}{总投资} \times 100\% \tag{10-26}$$

式中，总投资 = 固定资产投资(不包括更新改造投资) + 建设期利息 + 流动资金。

由表 10-6 可知，正常生产年份的年利润 = 11 320 万元，固定资产投资 = 45 446 万元，流动资金 = 200 万元，建设期利息 = 14 008 万元(见表 10-7)，故

$$投资利润率 = \frac{11\ 320}{45\ 446 + 14\ 008 + 200} = 19\%$$

本水电站的投资利润率应与部门(电力工业)或行业(水电建设)的投资平均利润率比较，以便判断本项目单位投资利润率是否达到部门或行业的平均水平。

4. 投资利税率

投资利税率是指项目达到设计生产能力后的一个正常生产年份的年利、税总额与总投资的比率，其计算公式为

$$投资利税率 = \frac{年利、税总额或年平均利、税总额}{总投资} \times 100\%$$

$$本水电站的投资利税率 = \frac{11\ 320 + 762}{45\ 446 + 14\ 008 + 200} = 20\%$$

与部门或行业的投资平均利税率比较，可用以判断本项目单位投资对国家积累的贡献是否达到本部门或行业的平均水平。

三、水力发电工程的不确定性分析

(一)水力发电工程不确定性分析的目的

由于水力发电工程计划采用的数据，大都来自预测和估算，效益、费用和时间等都有

一定程度的不确定性。这种不确定性，有的来自于客观因素，有的来自于主观因素。为了弄清不确定因素对经济评价指标的影响，需进行不确定性分析，以判定工程方案在经济、财务上的可靠性。

（二）水力发电工程不确定性分析的内容

水力发电工程不确定性分析包括敏感性分析、概率（风险）分析、盈亏平衡分析等。

1. 敏感性分析

1）概念

敏感性分析是指研究并验证各项主要因素发生变化时对建设项目的经济评价指标的影响，从中找出最为敏感的因素。同时根据指标的变化程度，进行必要的补充研究，以便论证计算结果的可靠性和合理性。敏感性分析适用于国民经济评价和财务评价。

2）主要分析要素

敏感性分析考虑的主要变动因素有投资、效益、价格、工期等。可用净效益、内部收益率指标反映对以上变动因素产生的敏感程度。最常用的是分析内部收益率指标，有列表分析法和绘图分析法。

（1）列表分析法。用列表表示某种因素单独变化或两种以上因素同时变化引起内部收益率变动的幅度，即列出不同方案基本情况和因素变化情况的内部收益率、因素变化情况的内部收益率与基本情况内部收益率的差值。差值越大表明指标对此因素越敏感。

（2）绘图分析法。当财务内部收益率等于财务基准收益率或经济内部收益率等于社会折现率时，即为达到临界点，由该点为求极限变化值，若变化幅度超过这个极限极限，项目不可行；若发生这个极限变化的可能性很大，表明项目有较大风险。

2. 概率（风险）分析

（1）概念。概率（风险）分析是运用数理统计原理，分析各种不确定性因素发生随机变化时，对项目经济评价指标影响的一种定量分析方法。

（2）由于对不确定性因素发生的概率进行预测和估算难度较大，故目前只要求采用较简单的概率分析方法，仅对大、中型水利建设项目进行概率分析。

（3）概率分析的内容。包括计算项目净现值的期望值和净现值大于或等于零的累计概率并允许根据经验设定不确定性因素的概率分布。累计概率数值越大（上限为1），项目承担的风险越小。概率分析适用于国民经济评价和财务评价。

3. 盈亏平衡分析

1）概述

盈亏平衡分析主要是测算企业投产后的盈亏平衡点（*BEP*），该点表示销售收入减税金等于成本。若产品产量超过这一点，企业就有利可图；若产品产量少于这一点，则企业出现亏损。通常是根据项目正常生产年份产品产量（或销售量）、可变成本、固定成本、产品销售价格和销售税金等数据进行计算。这种分析仅适用于财务评价。

2）盈亏平衡分析的方法

首先必须将成本分为两部分：可变成本与固定成本。可变成本部分的总额随着产品数量的变动成比例地变动，产品数量增加，可变成本总额随之按比例增加，产品数量减少，可变成本总额随之按比例减少。固定成本部分成本的总额在一定产量范围内，不随产品数量的增减而变动，如折旧费、企业管理费、人员的工资等。其次，当产品销售量、销售价格确定后，即可按图解法、公式法计算盈亏平衡点。

（1）图解法。在以横坐标表示生产能力利用率，以纵坐标表示成本或税后收入的坐标系中，由年销售收入、年可变成本、年固定成本即可绘出三条关系曲线：①税后销售收入—生产能力利用率；②年总成本—生产能力利用率；③年固定成本—生产能力利用率，如图 5-2 所示。显然，前两线的交点即 *BEP*。盈亏平衡点对应的横坐标即其生产能力利用率。

（2）公式法。

$$BEP_1 = \frac{\text{年固定总成本}}{\text{年产品销售收入} - \text{年可变总成本} - \text{年销售税金}}$$

$$BEP_2 = \text{设计生产能力} \times BEP_1$$

四、水力发电工程经济评价案例

（一）工程概况

紫阳县境属长江流域汉江水系，境内群山连绵，层峦叠障，河沟密布，具有水电开发的潜在优势和良好条件。全县水力资源理论蕴藏量 29.52 万 kW，其中可开发量 14.61 万 kW，现已开发 3.444 万 kW，仅占可开发量的 22.9%，开发潜力还很大。

华兴水电站工程位于紫阳县苗河乡境内，地处汉江南岸一级支流汝河的下游。水库枢纽位于紫阳县苗河乡前河村海螺山，距紫阳县城 18 km，厂址位于苗河乡前河村祝家河坝的河道右岸。工程区旁边有紫阳—苗河简易公路经过，交通方便。

华兴水电站是汝河流域水能规划中的重要电源点之一，工程的建设对充分利用汝河水能资源，促进紫阳县的经济发展具有积极的作用。

工程由水库枢纽、引水和电站厂区建筑物组成。水库正常水位以下库容 582.9 万 m^3，死库容 356.6 万 m^3，电站装机容量 4 200 kW，$P=80\%$ 保证出力 465 kW。水电站为四等工程，水库枢纽为 4 级建筑物，电站厂房为 5 级建筑物。水库枢纽的设计洪水标准为 30 年，校核洪水标准为 200 年；电站厂房的设计洪水标准为 30 年，校核洪水标准为 50 年，并要求防洪堤顶高程达到 100 年一遇洪水位；本工程设防烈度为 6 度。

（二）工程规模和动能指标

华兴电站在水库回水不影响上游电站防洪和发电的前提下，充分利用河段的水力资源，通过回水和经济比较计算，确定水库正常蓄水位为 371.3 m，水库死水位为 364 m。水库正常挡水位以下库容为 582.9 万 m^3，死库容为 356.6 万 m^3。

（三）经济评价

1. 电站概况

华兴水电站位于陕西省紫阳县境内，该电站安装 3 台水轮发电机组，总装机容量为 4 200 kW，电站多年平均年发电量 1 492 万 kWh，装机年利用小时为 3 552 h，为Ⅳ等小（1）型工程。计划工期为 2 年。华兴水电站工程静态总投资 3 878.36 万元，总投资为 3 878.36万元，单位千瓦投资 9 234.20 元。

2. 评价依据

（1）水利部水科教《水利建设项目经济评价规范》（SL72—2013），简称《规范》。

(2)国家计委、建设部颁发的《建设项目经济评价方法与参数》(第3版),简称《方法与参数》。

(3)水规字第1号关于颁发《水电建设项目经济评价实施细则》(试行)的通知,简称《细则》。

(4)水电部水规〔1994〕0026号“关于颁发《水电建设项目财务评价暂行规定》的通知”。

(5)水利部水电〔2010〕43号“关于发布《小水电建设项目经济评价规程》(SL 16—2010)修订版的通知”。

3. 评价参数

(1)社会折现率8%。

(2)基准收益率7%。

(3)经济计算期。经济计算期为22年,其中建设期1.5年,生产期20年。

(4)折现基准点定在建设期第1年年初,即2008年年初,各项费用和效益均按年末发生和结算。

4. 工程投资及资金来源

本电站工程总投资3 878.36万元,资金完全由地方自筹。工程投资概算表见表10-8,分年度投资表见表10-9。

表10-8 工程投资概算表 (单位:万元)

序号	费用名称	建安工程费(一)	设备费(二)	其他费用(三)	预备费(四)	水库中淹漫处理补偿费(五)	合计
1	基本费用(一~五合计)	2 413.32	786.77	439.21	181.97	57.09	3 878.36
2	建设期利息	0	0	0	0	0	0
3	总投资	2 413.32	786.77	439.21	181.97	57.09	3 878.36

表10-9 工程分年度投资表 (单位:万元)

年份	2008	2009	合计
工程总投资	1 962.45	1 605.64	3 568.09

5. 国民经济评价

1)费用计算

(1)固定资产投资。根据《规范》规定,固定资产投资调整需按影子价格调整,扣除其估算中计划利润、税金等。调整后固定资产投资3 568.09万元(固定资产形成率0.92)。无形资产、递延资产为310.27万元,按五年摊销,年摊销费62.05万元。

调整后固定资产分年度投资:2008年1 962.45万元,2009年1 605.64万元。

(2)流动资金。项目所需流动资金在本分析计算中不予考虑。

(3)年运行费。包括工程正常运行时管理人员的工资及福利费、材料费、维修费和其他费用等,具体计算详见表10-10。

表10-10 工程年运行费计算表 (单位:万元)

序号	费用名称	计算依据	金额
1	工资及福利费	1.0万元/人×10人×1.14	11.4
2	工会及教育经费	工资总额的3.5%	0.40
3	管理费用	销售收入的0.5%	2.48
4	水资源费用	按每度电0.002元计	0.3
5	维护修理费	按固定资产投资比例的1%计算	32.00
6	其他费用	依据《规程》按每千瓦装机容量18元计	7.56
	合计		54.14

2)效益计算

(1)发电效益。采用电量影子价格计算,本工程总装机容量4 200 kW,多年平均发电量1 492万kWh,取厂用电率为0.5%,则年销售电量为1 417.7万kWh。

依据《规程》3.3.1的规定,本工程满足财务评价指标的销售电价为0.35元/kWh,则年销售收入为496.2万元。

(2)间接效益。工程建成后对山区经济发展会有很大帮助,促进当地经济发展。

3)国民经济盈利能力分析

按《规范》规定,根据本项目"国民经济效益费用流量表"计算的国民经济评价指标如下(见表10-13):

经济内部收益率:10%>8%;

经济净现值:526.44万元>0;

投资回收年限:10.74年,不含建设期8.74年;

经济效益费用比:1.144>1。

4)敏感性分析

为进一步论证项目所具有承担风险的能力及其经济评价的可行性,按照《规范》要求,择其不利因素进行敏感性分析。结果见表10-11。

表10-11 敏感性分析成果表

序号	项目名称	基本方案	敏感性分析		
			固定资产增加10%	效益减少10%	固定资产增加10% 效益减少10%
1	经济净现值(万元)	526.44	207.76	108.86	-210.05
2	经济内部收益率(%)	10.0	8.72	8.31	7.28
3	经济效益费用比	1.14	1.05	1.03	0.947

5)国民经济评价结论

由分析结果可知,销售电价的变化对内部收益率的影响较为敏感。

综合上述国民经济盈利能力及敏感性分析结果,本项目具有较强的抗风险能力。

6.财务评价

1)固定资产投资

直接采用静态总投资与价差预备费之和 3 878.36 万元,资金完全自筹,不计建设期贷款利息。

2)成本费用

本工程项目总成本费用包括材料、动力及燃料费、工资及福利费、折旧费、维护费及其他费用等。折旧费为固定资产除以正常运行年限。

项目净残值率取 5%,固定资产折旧年限为 22 年,则项目年基本折旧费为 163.54 万元。经以上分析计算可知,正常运行期的年总成本为 204.33 万元,单位电能发电成本为 0.154 元/kWh。

3)效益计算

(1)发电效益。包括上网电量售电效益及部分容量效益。

售电收入 = 有效电量 ×(1 - 厂损率)×(1 - 线损率)× 计算电价

全部机组投产运行后的有效电量为 1 417.40 万 kWh,运行期内上网电价为 0.35 元/kWh,则年销售收入为 496.09 万元。

(2)税金。销售税金及附加包括增值税、城市建设维护税和教育费附加。根据有关规定,城市建设维护税和教育费附加,以增值税税额为基础征收,按规定税率分别为 5% 和 3%。电力产品增值税以销售收入 6% 计算。合计缴纳税金:29.77 + 1.49 + 0.89 = 32.15(万元)。所得税依据《规范》按年利润的 33% 计。

(3)利润。利润总额 = 销售收入 - 总成本费用 - 销售税金及附加。按规定,应从利润总额中提 10% 的盈余公积金用于企业再发展。

4)利润总额及分配

依据《规范》第 3.4.2 条、第 3.4.3 条进行利润总额及分配计算(详见表 10-15)。

年利润总额 = 财务收入 - 总成本费用 - 销售税金及附加

按国家规定,企业利润应依法征收所得税,税率为 33%。

根据国家西部大开发税收优惠政策,对地处西部新办的电力、水利企业,自生产经营之日起,企业所得税前两年免征收,第三年减半征收。

税后利润 = 年利润总额 - 所得税

依据《规范》及现行财务制度,税后利润扣除 10% 的公积金为未分配利润。

5)财务盈利能力分析

(1)根据《规范》规定,计算项目主要财务评价指标(见表 10-14):

财务内部收益率:7.13% > 行业基准收益率 7%(见表 10-16);

财务净现值:33.69 万元 > 0(见表 10-16);

投资回收年限:11.9 年,不含建设期 9.9 年(见表 10-16);

经济效益费用比:1.01 > 1(见表 10-16)。

(2)根据损益表求出以下辅助评价指标：

投资利润率 = 年利润总额/总投资 ×100% = 6.69%(税前利润总额/总投资)

投资利税率 = 年利税总额/总投资 ×100% = 5.55%[(税前利润总额 + 税费)/总投资]

单位千瓦投资为 9 234.20 元(单位千瓦静态投资为 9 234.20 元)，单位电能投资为 2.60 元(单位电能静态投资为 2.60 元)。

本项目财务评价可行。

6)财务敏感性分析

为进一步论证项目所具有承担风险的能力及其经济评价的可行性，按照《规范》要求：择其不利因素进行敏感性分析，其结果见表 10-12。

表 10-12　敏感性分析成果表

序号	项目名称	基本方案	敏感性分析	
			固定资产增加 10%	效益减少 10%
1	财务净现值(万元)	33.69	-289.96	-425.35
2	财务内部收益率(%)	7.13	5.83	5.13
3	经济效益费用比	1.01	0.94	0.91
4	投资回收年限	9.9	10.99	11.66

由表 10-12 可以看出，固定资产投资的变化对内部收益率的影响较为敏感，销售电价对贷款偿还期的影响较为敏感，控制好投资稳定销售电价是提高工程效益的关键。

7)评价结论

(1)华兴电站装机容量 4 200 万 kW，多年平均发电量 1 417.74 万 kWh，工程静态总投资 3 878.36 万元，单位千瓦投资 9 234.20 元，单位电能动态投资 2.60 元/kWh。

(2)本项目的财务评价指标和国民经济评价指标满足《规范》要求，并具有一定的抗风险能力，该项目在国民经济和财务上可行。

(3)本项目投产后，每年可向电网提供 1 417.74 万 kWh 的电量，对增加地方政府税收、缓解县电网的供求矛盾、改善地方电网的供电质量、促进地区经济的快速发展具有积极作用。

(4)本项目所处河段水力资源丰富，交通便利，施工条件好，上网距离短，对环境的不利影响甚微，适宜近期开发。

综上所述，本水电站工程是一个技术、经济指标比较优越的电源点，建议尽快立项，尽早发挥其社会和经济效益。

附经济效益费用流量表、总成本费用计算表、损益表、财务现金流量表，见表 10-13 ~ 10-16。

表 10-13 国民经济效益费用流量表

（单位：万元）

序号	项目	建设期		正常运行期										
		1	2	3	4	5	6	7	8	9	10	…	22	合计
1	效益流量 B			496.09	496.09	496.09	496.09	496.09	496.09	496.09	496.09	…	496.09	9 921.8
1.1	发电效益			496.09	496.09	496.09	496.09	496.09	496.09	496.09	496.09	…	496.09	
2	费用流量 C	1 962.45	1 605.64	54.14	54.14	54.14	54.14	54.14	54.14	54.14	54.14	…	54.14	1 082.8
2.1	固定资产投资	1 962.45	1 605.64									…		
2.2	年运行费			54.14	54.14	54.14	54.14	54.14	54.14	54.14	54.14	…	54.14	
3	净效益流量 $(B-C)$	-1 962.45	-1 605.64	441.95	441.95	441.95	441.95	441.95	441.95	441.95	441.95	…	441.95	8 839
4	累计净效益流量	-1 962.45	-3 568.09	-3 126.14	-2 684.19	-2 242.24	-1 800.29	-1 358.34	-916.39	-474.44	-32.49	…	5 271	
①	$i=8\%$											…		
	折现系数	0.926	0.857	0.794	0.735	0.681	0.630	0.583	0.540	0.500	0.463	…	0.184	
	B_s	0	0	393.81	364.64	337.63	312.62	289.46	268.02	248.17	229.79	…	91.25	4 175.83
	C_s	1 817.08	1 376.58	42.98	39.79	36.85	34.12	31.59	29.25	27.08	25.08	…	9.96	3 649.38
	B_s-C_s	-1 817.1	-1 376.6	350.8	324.8	300.8	278.5	257.9	238.8	221.1	204.7	…	81.3	526.44
②	$i=10\%$											…		
	折现系数	0.909	0.826	0.751	0.683	0.621	0.564	0.513	0.467	0.424	0.386	…	0.123	
	$B-C$	-1 784.05	-1 326.98	332.04	301.86	274.42	249.47	226.79	206.17	187.43	170.39	…	54.29	1.46
	评价指标	经济内部收益率:10% 经济效益费用比:1.144 经济净现值:526.44 万元												

表 10-14 总成本费用计算表

序号	项目	正常运行期														
		3	4	5	6	7	8	9	10	11	12	13	14	15	16 ~ 22	合计
	电站售电量(万 kWh)	1 417.4	1 417.4	1 417.4	1 417.4	1 417.4	1 417.4	1 417.4	1 417.4	1 417.4	1 417.4	1 417.4	1 417.4	1 417.4	9 921.8	28 348.0
1	经营成本(万元)	54.14	54.14	54.14	54.14	54.14	54.14	54.14	54.14	54.14	54.14	54.14	54.14	54.14	378.98	1 082.8
1.1	工资福利费(万元)	11.40	11.40	11.40	11.40	11.40	11.40	11.40	11.40	11.40	11.40	11.40	11.40	11.40	79.8	228.0
1.2	工会及教育经费(万元)	0.40	0.40	0.40	0.40	0.40	0.40	0.40	0.40	0.40	0.40	0.40	0.40	0.40	2.8	8.0
1.3	维护修理费(万元)	32.00	32.00	32.00	32.00	32.00	32.00	32.00	32.00	32.00	32.00	32.00	32.00	32.00	224	640.0
1.4	水资源费(万元)	0.30	0.30	0.30	0.30	0.30	0.30	0.30	0.30	0.30	0.30	0.30	0.30	0.30	2.1	6.0
1.5	其他费用(万元)	10.04	10.04	10.04	10.04	10.04	10.04	10.04	10.04	10.04	10.04	10.04	10.04	10.04	70.28	200.8
2	折旧费(万元)	163.54	163.54	163.54	163.54	163.54	163.54	163.54	163.54	163.54	163.54	163.54	163.54	163.54	1 144.78	3 270.8
3	摊销费(万元)	62.05	62.05	62.05	62.05	62.05										310.3
4	利息支出(万元)	0	0	0	0	0	0	0	0	0	0	0	0	0	0	0.0
5	总成本费用(万元)	279.73	279.73	279.73	279.73	279.73	217.68	217.68	217.68	217.68	217.68	217.68	217.68	217.68	1 147.58	4 287.7
	单位售电成本(万元)	0.197	0.197	0.197	0.197	0.197	0.154	0.154	0.154	0.154	0.154	0.154	0.154	0.154		
	单位经营成本(万元)	0.187	0.187	0.187	0.187	0.187	0.146	0.146	0.146	0.146	0.146	0.146	0.146	0.146		

表 10-15 损益表

（单位:万元）

序号	项目	正常运行期														
		3	4	5	6	7	8	9	10	11	12	13	14	15	16 ~ 22	合计
1	财务收入	496.09	496.09	496.09	496.09	496.09	496.09	496.09	496.09	496.09	496.09	496.09	496.09	496.09	3 472.63	9 921.80
2	销售税金及附加	32.15	32.15	32.15	32.15	32.15	32.15	32.15	32.15	32.15	32.15	32.15	32.15	32.15	225.05	643.00
3	总成本费用	279.73	279.73	279.73	279.73	279.73	217.68	217.68	217.68	217.68	217.68	217.68	217.68	217.68	1 147.58	4 287.67
4	利润总额	184.21	184.21	184.21	184.21	184.21	246.26	246.26	246.26	246.26	246.26	246.26	246.26	246.26	2 100	4 991.13
5	应纳税所得额	184.21	184.21	184.21	184.21	184.21	246.26	246.26	246.26	246.26	246.26	246.26	246.26	246.26	2 100	4 991.13
6	所得税			30.39	30.39	30.39	81.27	81.27	81.27	81.27	81.27	81.27	81.27	81.27	568.86	1 310.19
7	税后利润	184.21	184.21	153.82	153.82	153.82	164.99	164.99	164.99	164.99	164.99	164.99	164.99	164.99	1 531.14	3 680.96
8	可供分配利润	184.21	184.21	153.82	153.82	153.82	164.99	164.99	164.99	164.99	164.99	164.99	164.99	164.99	1 531.14	3 680.96
8.1	盈余公积金	18.42	18.42	15.38	15.38	15.38	16.50	16.50	16.50	16.50	16.50	16.50	16.50	16.50	153.11	368.10
8.2	未分配利润	165.79	165.79	138.43	138.43	138.43	148.49	148.49	148.49	148.49	148.49	148.49	148.49	148.49	1 378.03	3 312.86

表 10-16 财务现金流量表

（单位：万元）

序号	项目	建设期		正常运行期												合计
		1	2	3	4	5	6	7	8	9	10	11	12	13	…	22	
1	现金流入量 *CI*			496.09	496.09	496.09	496.09	496.09	496.09	496.09	496.09	496.09	496.09	496.09	…	496.09	
1.1	销售收入			496.09	496.09	496.09	496.09	496.09	496.09	496.09	496.09	496.09	496.09	496.09	…	496.09	
1.2	回收固定资产余值														…		
2	现金流出量 *CO*	1 962.45	1 605.64	86.29	86.29	116.685	116.685	116.685	167.556	167.556	167.556	167.556	167.556	167.556	…	167.556	
2.1	固定资产投资	1 962.45	1 605.64												…		
2.2	年运行费			54.14	54.14	54.14	54.14	54.14	54.14	54.14	54.14	54.14	54.14	54.14	…	54.14	
2.3	销售税金附加			32.15	32.15	32.15	32.15	32.15	32.15	32.15	32.15	32.15	32.15	32.15	…	32.15	
2.4	所得税					30.39	30.39	30.39	81.27	81.27	81.27	81.27	81.27	81.27	…	81.27	
3	现金流量(*CI*－*CO*)	－1 962.5	－1 605.6	409.8	409.8	379.405	379.405	379.405	328.534	328.534	328.534	328.534	328.534	328.534	…	328.534	
4	累计净现金流量	－1 962.5	－3 568.1	－3 158.3	－2 748.5	－2 369.1	－1 989.7	－1 610.3	－1 281.7	－953.21	－624.67	－296.14	32.397 1	360.931	…		
①	折现系数 $i=7\%$	0.935	0.873	0.816	0.763	0.713	0.666	0.623	0.582	0.544	0.508	0.475	0.444	0.415	…	0.226	
	CI	0.00	0.00	404.96	378.46	353.71	330.57	308.94	288.73	269.84	252.19	235.69	220.27	205.86	…	111.97	4 590.43
	CO	1 834.07	1 402.43	70.44	65.83	83.19	77.75	72.67	97.52	91.14	85.18	79.60	74.40	69.53	…	37.82	4 556.74
	CI－*CO*	－1 834.1	－1 402.4	334.52	312.63	270.51	252.81	236.27	191.21	178.70	167.01	156.08	145.87	136.33	…	74.15	33.69
②	折现系数 $i=7.13\%$	0.933	0.871	0.813	0.759	0.709	0.662	0.617	0.576	0.538	0.502	0.469	0.438	0.408	…	0.220	
	CI－*CO*	－1 831.8	－1 399	333.303	311.12	268.87	250.98	234.27	189.36	176.76	164.99	154.01	143.76	134.19	…	72.20	0
	评价结果	财务内部收益率 7.13%； 财务净现值 33.69 万元； 投资回收年限 11.9 年，不含建设期 9.9 年； 经济效益费用比为 1.01															

项目十一　水土保持工程经济评价

任务一　概　述

一、水土保持工程经济评价的目的及意义

（一）水土保持工程经济评价的目的

水土保持工程是防治水土流失，保护、改良和合理利用水土资源，维护和提高土地生产力，改变山区、丘陵区、风沙面貌，治理江河、减少水旱、风沙灾害，发展农林牧业生产的一项根本措施，故又称水土保持措施，简称水土保持。水土保持是一项适应和改造自然、保护国土资源的战略性措施，也是合理利用水土资源的必要途径和国有土地整治的一个重要内容。因此，认真搞好水土保持工程项目经济评价就显得非常必要。进行水土保持工程经济评价的主要目的有：

（1）论证拟建工程项目的经济合理性及财务可行性。通过对建设项目经济评价，以论证拟建水土保持工程项目在经济上的合理性及财务上的可行性，为建设项目投资决策提供重要依据。

（2）论证项目方案经济可行性，比较并优选工程方案。通过对拟建水土保持工程方案的经济分析，计算工程方案的经济指标，以论证项目方案的经济可行性，并结合分析比较各种不能用货币表示的其他因素（社会影响、环境生态等），对若干方案进行经济比较，从而优选出最佳方案，以确保投资决策的经济性、正确性和科学性。

（3）验证已建工程投资效果，评析已建项目存在的问题，总结经验教训。对于已建项目经济评价是建设项目后评价的重要内容。通过对已建水土保持工程项目进行经济分析，验证已建工程的投资效果，评析已建项目在经济上的合理性及其存在的问题，以便进一步研究发挥已建项目经济效益的途径，并为拟建项目总结经验教训。

（二）水土保持工程经济评价的意义

水土保持工作不仅是人类对自然界水土流失原因和规律认识的概括和总结，也是人类改造自然和利用自然能力的体现和发挥，它是通过科学系统的规划，采取合理有效的措施，维护自然环境、利用水土资源、减免生态灾难、促进经济可持续发展方面具有十分重要作用。因此，必须做好水土保持工程评价工作，其意义在于：通过水土保持工程经济评价可以对工程建设方案的选定进行决策判断，从而提高工程投资的效益、措施方案的经济性和项目决策的科学性。

二、水土保持工程的种类

水土保持是指对自然因素和人为活动造成水土流失所采取的预防和治理措施。水土保持措施主要有以下三方面。

(一)工程措施

水土保持的工程措施是指为防治水土流失、保护和合理利用水土资源而修筑的各项工程设施,包括治坡工程(各类梯田、台地、水平沟、鱼鳞坑等)、治沟工程(如淤地坝、拦沙坝、谷坊、沟头防护等)和小型水利工程(如水池、水窖、排水系统和灌溉系统等)。

(二)生物措施

水土保持的生物措施是指为防治水土流失、保护与合理利用水土资源,采取造林种草及管护的办法,增加植被覆盖率,维护和提高土地生产力的一种水土保持措施。主要包括造林、种草和封山育林、育草。

(三)耕作措施

水土保持的耕作措施也称蓄水保土耕作措施,是以改变坡面微小地形,增加植被覆盖或增强土壤有机质抗蚀力等方法,保土蓄水,改良土壤,提高墒情,以提高农业生产的技术措施。如等高耕作、等高带状间作、沟垄耕作、少耕、免耕等。

实施水土保持措施,要以小流域为单元,根据自然规律、土地布局和地形地貌等特点,在全面规划的基础上,因地制宜、因害设防,合理安排工程、生物、蓄水保土三大水土保持措施,实施山、水、林、田、路综合治理,最大限度地控制水土流失,从而达到保护和合理利用水土资源,实现经济社会的可持续发展。

三、水土保持工程效益特点

水土保持工程效益是指一个地区或流域,实施水土保持措施后所取得的综合效益。与其他水利工程效益既有相同之处,也有不同之处;它既可直接创造财富,也可间接创造财富;它既可创造经济性的物质利益,也可带来社会性的精神效益。

水土保持要在全面规划的基础上,合理确定农、林、牧、副、渔各业的用地比例,正确设计各项水土保持工程方案及其实施顺序,使得各项水土保持措施有机地结合起来,达到高效利用水土资源、科学保护生态环境,最大限度地发挥水土保持的各方面效益,真正起到控制水土流失、保护自然环境、发展市场经济、促进社会稳定的作用。

由于水土保持工程的社会公益性,其效益主要体现在治理区农林牧渔业的增产增收、环境保护与生态改善及经济生产的减灾与生命财产的安全等方面,这大都表现为国民经济效益,治理工程管理部门几乎没有财务收入,因此水土保持工程基本上只进行国民经济评价,不做财务评价,且在做经济评价时,对水土保持工程效益的分析计算,因其生态效益和社会效益等的效益值难以用货币计量,只能定性描述,实践中暂不计算。因此,水土保持工程效益分析主要计算其经济效益和可货币计量的蓄水保土效益(以下将两部分合称为水土保持工程经济效益)。

任务二　水土保持工程费用与效益分析

一、水土保持工程费用分析

水土保持工程费用,是指水土保持工程规划建设、运行管理的整个工程实施过程中所投入的全部费用,由水土保持工程投资和水土保持工程年运行费两部分组成。

(一)水土保持工程投资

水土保持工程投资是指水土保持工程达到设计效益时所需要的全部建设费用(包括规划、设计、科研等必要的前期费用),是水土保持工程费用组成的重要部分。水土保持工程投资额的估(测)算可采用以下两种方法。

1. 调查估算法

一般通过对已治理好的、情况相同或相近的多种典型的水土保持区投资情况调查,根据典型调查区的历年投资额和总投资额,估(测)算拟治理区域的水土保持工程投资额。

2. 分项估算法(分措施测算法)

年投资计算公式为:

$$K = K_1 + K_2 + K_3 + K_4 \tag{11-1}$$

式中　K——年投资,万元;

K_1——耕作措施投资,万元;

K_2——林草措施投资,万元;

K_3——工程措施投资,万元;

K_4——其他投资,万元。

耕作措施、林草措施的投资,可用采取某种措施的总面积(亩)乘以单位面积平均造价来计算。工程措施中的小工程,如水池、水窖(井窖、窑窖)、零星梯田台地、截水沟、水平沟、小谷坊、鱼鳞坑、排水系统等,可用工程总数乘以单位工程造价;较大工程,如淤地坝、拦沙坝、崩岗治理工程应分别计算。其他投资包括移民费、淹没赔偿费等。

由国家、集体、个人共同出资完成的水土保持工程,应将其全部投资划分为国家投资和集体、个人投资两部分,以便计算不同投资的效益。

(二)水土保持工程年运行费

水土保持工程年运行费又称水土保持工程年经营成本,其内容主要包括以下三方面。

1. 生产费

水土保持工程的生产费是指每年生产性投入的费用,如种植费、养殖费、捕捞费等。

2. 维修费

水土保持工程的维修费是指日常维修、养护、岁修及大修等活动所耗费的支出。其中维修养护包括工程的检查、修补,林草的补植、修剪等。

3. 管理费

水土保持工程的管理费是指在水土保持工程运行管理过程中所投入的管理人员工资、行政开支及每年的防汛器材费、观测设备费、科学试验费等。

二、水土保持工程效益分析

(一)水土保持工程效益的含义及内容

水土保持工程效益是指实施水土保持措施后所取得的全部效益,主要包括蓄水保土效益、经济效益、生态效益和社会效益。

(1)蓄水保土效益。指采取治理措施后保持水土的效益,即用治理前后实测侵蚀量、径流量、输沙量的吨值表示。

(2)经济效益。指由于水土保持工程和其他农业技术措施相配合,减少水、肥、土的流失,从而增加的农林牧副各业产量和经济收入,可用货币价值量化。

(3)生态效益。指进行水土保持治理后生态环境的改善状况,如防风治沙、提高地表植被度、增加降雨量、净化空气、美化环境、保护或改善生态等。

(4)社会效益。指进行水土保持治理后,对社会带来的物质利益,如保护公路、铁路的交通安全,延长水库寿命和减少渠系维修,有利于灌溉,减少泥沙对下游河道、水库和其他水利工程的危害,减轻山洪、泥石流等灾害,保障下游工农业生产和人民生命财产的安全等。

水土保持是一项面广量大、复杂的系统工程,要全面测试分析评估其效益,确实不易。工程实践中,水保工程经济效益也间接包含了蓄水保土效益的可货币计量部分,因此水土保持工程经济效益计算中应计入蓄水保土效益可货币计量的部分。对于生态效益,防风林育成后,其效益可用有无防风林农田作物的增产值计算;防沙效益可用减少沙漠化的面积乘以每亩牧地或农田的产值来计算;增加地表植被可用增加的植被率(增加的植被面积与治理流域内土地总面积之比)来叙述。对于社会效益,减轻泥沙对河道、水库和其他水利工程危害的效益,可根据典型调查或试验资料估算。其中,减少河道淤积量,可用清淤工程费、减少堤防工程量的费用估算;延长水库使用年限,可按延长使用年限而获得的净效益计算。减轻山洪、泥石流等灾害的效益,可参照防洪效益计算方法估算。

由于水土保持工程的社会公益性,其效益主要体现在治理区农林牧渔业的增产增收、环境保护与生态改善及经济生产的减灾与生命财产的安全等方面,这大都表现为国民经济效益,治理工程管理部门几乎没有财务收入,因此水土保持工程大都只进行国民经济评价,不做财务评价,且在做经济评价时,对水土保持工程效益的分析计算,因其生态效益和社会效益等难以计量,无法用货币表示,暂不计算,故主要分析计算其经济效益和可货币计量的蓄水保土效益(以下将两部分统称为水土保持工程经济效益)。

(二)水土保持工程经济效益计算

水土保持工程经济效益计算的基本方法是:有水土保持工程与无水土保持工程对比,其差额(或增加的效益或减少的损失)即为水土保持工程的经济效益。其计算公式为

$$B = B_1 + B_2 + B_3 \tag{11-2}$$

式中　B_1——耕作措施经济效益(主要包括该措施实施后农作物增加的效益),元;

B_2——林草措施经济效益(主要包括林、牧业效益),元;

B_3——工程措施经济效益(主要包括梯田、坝地、引洪淤灌等土地的种植效益和蓄水灌溉、水生动物养殖、城镇供水及人畜饮水等各项效益),元。

$$B_1 = \sum_{j=1}^{n} S_j(q_j - q_{jo})p_j \tag{11-3}$$

式中 S_j——j类产品实施耕作措施的面积,万亩;

q_{jo}——j类产品实施耕作措施前单位面积产量,kg/亩;

q_j——j类产品实施耕作措施后单位面积产量,kg/亩;

p_j——j类产品单价,元/kg。

$$B_2 = m_1 + m_2 \tag{11-4}$$

式中 m_1——林木效益,万元;

m_2——牧业效益,万元。

$$m_1 = S_1 q_1 p_1 \tag{11-5}$$

式中 S_1——乔木或灌木面积,万亩;

q_1——乔木或灌木面积的单产, m^3/亩;

p_1——产品单价,元/ m^3。

在m_2的计算中,可按有无植物水保措施的牧业增加值,采用水保工程应分摊的比例进行计算。

在工程措施效益B_3计算中,梯田、引洪淤灌地效益,可用坡地与梯田、淤灌地与非淤灌地,在自然条件和农业技术措施基本相同的条件下,对此确定的增产量乘以产品单价即增产值来计算,坝地种植效益可用总产值计;水保工程所带来的灌溉用水、城镇工业用水的效益计算,可按用水总量乘以水费单价来计算总效益,或按灌溉工程效益及城镇供水效益的计算方法进行计算,参见《水利建设项目经济评价规范》(SL 72—2013);养殖效益可用水产品总量乘以单价计算总效益。

水土保持工程经济效益一般应进行定量计算,不能直接计算时亦可用等效替代法计算,其值以货币价值指标表示。

任务三 水土保持工程经济评价方法

一、水土保持工程国民经济评价方法

(一)国民经济评价的含义

国民经济评价是从全社会国民经济的发展出发,采用影子价格分析计算水土保持工程项目的费用和效益,推算得相应的评价指标,以此判定水土保持工程项目的经济合理性。因它是从国民经济整体角度对工程建设项目经济合理性所做的分析计算和比较工作,又称为宏观经济效果分析。

它是以资源合理配置和国民经济最高增长为目标,用影子价格、社会折现率等经济参数分析、计算水土保持工程项目对国民经济的净贡献,考察判别水保项目经济合理性的重要手段,是水土保持工程经济评价项目经济评价的核心内容和决策的主要依据。

(二)国民经济评价的相关规定

水土保持工程国民经济评价中的费用和效益应尽可能用货币表示,不能用货币计量的，应用其他定量指标表示，确实难以定量的，可定性描述。

水土保持工程国民经济评价可采用经济费用效益分析方法或费用效果分析方法。当工程项目的费用和效益可以用货币表示时，可采用费用效益分析方法进行国民经济评价；当工程项目费用可以货币量化，而效果难以或不能货币量化的，可采用费用效果分析方法进行国民经济评价，以帮助投资决策者做出正确选择。水土保持工程的费用包括工程投资、年运行费等；其效益是采取水土保持措施后所取得的综合效益。水保工程的费用和效益均有直接和间接之分，分析计算其费用与效益时应遵循口径一致的原则，避免重复和防止遗漏。属于国民经济内部转移的税金、国内借款利息以及各种补贴等，均不应计入项目的费用或效益。

国民经济评价参数主要有社会折现率和影子价格、影子汇率等。社会折现率作为计算建设项目经济净现值等指标时的折现率及衡量经济内部收益率的基准值，是项目国民经济的重要参数，表示从国家角度对资金机会成本和资金时间价值的估量。目前，国家规定全国各行业、各地区都统一采用8%的社会折现率。水土保持工程属于社会公益性项目，考虑到水保工程的有些效益（如社会效益、生态效益等）很难用货币表示，就使得这些工程运行后可用货币表示的效益比它实际发挥的效益要小得多，因此对水土保持工程项目，可同时采用6%的社会折现率进行国民经济评价，以供项目投资者决策参考。

国民经济评价中投入物和产出物原则上都使用影子价格。在不影响评价结论的前提下，也可只对其价值在费用或效益中所占比重较大的部分采用影子价格，其余的可采用财务价格或市场价格。在应用影子价格时，应注意国家有关部门公布的最新数据。

（三）国民经济评价指标及其评判准则

水土保持工程国民经济评价的效益费用分析，应按水利建设项目国民经济评价要求编制效益费用流量表（见表11-1），反映项目计算期内各年的费用、效益和净效益等的现金流量，并据以计算经济内部收益率、经济净现值、经济效益费用比及经济净现值率等主要评价指标。下面分别简述其评价方法及准则。

1. 经济内部收益率（*EIRR*）

经济内部收益率 *EIRR* 是用以反映水土保持工程对国民经济贡献的相对指标。它是指使项目在计算期内经济净现值累计值等于零时的折现率，其表达式为

$$\sum_{t=1}^{n}(B-C)_t(1+EIRR)^{-t}=0 \tag{11-6}$$

式中　*EIRR*——经济内部收益率（%）；

B——年效益，为水土保持工程某一年的产出效益，万元；

C——年费用，为水土保持工程某一年的投入费用，包括投资和年运行费，万元；

$(B-C)_t$——第 t 年水土保持工程的净效益，万元；

t——计算期各年的序号，基准点的序号为0；

n——计算期，包括建设期（含投产期）和达到设计能力的正常生产期（简称生产期），年。

表 11-1 国民经济效益费用流量表

序号	项目	计算期(年份)										备注
		建设期			运行初期		正常运行期				合计	
1	效益流量 B											
1.1	项目各项功能的效益											
1.1.1	×××											固定资产余值(固定资产原值 - 折旧费总和)和流动资金均应于每年末回收
1.1.2	×××											
1.1.3	×××											
1.2	回收固定资产余值											
1.3	回收流动资金											
1.4	项目间接效益											
1.5	项目负效益											
2	费用流量 C											
2.1	固定资产投资											年运行费 u 在运行初期按 $\frac{1}{3}u$,$\frac{2}{3}u$,u 递增,正常运行期均为 u
2.2	流动资金											
2.3	年运行费											
2.4	更新改造费											
2.5	项目间接费用											
3	净效益流量 $(B-C)$											
4	累计净效益流量											

评价指标:经济内部收益率 $EIRR$ =

经济净现值 $ENPV(i_s=8\%)$ = $ENPV(i_s=6\%)$ =

经济效益费用比 $EBCR(i_s=8\%)$ = $EBCR(i_s=6\%)$ =

注:项目各项功能的效益应根据该项目的实际功能计列,项目负效益用负值表示。

经济内部收益率 $EIRR$ 可根据国民经济效益费用流量表中的净效益流量累计值,由式(11-6)试算求得,试算可按下面过程进行。

假设一个折现率 i,计算出计算期内的净效益现值累计值 NPV,$NPV=\sum_{t=1}^{n}(B-C)_t(1+i)^{-t}$。若 $NPV=0$,说明假设的 i 为满足式(11-6)的折现率,此时的 i 即为所求的经济内部收益率 $EIRR$。若 $NPV\neq0$,需重新假设 i。若 $NPV>0$,说明假设的 i 偏小,应增大 i 值;若 $NPV<0$,说明假设的 i 偏大,应减小 i 值。再重新计算 NPV,直至 $NPV=0$ 为止。此

时的 i 值即为所求的经济内部收益率 $EIRR$。

当经两次试算得到相应的两个不等的净效益现值累计值，且折现率相差很小（一般要求两个折现率差值小于或等于 1%）时，可用直线内插法近似求出经济内部收益率 $EIRR$。其计算式为

$$EIRR = i_1 - \frac{NPV_1}{NPV_2 - NPV_1}(i_2 - i_1) \tag{11-7}$$

式中 i_1——折现率 i 的第 1 个假设值（%）；

i_2——折现率 i 的第 2 个假设值（%）；

NPV_1——第 1 个折现率假设值 i_1 对应的净效益现值，万元；

NPV_2——第 2 个折现率假设值 i_2 对应的净效益现值，万元；

其他符号意义同前。

值得注意的是，利用式（11-7）计算 $EIRR$，假设折现率 i_1、i_2 时，$NPV>0$ 和 $NPV<0$ 的情况都可能出现，那么在代入 NPV_1、NPV_2 值时，若某个折现率对应的净效益现值累计值为负值，就应连同负号一同代入。

也可用作图法求得经济内部收益率 $EIRR$。首先拟定若干不同的折现率 i，分别计算相应的净效益现值累计值 NPV，然后作出折现率 i 与净效益现值累计值 NPV 的关系图，从该图中查得 $NPV=0$ 时的折现率 i^* 值即为所求的经济内部收益率 $EIRR$。

在一般情况下，当经济内部收益率 $EIRR$ 大于或等于目前国家规定的社会折现率 i_s 时，工程项目方案在经济上是合理可行的。

2. 经济净现值（$ENPV$）

经济净现值 $ENPV$ 是反映水土保持工程对国民经济所做贡献的绝对指标。它是用社会折现率 i_s 将项目计算期内各年的净效益（$B-C$）折算到建设期起点（即开工的第一年年初）的现值之和，其表达式为

$$ENPV = \sum_{t=1}^{n}(B-C)_t(1+i_s)^{-t} \tag{11-8}$$

式中 $ENPV$——经济净现值，万元；

i_s——社会折现率（%）；

其他符号意义同前。

当经济净现值大于或等于零时，建设项目在经济上是可行的；反之，则不可行。由式（11-8）可知，经济净现值 $ENPV$ 为项目在计算期内全部效益现值减去全部费用现值之差。当 $ENPV=0$ 时，表示建设项目所投入的费用（包括投资和运行费）产出的效益恰好满足社会折现率的要求；当 $ENPV>0$ 时，表示有关部门为拟建项目付出的费用除得到符合社会折现率的要求外，还可以得到以经济净现值 $ENPV$ 表达的超额社会盈余。在一般情况下，希望在某一投资规模时，可以获得最大的经济净现值，即 $ENPV$ 最大。当 $ENPV<0$，表示拟建项目达不到规定的社会折现率 i_s 的要求，显然在经济上是不可行的。

当甲、乙两方案比较时，若两方案经济净现值 $NPV_{甲}>NPV_{乙}\geqslant 0$，则可判断：①甲、乙两方案在经济上都是可行的（因为两方案的经济净现值均大于零）；②若对甲、乙两方案进行优选，则选择甲方案经济上更为有利（因为甲方案的经济净现值大于乙方案的经济

净现值)。

3. 经济效益费用比($EBCR$)

经济效益费用比 $EBCR$ 是经济效益现值与费用现值之比,它是反映工程项目单位费用为国民经济所做贡献的一项相对指标。其表达式为

$$EBCR = \frac{\sum_{t=1}^{n} B_t (1 + i_s)^{-t}}{\sum_{t=1}^{n} C_t (1 + i_s)^{-t}} \tag{11-9}$$

式中 $EBCR$——经济效益费用比,无单位;

B_t——第 t 年的效益,万元;

C_t——第 t 年的费用,万元;

其他符号意义同前。

当经济效益费用比 $EBCR \geq 1$ 时,工程项目在经济上才是可行的。

当甲、乙两方案比较时,若两方案经济效益费用比 $EBCR_{甲} > EBCR_{乙} \geq 1$,则可判断:①甲、乙两方案在经济上都是合理可行的(因为两方案效益费用比均大于等于1);②当对两方案进行比较优选时,因甲方案经济效益费用比值大于乙方案,若采用经济效益费用比最大原则,一般会认为甲方案优于乙方案。

4. 经济净现值率($ENPVR$)

经济净现值率 $ENPVR$ 为经济净现值 $ENPV$ 与投资现值 I_P 之比,它是反映项目单位投资为国民经济所做净贡献的相对指标。

$$ENPVR = ENPV/I_P \tag{11-10}$$

式中 $ENPVR$——经济净现值率(%);

I_P——工程投资的现值,万元;

其他符号意义同前。

当各方案的工程投资额不同时,可采用经济净现值率法进行比较。经济净现值率 $ENPVR \geq 0$ 的方案经济上可行,否则,经济上不可行。经济净现值率越大,项目经济效果越好,经济净现值率最大的方案为最优方案。

甲、乙两方案为独立方案,它们的 $ENPV$ 和 $ENPVR$ 值均大于等于零,但 $NPV_{甲} > NPV_{乙}$,而 $ENPVR_{甲} < ENPV_{乙}$:①对它们进行经济分析,无论用经济净现值指标还是用经济净现值率指标所得结论都是一致的,即甲、乙两方案在经济上都是可行的;②当对它们进行选优时,在投入资金不受限制的情况下,应考虑两方案的经济净现值大小,因甲方案经济净现值较大,即甲方案的绝对净贡献大于乙方案,故此甲方案优于乙方案;而在投入资金受到限制的情况下,应考虑两方案的经济净现值率值大小,因乙方案经济净现值率大于甲方案,即乙方案单位投资的相对净贡献要大于甲方案,所以此时乙方案优于甲方案。

(四)国民经济评价方法应用的有关问题

在对水土保持工程项目进行国民经济评价时,可以根据项目方案的具体情况,适当选用上述一个或几个评价指标。一般以经济内部收益率($EIRR$)、经济净现值($ENPV$)作为最主要评价指标,常以经济效益费用比($EBCR$)、经济净现值率($ENPVR$)作为辅助评价

指标。

由于水土保持工程的社会公益性,其效益主要表现为国民经济效益,主要分析计算其经济效益和可货币计量的蓄水保土效益,而其生态效益和社会效益等难以定量计算,只能定性描述,实践中暂不计算;水土保持工程投资管理部门没有或者很少有财务收入,当国民经济评价认为合理时,可向地方政府申请补贴(包括投资与年运行费),或向主管部门提出要求,给予某些优惠措施,使项目在财务上得以自我维持,确保应有的基本生存能力。因此,水土保持工程基本上只进行国民经济评价,不做财务评价。

对于具有综合利用任务的水土保持工程项目,一般可先对项目所需的投资和年运行费在各部门之间进行合理分摊,以便选择经济合理的开发方式和建设规模,但项目的国民经济评价应以整体评价为主,必要时也可进行分项评价。

当水土保持建设项目国民经济评价合理可行,且有多个工程方案参与选择比较时,若还需要考虑资金来源条件,且项目资金不受约束,可采用内部收益率法、净现值法、净年值法、效益费用比法等经济分析方法优选方案;当资金额度受到限制或资金比较困难,但希望单位投资能获得较高收益率时,可采用净现值率法、年费用法、增量效益费用比增量内部收益率法等经济分析方法优选方案。

水土保持工程项目经济评价所采用的经济评价指标主要是动态经济指标。对于某些小型水土保持工程,由于投资流程较短,在进行初步估算时也有采用静态经济评价指标的。

我国改革开放正在不断深化,与经济评价有关的参数(例如社会折现率、影子价格、行业基准收益率、现行价格、贷款利率、税率、汇率等)都是随着经济发展形势、商品和资金的供求关系等诸多因素的变化而调整。因此,在水土保持工程经济评价工作实践中,应随时注意经济发展和情况变化,按有关部门的新规定执行。

二、水土保持工程敏感性分析

(一)敏感性分析的含义

水利建设项目经济评价中,所采用的基本资料和经济数据大多数来自预测或估算,因实际情况在不断发生变化,它们存在不确定性,如随着时间推移,环境条件、生态状况、社会需求和产品价格等都会有所改变,使得许多因素数据难以准确定量,这些变动因素将对原方案的经济效果都会产生不同程度的影响,导致经济评价指标存在着一定程度的不确定性,甚至由于某一因素的变化可能导致原已选定的项目方案成为了不合理不可行的项目方案。因此,为了全面分析了解某些因素的变化对项目方案经济评价指标的影响程度,就需对其进行不确定性分析,对影响评价指标或方案取舍比较敏感的因素进行分析。对水土保持工程项目进行不确定性分析,主要采用敏感性分析方法。

敏感性分析是在计算出工程项目基本情况下的经济评价指标后,研究分析影响建设项目的主要因素发生变化时,对经济评价指标的影响程度,从中找出敏感性最大的因素(最敏感因素),以确定项目评价结果的可靠程度。敏感性分析可以判断已选定方案在经济上或财务上的稳定程度,也可以检验不同基本数据情况下对方案经济和财务方面的影响,以便帮助决策者做出正确的选择。分析研究敏感性较大的因素,目的在于确保工程项目方案的经济效果。

(二)敏感性分析的变动因素及其变幅

在进行敏感性分析时,应根据建设项目的具体情况,选择变化可能性较大且对工程项目经济评价指标产生较大不利影响的因素作为变动因素。水土保持工程项目通常选择工程投资、工程效益、建设工期等变动因素,变动因素的浮动幅度,可根据水土保持工程项目的具体情况或参照下列变化范围选用:

(1)工程投资:±10% ~ ±20%。

(2)工程效益:±15% ~ ±25%。

(3)建设工期:提前或拖延 1 ~2 年。

(4)达到设计生产能力年限:提前或推后 1 ~2 年。

水土保持工程项目在计算期内可能发生变化的因素很多,通常可根据工程的具体情况,只分析计算期内主要因素中一项因素单独发生变化或多项因素同时发生变化对项目经济评价指标的影响及其敏感程度。

(三)敏感性分析的方法及步骤

经济评价指标有很多,在实际工作中,不可能也没必要对所有经济评价指标做敏感性分析,一般可只对主要经济评价指标进行敏感性分析。例如,国民经济评价中主要对经济内部收益率(*EIRR*)和经济净现值(*ENPV*)进行敏感性分析,财务评价中只对财务内部收益率(*FIRR*)、财务净现值(*FNPV*)、投资回收期(P_t)等评价指标进行敏感性分析,也可根据工程项目需要选择其他指标。敏感性分析的方法及步骤简述如下:

(1)确定并计算评价指标。确定敏感性分析的经济评价指标,并计算出工程项目基本情况的评价指标值。

(2)确定较不利影响因素并选取其变幅。选择可能对工程项目经济效果产生较大不利影响的变动因素,根据评价规范要求及工程具体情况确定所选定因素的变化范围。

(3)计算影响因素变动时的评价指标值。根据变动因素的变幅分别计算其相应的经济评价指标数值。

(4)根据评价指标计算结果列表或绘图。将所计算出的敏感性分析评价指标数值列表表示或依据计算结果绘制出敏感性分析图。

(5)分析指标计算结果,寻找最敏感因素。根据敏感性分析指标计算结果或敏感性分析图,进行分析比较,找出对工程项目经济评价指标影响最大的变动因素,即最敏感因素。

通过敏感性分析,可以找出对工程项目经济效果影响较大的敏感因素。为使工程项目能达到预期的经济效果,在工程规划、设计、施工中采取适当手段,对最敏感因素应认真分析研究,提出并采取有效而必要的控制措施,减少最敏感因素的变化,或把它对工程项目的不利影响降到最低程度,对工程项目经济评价指标的稳定作用最大。如经过敏感性分析确定建设期年限为最敏感因素,则应在建设期采取有效的措施,加强施工管理,合理安排施工进度,尽可能缩短工期。

考虑到敏感性分析对工程项目评价和方案选择有一定的影响,所以对主要的评价项目或比较方案均应列出基本情况及变动因素变化后的计算结果或绘制变动因素敏感性分析图，以供项目决策和选优方案者参考。尽管敏感性分析对不确定性因素难以做出综合性的、较确切的定量分析，但它对于分析敏感因素、改进计划方案，以便提出科学决策等具有重要作用。

三、水土保持工程经济评价案例

(一)基本情况

本实例是对小流域水土保持综合治理工程的经济评价。

本流域地处长江中游鄂东边远山区，小流域面积23.02 km^2，属风化花岗岩区，雨量充沛，年平均降水量1 381.7 mm，平均气温16.7 ℃，无霜期262 d，适宜水稻和林木生长，自然地理条件较好。但多年滥垦乱伐，破坏植被，加上暴雨集中，水土流失面积达17.5 km^2，占总面积的76%，年泥沙流失5.2万t，一遇暴雨，农田就遭水冲沙压，水害灾害频繁，生态环境遭到破坏，治理前是贫困区域。

从1982年起，实施水土保持综合治理，经过植树造林，封山育林，退耕还林，农田改造，兴建小型水利工程和水土保持工程，治理面积15.3 km^2，占应治理面积的87%，年泥沙流失量0.676万t，是治理前的13%，生态环境得到改善，农、林、牧等都有发展，1990年人均收入346元，是1981年的1.92倍，解决了温饱问题。

流域内6个村，治理前后经济对比见表11-2。

表11-2　治理流域经济对比

治理状况	人口(人)	粮食总产(kg)	人均粮食(kg/人)	总收入(元)	人均收入(元/人)
1981年(治理前)	4 148	1 154 800	278.4	74 600	180
1990年(治理后)	4 585	1 467 200	320.0	1 586 400	346

(二)基本资料

本流域是偏远山区，1981年总人口4 148人，劳动力1 934个，地少劳多，远离城市，经济落后，剩余劳动力未能充分利用。

1. 土地利用与水土流失

治理前滥垦乱伐，经济日益衰落。经过农田改造，退耕还林，植树造林，修建小型水利工程和水土保持工程，保水、保肥、保土，提高抗旱能力，农业丰收，林、牧业发展，生态环境改善。从表11-3数据不难看出治理前后土地利用与水土流失的巨大变化。

2. 治理原则

本流域曾多次治理，未见成效，鉴于以往经验，必须从实际出发，统一规划，农、林、牧等合理配置，制订一个既能让群众得到眼前利益，又能见到长远利益的实施方案。

(1)农田改造。根据地形等条件，坡地改梯地646亩，旱田改水田42亩，改造沟冲冷浸田288亩，低产田270亩，这些都是收效快的项目，也是保水、保肥、保土作用比较明显的项目。根据水土保持实验站的资料，坡地改梯地，降雨在50 mm，减少泥土流失33%，减少地表径流31.4%，但必须保证田埂质量。改造冷浸田，消除串灌串排，减少水量流失94%，减少泥沙流失71%，减少氮素流失31%，但要解决沟冲上游的水土流失。

表 11-3　治理前后土地利用状况

（单位:亩）

项目	流失状况	治理前		治理后	
		面积	比例(%)	面积	比例(%)
流域面积		34 530		34 530	
一、农田		4 194	12.15	3 159	9.15
1. 水田		1 377	3.99	1 409	4.08
2. 梯田		918	2.66	1 510	4.37
3. 坡地	严重	1 899	5.50	240	0.70
二、林地		20 724	60.02	29 741	86.13
1. 用材林(密)		4 045	11.74	24 544	71.08
(稀)	严重	16 021	46.40	3 359	9.73
2. 经济林		649	1.88	1 649	4.77
茶园		329	0.95	930	2.69
板栗		305	0.89	645	1.87
桐籽		15	0.04	15	0.04
柑橘				19	0.05
油茶籽				40	0.12
3. 苗圃				189	0.55
三、荒山	严重	8 352	24.08	300	0.87
四、其他用地		1 295	3.75	1 330	3.85
五、年流失泥沙(t)		52 000		6 760	

(2)小型水利工程。新建小型水库一座,坝长 55 m,高 12 m,是流域骨干蓄水工程;对原有 4 座小型水库进行整险加固,提高防洪蓄水能力;扩修山塘 89 口,引水堰 22 口,修整和新建渠道 19.6 km。这些项目可增加蓄水 44.3 万 m^3,根据试验资料,多蓄 1 m^3,可以减少流失 1.5 kg 泥沙。

(3)水土保持工程。根据地形和水土流失情况,修建谷坊 3 座,沙墙 18 520 个,排洪沟 24 条,长 10.2 km。鉴于过去这些措施收效甚微,实施时一定要注意其他措施的合理配置。

(4)造林工程。荒山造林 8 017 亩,稀疏林补种 12 662 亩,1 000 亩坡地退耕营造经济林。根据试验资料,荒山造林 10 年,林冠截流降雨 23%,减少地面径流,径流过程延缓,削峰 60%;坡地停耕造林 3 年,径流减少 63.3%,减少泥沙流失 87.9%,造林是治理水土流失的根本措施。但是造林周期长,用材林一般需要 30 年,经济林也需要 5 年,偷伐难以制止,管理困难,曾有“造林不见林,荒山年年增”的流言。因此,借用农业经验,采取统一规划,先易后难,近山承包到户,谁种谁管,谁投资谁受益,签订合同长期不变,远山由各村统一管理，专人负责，投工投资合理负担，效益分成，结合畜牧放牧，轮流封山育林。

(5)其他工程。修建公路5.2 km，桥涵13座。

综合治理水土流失是一项系统工程，各项措施必须有机配合，相互制约的因素必须通盘考虑，遵循自然规律和经济规律，尊重科学，才能使规划变为现实。

3. 综合治理投资

总投资144.54万元，用于购买水泥、炸药、树种、化肥等物资，总投工98.6万个，按1990年当地用工工资标准2.5元/工日计算，折算为246.5万元，投工、投资合计391.04万元。治理区域经济落后，资金筹措和劳力安排都要从实际出发，注重效益，减少失误。

(1)综合治理投资投工明细表(见表11-4)。

表11-4 综合治理投资投工明细表

项目	治理数	投工(工日)	投资(元)	投工投资(元)	合计(元)
一、农田改造(亩)	976	56 190	96 100	140 475	236 575
1. 坡地改梯地(亩)	646	29 070			
2. 旱田改水田(亩)	42	8 400			
3. 改造冷浸田(亩)	288	18 720			
二、小型水利工程		568 800	534 710	1 422 000	1 956 710
1. 新建水库(座)	1	200 000			
2. 整险加固水库(座)	4	47 300			
3. 修整山塘(个)	89	115 200			
4. 引水堰(座)	22	64 300			
5. 建修渠道(km)	19.6	142 000			
三、水土保持工程		26 550	186 240	66 375	252 615
1. 谷坊(座)	3	1 426			
2. 沙墙(个)	18 520	3 704			
3. 排洪沟(km)	10.2	21 420			
四、造林(亩)	21 868	252 006	466 290	630 015	1 096 305
1. 荒山造林(亩)	8 017	96 204			
2. 稀疏林补种(亩)	12 662	75 972			
3. 经济林(亩)	1 000	66 000			
4. 育苗(亩)	189	13 830			
五、其他工程		82 200	162 000	205 500	367 500
1. 公路(km)	5.2	69 400			
2. 桥涵(座)	13	12 800			
总计		985 746	1 445 340	2 464 365	3 909 705

(2)投资投工计划。资金由国家农、林、水等部门投入1/3，主要用于水土保持、小型

水利和公路桥涵工程；乡、村集体筹集 1/3，主要用于大面积造林、育苗和较大的农田改造工程；农民投入 1/3，主要用于承包责任田的改造，营造承包的经济林和用材林。国家和集体的资金由村负责统一安排调剂。共用工程投资，按承包面积和劳动力分摊。投工按均匀投入安排，见表 11-5。

表 11-5 投资用工计划

年份	1982	1983	1984	1985	1986	1987	1988	1989	1990	合计
投工（万个）	6.16	12.33	12.33	12.33	12.33	12.33	12.33	12.33	6.16	98.63
投工投资（万元）	15.40	30.82	30.82	30.82	30.82	30.82	30.82	30.82	15.40	246.54
投资（万元）	9.03	18.07	18.07	18.07	18.07	18.07	18.07	18.07	9.03	144.55
投资合计（万元）	24.43	48.89	48.89	48.89	48.89	48.89	48.89	48.89	24.43	391.09

4. 年运行管理费用

根据治理期管理经费和用工资料，比照类似工程统计结果，其年运行经费按投资 2% 计算，年管理用工按投工 2% 计算。由于本流域治理期长，需要管理，治理期也按此标准计算，见表 11-6。

表 11-6 年管理经费、用工计划

年份	1983	1984	1985	1986	1987	1988	1989	1990	1991 年以后
用工（个）	1 232	3 698	6 164	8 630	11 096	13 562	16 028	18 494	19 726（每年）
用工投资（元）	3 080	9 245	15 410	21 575	27 740	33 905	40 070	46 235	49 315（每年）
年管理经费（元）	1 806	5 420	9 036	12 648	16 262	19 876	23 490	27 104	28 910（每年）
投资合计（元）	4 886	14 665	24 446	34 223	44 002	53 781	63 560	73 339	78 225（每年）

5. 综合治理效益

实施综合治理措施后，水、肥、土的流失较少，经济效益主要是增加农、林、牧等的收益，减少对水利工程的危害，减轻水旱灾害，改善生态环境等。

（1）计算农、林、牧增产效益采用的价格。采用 1990 年的价格，粮食均以水稻计算，采用收购部门的超购价，棉花按收购站价格，菜油、茶叶、水果、鱼、木材、家畜均按当地市场价（见表 11-7）。

表 11-7 农、林、牧等产品价格

品名	单价	品名	单价	品名	单价
水稻	0.7 元/kg	柑橘	1.0 元/kg	牛	400 元/头
皮棉	7.0 元/kg	油菜籽	0.4 元/kg	羊	50 元/头
菜油	4.0 元/kg	鲜鱼	0.6 元/kg	猪	500 元/头
茶叶	5.0 元/kg	薪柴	3.0 元/100 kg		
板栗	3.0 元/kg	木材	250 元/ m^3		

(2)农、林、牧等增产效益。治理措施实施的效益表现在农、林、牧等的增产,用治理前1981年各项产品产量与经过治理的1990年产量进行对比计算,增加值即治理效益。

①农业效益(见表11-8)。综合治理措施配置恰当,农田改造成功,水土流失减少,复种指数由1.32提高到1.63,单产提高,在耕地减少1 000多亩的情况下,农业收益1990年比1981年增加337 799元。治理初期效益较小,拟1986年按效益20%计算,逐年增加20%,1990年为337 799元,以后保持不变。

表11-8 农业效益

品名	1981年产量(kg)	1990年产量(kg)	增产(kg)	成本(元/kg)	单价(元/kg)	效益(元)
水稻	1 154 800	1 467 200	312 400	0.13	0.70	178 068
棉花	2 074	13 755	11 681	0.30	7.00	78 263
菜油	10 370	32 095	21 725	0.25	4.00	81 469

②经济林效益(见表11-9)。经济林一般需3~5年才收益,新增经济林1 000亩,效益显著,1990年比1981年增加170 047元,以后保持不变。

表11-9 经济林效益

品名	1981年产量(kg)	1990年产量(kg)	增产(kg)	成本(元/kg)	单价(元/kg)	效益(元)
茶叶	8 225	23 250	15 025	0.71	5.00	64 457
板栗	30 500	64 500	34 000	0.10	3.00	98 600
柑橘		5 700	5 700	0.10	1.00	5 130
茶油籽		6 000	6 000	0.09	0.40	1 860

③用材林效益(见表11-10)。治理期间逐年造林,面积为20 499亩,其中荒山造林8 000余亩,稀疏补种12 000余亩。根据测算,造林5年后,每亩年收获枝条100 kg,木材蓄积量0.2 m^3/亩年,年效益为758 463元,1990年达到年效益20%,逐年增加20%,1994年达到758 463元,以后保持不变。

表11-10 用材林效益

品名	单位	年增产量	单位成本	单价(元)	效益(元)	合计(元)
枝条	100 kg	20 499		3.0	61 497	758 463
木材	m^3	4 099.8	80.0	250.0	696 966	

④畜牧效益(见表11-11):治理期间,考虑家畜发展,实施有计划轮流封山育林,提高林草覆盖率,家畜发展很快,1986年按效益20%计算,逐年增加20%,1990年效益达201 620元,以后保持不变。增加有机肥的效益已计入农业效益,不再计算。

表11-11 畜牧效益

品名	1981年存栏(头)	1990年存栏(头)	增产(头)	成本(元/头)	单价(元/头)	效益(元)
牛	429	563	134	50.0	400.0	46 900
羊	232	750	518	10.0	50.0	20 720
猪	1 910	2 580	670	300.0	500.0	134 000

⑤水产效益。修建大型水利工程后，养殖水面165亩承包到户，亩产鲜鱼25 kg，成本0.2元/kg，单价1.6元/kg，年效益5 775元，1990年开始计算，以后保持不变。

(3)减轻泥沙对下游河道、水库、湖泊的危害。流域下游是一座大型水库，流失泥沙进入水库侵占有效库容，1990年比1981年减少4.524万t，按1.3 kg/m^3，换算为34 800 m^3。根据资料计算，单位库容造价为0.15元/m^3，减少损失5 220元。减少肥料流失的效益，已在农、林等效益中反映，不做重复计算。

(4)减轻水旱灾害，创造生态效益。综合治理前，滥垦乱伐，水土流失与日俱增，水旱灾害频繁，生态环境遭到破坏。3天无雨小旱，7天无雨大旱，一遇暴风雨又遭水冲沙压。治理后，抗灾能力提高了，大旱能丰收，暴雨也无灾。1988年6月21日，日降雨量140.1 mm，农田及水利工程设施均未受到损失，而仅一山之隔的相邻流域，降雨量基本相同，大小河堰被冲毁69处，农田毁坏严重。减灾效益已计入农业增产，此处只做说明。

(5)社会效益。综合治理前，经济落后，滥垦乱伐，水土流失与日俱增，水旱灾害日趋频繁，生态环境遭到破坏，人民生活日趋贫困。通过8年多综合治理，提高了林草覆盖率，减少了水土流失，减少了河库淤积，减轻了水旱灾害，增强了综合抗灾能力，农、林、牧得到发展，经济逐步摆脱贫困，生活已安定温饱，结束了生态恶性循环，社会效益逐渐明显，促使经济步入了可持续发展轨道。

(三)国民经济评价

水土保持综合治理经济评价，一般只做国民经济评价，不做财务评价。

1. 国民经济评价有关数据

(1)社会折现率 $i_s = 8\%$ 和 $i_s = 6\%$。

(2)基准年取1982年，基准点为1982年年初。

(3)综合治理期从1982～1990年共9年。

(4)运行期从1991年计算，运行30年。

(5)资金时点、治理投资、年运行管理费和效益均按年末惯例。

2. 编制国民经济现金流量表

计算经济内部收益率和经济净现值，见表11-12。

表11-12 国民经济现金流量 (单位：元)

年份		1982	1983	1984	1985	1986	1987	1988	1989
现金流入	综合效益					108 928	217 856	326 783	435 711
现金流出	综合治理投资	244 300	488 900	488 900	488 900	488 900	488 900	488 900	488 900
	年运行费		4 886	14 665	24 444	34 223	44 002	53 718	63 560

续表 11-12

年份		1990	1991	1992	1993	1994～2020	合计	i	现值金额
现金流入	综合效益	872 154	1 023 846	1 175 539	1 327 231	1 478 924×27	45 418 996	6% 8% 18% 20%	14 192 824 9 001 253 2 225 858 1 774 493
现金流出	综合治理投资	244 300					3 910 900	6% 8% 18% 20%	2 949 900 2 705 034 1 841 281 1 719 500
	年运行费	73 339	78 225	78 225	78 225	78 225×27	2 659 587	6% 8% 18% 20%	848 973 627 789 203 925 171 629

$$EIRR \approx i^* = 18\% - \frac{180\ 652}{-116\ 363 - 180\ 652} \times (20\% - 18\%) = 19.22\%$$

$$ENPV_{(i_s=8\%)} = 9\ 001\ 253 - 2\ 705\ 034 - 627\ 789 = 5\ 668\ 430(\text{元})$$

$$ENPV_{(i_s=6\%)} = 14\ 192\ 824 - 2\ 949\ 900 - 848\ 973 = 10\ 393\ 951(\text{元})$$

经过计算，本水土保持工程项目的经济内部收益率 $EIRR=19.22\%$，远远大于规定的社会折现率 $i_s = 8\%$，故本水土保持工程项目在经济上是完全合理可行的。

3. 敏感性分析

假设投资增加20%，效益减少20%，投资增加20%同时效益减少20%三种情况，计算经济内部收益率，结果见表11-13。

表 11-13　敏感性分析结果

不确定因素变幅	基本情况	投资增加20%	效益减少20%	投资增加20%、效益减少20%
EIRR(%)	19.22	17.07	16.29	14.36

从工程项目经济内部收益率指标的敏感性分析结果可知，当投资增加20%、效益减少20%同时出现时，经济内部收益率指标变动率最大，因此可以确认投资与效益同时变动是本工程项目的最敏感影响因素。

（四）结论与建议

经过复算，本水土保持工程项目基本情况的经济内部收益率为19.22%，在投资增加20%、效益减少20%同时出现的情况下，经济内部收益率仍能达到14.36%，说明该流域水土流失综合治理工程经济效益良好，治理方案经济上是可行的。但投资与效益同时变动是本工程项目的最敏感因素，因此在本工程项目实施与运行中，要对最敏感因素认真分析研究，提出并采取有效而必要的控制措施，减少最敏感因素的变化，或把它对工程项目的不利影响降到最低程度,从而使本工程项目经济效益得以正常而稳定发挥。

经过综合治理,抗灾能力增强,生态环境改善,交通运输和文化卫生等都得到发展,村村有小学,农民的精神面貌也起了变化,这些不能用货币表达的效益,也证实综合治理方案是成功的。我们必须清醒地看到,今后的巩固发展工作还是相当艰巨的。虽然摆脱了贫困,但是经济仍很薄弱,经济不发展,取得的成果就无法巩固。只要在工作或政策上稍有疏忽,滥垦乱伐仍可能重演。因此,要积极引导农民科学种田,大力发展商品经济,使得破坏生态环境的恶性循环一去不复返。

项目十二　综合利用水利工程经济评价

任务一　综合利用水利工程费用与效益分析

一、综合利用水利工程费用分析

工程费用也要考虑直接费用与间接费用两部分，例如火电费用，不仅要考虑火电厂本身的投资与运行费用，还要考虑火电厂所需燃料及其运输系统所需的投资与运行费用。如果经过经济分析计算已经求出火电厂燃料的影子价格（包括燃料的影子运费在内），则火电费用只须计算火电厂本身的投资、固定运行费和燃料费（以影子价格计算）三项即可，不必另外考虑煤矿及铁路的投资与运行费，因此只要获得投入物（例如原料、材料、劳动力等）和产出物（电力、电量或商品水）的影子价格，计算工程建设项目的费用与效益都是比较方便的。

二、综合利用水利工程各部门效益分析

综合利用水利工程各部门子效益都具有不同程度的不确定性，这主要是水文事件及其他因素的随机性所造成的。例如，防洪年效益具有明显的随机性，与洪水频率密切相关；水电站发电年效益与年径流变化大小和径流年内分配情况有关，航运年运输量及其年效益，与河流丰枯水位变化和地区经济发展水平及其增长率等许多因素变化有关。如果仅采用多年平均效益一个固定指标表达工程的年效益，并不能反映水利工程年效益的不确定性，不能为决策提供全面的信息。下面分别阐述综合利用水利工程各部门的子效益及其概率分布。

（一）防洪年效益分析

一般说来，防洪年效益与该年洪水的大小具有同步随机性，即入库洪水大，防洪效益也比较大；入库洪水小，防洪效益也比较小，甚至在一般小洪水情况下并无防洪效益，因此应考虑如何比较准确地描述防洪年效益出现的大小及其发生的概率。由于各年洪水是独立随机发生的，因而防洪年效益的变化也是独立随机产生的。当不考虑淹没地区物质财富增长情况（其年增长率假设 $j=0$），则可以把防洪效益年变化过程看作一个平稳随机系列，根据平稳随机过程的特性，总体特征值可用样本特征值表示，因此可以对多年实测洪水系列进行调洪演算和水利经济计算，求出逐年防洪效益，其统计特征值可以用作表示防洪年效益随机变化的特征值。

防洪年效益统计特征值主要有两个，即防洪年效益期望值 $E(b_{洪})$ 及其均方差 $\sigma(b_{洪})$

或其变差系数 C_v。

$$E(b_{洪}) = \sum_{i=1}^{n}(p_{i+1} - p_i)\frac{b_{i+1} + b_i}{2} = \sum_{i=1}^{n}\Delta p_i \bar{b}_i \quad (12\text{-}1)$$

$$\sigma(b_{洪}) = \sqrt{\sum_{i=1}^{n}\Delta p_i[\bar{b}_i - E(b_{洪})]^2} \quad (12\text{-}2)$$

$$C_v = \sigma(b_{洪})/E(b_{洪}) \quad (12\text{-}3)$$

根据式(12-1)~式(12-3)所求出的统计特征值 $E(b_{洪})$ 及变差系数 C_v，假设若干不同线型，使所求出的防洪年效益理论概率分布曲线，与上述根据多年实测洪水系列所求出的防洪年效益频率曲线进行优化拟合，即可求出防洪年效益概率分布曲线。

例如，某水利工程防洪年效益概率分布如下：

(1)工程概况。长江某水利工程控制流域面积 100 万 km^2，多年平均年径流量 4 510 亿 m^3，水库正常蓄水位 175 m，总库容 393 亿 m^3，其中防洪库容 221.5 亿 m^3，兴利库容 165 亿 m^3(与防洪库容共用)。本工程投资巨大，建设期长达 20 年，但建成后具有防洪、发电、航运等多方面的综合利用效益。关于防洪效益，本工程可以控制长江上游洪水，减免长江中下游广大地区的洪水灾害，当荆江地区发生百年一遇洪水或类似 1931 年、1935 年、1954 年洪水，可以不启用荆江分洪区，减免分洪可能带来的巨大损失；当发生千年一遇洪水或类似 1870 年洪水时，可配合荆江分洪等措施，避免荆江大堤溃决所造成的毁灭性灾害。

(2)基本数据。

①防洪标准。按照 1987 年确定的防洪方案和防御水位(即沙市水位 45 m，城陵矶水位 34.40 m，汉口水位 29.23 m，湖口水位 22.50 m)，对 1860~1986 年宜昌站的实测洪水系列逐年进行调洪演算，逐年确定主要防护地区的淹没耕地亩数及洪水淹没损失。关于 1870 年发生的特大洪水，为 1953 年以来最大的一次洪水，其历史重现期约为 83 年一遇。

②淹没损失指标。根据淹没洪泛区 1986 年底价格水平和地区生产状况，农村洪灾直接损失亩均 1 800 元，其他损失(包括国家额外增加支出的费用)亩均 400 元，合计亩均 2 200 元。已知 1986 年底价格换算成影子价格的综合换算系数为 1.07，故每亩平均综合损失为亩均 2 354 元。城镇人均综合损失为 7 000 元。

③计算期。本工程建设期 20 年，正常运行期 42 年，计算期 62 年。在进行动态经济计算时，均假设投入在年初，产出在年末，其中防洪效益初产出在建设期的第 16 年(2011 年)，满产出在正常进行期开始的第 1 年(2016 年)。假设本工程于 1996 年开工，计算基准年(点)即定在 1996 年初(建设期初)。

④防洪效益年增长率。随着防护区国民经济的增长和社会生产的发展，防护区内的固定资产与群众财产危害也是逐年增长的，因而随着时间的推移，本工程的防洪效益也应相应增长。假设防洪效益年增长率为 $j = 2\%$。

⑤社会折现率。进行国民经济评价时，无论费用与效益均采用影子价格，因此在计算防洪、发电、航运等部门的效益现值时，应采用统一的社会折现率 i_s。

(3)防洪效益计算。在国内外防洪工程经济分析中，计算防洪效益通常采用两种方法:①以最优等效替代方案的费用作为本工程的防洪效益;②以期望减少的洪水淹没损失和防洪年费用的节约,作为该工程的防洪效益。考虑到工程的防洪作用是难以用其他工程替代的,因此拟用本工程期望减少的淹没损失及防洪年费用的节约作为本工程的防洪效益。根据有关资料,防洪年费用的节约与防洪工程的年运行费大致相抵,因此防洪效益即为期望减少的淹没损失,即以有、无本工程两种情况下洪灾损失的差值,作为本工程的防洪效益。

防洪效益计算方法有实际年系列法和频率曲线法两种,实际年系列法是从历史资料中选择一段洪水灾害资料比较齐全的实际年系列,逐年计算洪灾损失,取其平均值作为年平均洪灾损失。此法概念明确,计算方便,国内外均较普遍采用。频率曲线法牵涉工程坝址洪水与长江中游地区及区间洪水的遭遇组合问题,峰量关系和典型洪水选择等问题(要考虑各种频率洪水在各个地区的代表性及其他问题),虽然此法在理论上比较全面,但在实际应用中由于对天然洪水资料加工较多,总带有许多的人为因素,因此建议采用实际年系列法对实测长系列洪水资料进行防洪效益计算。

根据对1860～1986年共127年实测洪水进行调洪演算,计算结果见表12-1。认为当无水库时,在127年中共有35年发生洪灾;修建水库后,有望大大减轻洪灾损失,年期望减少淹没的农村耕地为46万亩,年期望减少淹没影响的城镇人口为2.7万人,各年防洪效益的计算结果见表12-1。由计算结果可知,该水库对小于三年一遇的洪水没有防洪效益作用,即防洪年效益为零的概率约为70%,有防洪年效益的概率约为30%。

表12-1　历年(1860～1986年)防洪年效益计算结果表

年份	洪峰流量 Q (m^3/s)	7天洪量 W_7 (亿^3)	30天洪量 W_{30} (亿 m^3)	60天洪量 W_{60} (亿 m^3)	减少淹地面积 A (万亩)	减淹城市人口 (万人)	频率 p (%)	防洪效益 (万元)
1870	110 000				964	261	0.12	423
1860	92 500				964	261	0.24	423
二百年一遇洪水	(88 600)				(762)	(200)	0.50	376
百年一遇洪水	(83 700)	(418)	(1 422)	(2 444)	(562)	(100)	1.00	268
1931	64 600	350	1 065	1 893	332	50	2.46	142
1935	56 900	283	868	1 482	300		3.28	78
1954	66 800	385	1 386	2 448	261		4.10	70
1937	61 900	346	1 017	1 994	170		4.92	40
1905	64 400	323	1 089	2 006	170		5.74	40
1919(1892)	61 700	328	989	1 667	170		7.38	40
1949	58 100	327	1 133	1 979	162		8.20	39
1921	64 800	356	1 278	2 022	146		9.02	36

续表 12-1

年份	洪峰流量 Q (m^3/s)	7 天洪量 W_7 (亿^3)	30 天洪量 W_{30} (亿 m^3)	60 天洪量 W_{60} (亿 m^3)	减少淹地面积 A (万亩)	减淹城市人口 (万人)	频率 p (%)	防洪效益 (万元)
1896(1920)	71 100	380	1 281	2 085	146		10.66	34
1917	61 000	311	1 099	1 886	135		11.48	33
1926	60 800	330	1 182	2 047	135		12.30	32
1908(1946)	61 800	337	1 038	1 447	116		13.93	29
1948	57 600	303	1 041	1 962	109		14.75	27
1922	63 000	347	1 287	2 243	101		15.57	25
1909(1938)	61 100	334	1 089	1 878	95		17.21	23
1945	67 500	349	1 239	2 047	92		18.03	22
1878	57 200	295	1 161	1 745	80		18.85	20
1936(1891)	62 300	306	937	1 516	75		20.49	18
1898(1893)	60 600	308	1 017	1 742	75		22.13	17
1923	56 600	314	1 055	1 672	51		22.95	15
1888(1901)	57 400	292	972	1 638	51		24.59	12
1887	48 800	266	992	1 606	37		25.41	10
1897(1903)	57 200	264	840	1 374	24		27.05	6
1889	51 200	247	927	1 782	21		27.87	5
1924	42 700	235	899	1 703	11		28.69	3
其他年份					0		30 ~ 99	0

注:其他年份无防洪效益,未列出。括号内洪峰、洪量减淹损失均为估算值。

根据某水利工程主体施工进度和水库移民安置规划,假设从 1996 年开工起到第 16 年才开始发挥防洪效益,第 16 年 ~ 第 20 年防洪年效益按正常年期望效益 $E(b_{洪})$ 的 90% 计算,第 21 年起年期望防洪效益 $E(b_{洪}) = 2\ 354 \times 46 + 7\ 000 \times 2.7 = 127\ 184$(万元) = 12.7 亿元(1986 年价格水平,$j = 0$)。现假设防洪效益年增长率 $j = 2\%$,则本工程开工后第 16 年(即 2011 年)的防洪期望效益 $b_{16} = 12.7 \times (1 + j)^{16} \times 0.9 = 15.7$(亿元),开工后第 21 年的防洪期望效益 $b_{21} = 12.7 \times (1 + j)^{21} = 19.3$(亿元),余类推。假设计算基准年在 1996 年初,社会折现率 $i_s = 10\%$,则在计算期内(1996 ~ 2057 年)防洪总效益现值 $B_{洪} = 58.11$(亿元),相应的防洪年效益现值 $b_{洪} = B_{洪}[A/P\ ,i = 10\%\ ,n = 62] = 5.83$(亿元);根

据对表 12-1 历年防洪效益进行均方差及变差系数的计算，可求出变差系数 $C_v=0.60$。假设防洪年效益概率分布服从对数正态分布或其他线型，即可求出本水利工程防洪年效益概率分布曲线。

（二）发电年效益分析

水电站发电年效益也并非为某一固定值，遇到丰水年且年内径流分配过程又比较有利时，则该年发电量及发电效益也比较大；反之，遇到枯水年，由于来水量较少，库水位较低，因而该年发电量及发电效益就比较小；遇到特别枯水年，由于库水位一般已消落至死水位，来水量又很少，此时水电站已不能满足保证出力要求，若此水电站在电力系统中占较大比重，势必发生对工厂企业限制供电等情况，将对国民经济造成一定损失。

关于水电站发电效益，在国民经济评价阶段一般有下列三种计算方法：①影子电价法，根据电站向电力系统的供电量，用影子电价计算其供电效益；②最优等效替代电站的费用，作为本电站的效益；③产值分摊法，本电站向用户提供电力和电量，与用户共同为国民经济创造新的产值，本电站效益 = 用电户净产值 × 分摊系数，式中分摊系数 = $\dfrac{\text{本电站固定资产}}{\text{用电户固定资产总额}+\text{本电站固定资产}}$（其他生产要素的权重分配）。一般认为：影子电价法比较简明合理，但在计算供电效益时，应考虑各个供电地区不同的影子电价，如有可能，应区分峰荷影子电价和基荷影子电价；替代电站费用法在选择替代电站时，应考虑实际可能的各种方案，可能是由一座或几座水电站组成的方案，或者是由一座或几座火电站组成的方案，也有可能是由水电站和火电站混合组成的替代方案，应选择其中最优等效（包括技术上和经济上）替代方案；产值分摊法牵涉大量工厂、企业等用电户的固定资产重新评估以及净产值的计算理论与方法等问题，此法很少采用。

例如，某水电站发电年效益概率分布如下：

（1）工程概况。当水电站水库正常蓄水位为 175 m，死水位 155 m，水电站装机容量 1 820万 kW，多年平均年发电量 840 亿 kWh，单机容量 70 万 kW，共有机组 26 台，设计最大水头 112 m，最小水头 71 m，平均水头 90 m，计算水头 81 m。水库兴利调节库容 $V_{\text{兴}}$ = 165 亿 m^3，年平均径流量 $W=4\ 500$ 亿 m^3，库容调节系数 $\beta=\dfrac{V_{\text{兴}}}{W}=0.034$，故该水库为季调节型或称不完全年调节型。由于各年径流量之间并不存在相关关系，因而可以认为各年发电量是相互独立随机变化的。

根据对 1890 ~ 1983 年实测年径流系列进行径流调节和水能计算，可求出历年各时段水电站的出力和发电量，现将用时历法所求出的各年（指水利年，本年 6 月至翌年 5 月）发电量列入表 12-2。

根据表 12-2 计算成果，可以求出多年平均年发电量 $E(b_{\text{电}})=840$ 亿 kWh，均方差 $\sigma(b_{\text{电}})=67.2$，变差系数 $C_v=0.08$，经拟合检验，认为基本上服从正态分布。

表 12-2 水电站历年发电量计算成果表

水利年	发电量（亿 kWh）	水利年	发电量（亿 kWh）	水利年	发电量（亿 kWh）	水利年	发电量（亿 kWh）
1890	793	1891	866	1892	869	1893	885
1894	935	1895	877	1896	872	1897	900
1898	826	1899	857	1900	857	1901	772
1902	847	1903	932	1904	882	1905	972
1906	819	1907	906	1908	773	1909	863
1910	905	1911	983	1912	776	1913	879
1914	775	1915	887	1916	884	1917	945
1918	893	1919	848	1920	928	1921	898
1922	783	1923	772	1924	798	1925	890
1926	887	1927	775	1928	788	1929	828
1930	811	1931	856	1932	864	1933	899
1934	849	1935	894	1936	591	1937	886
1938	908	1939	790	1940	773	1946	851
1947	896	1948	898	1949	904	1950	859
1951	798	1952	842	1953	818	1954	853
1955	828	1956	771	1957	766	1958	783
1959	671	1960	789	1961	824	1962	842
1963	914	1964	910	1965	860	1966	869
1967	907	1968	813	1969	781	1970	805
1971	826	1972	729	1973	821	1974	841
1975	875	1976	853	1977	781	1978	750
1979	763	1980	861	1981	746	1982	867

（2）发电年效益计算。

①影子电价法。本工程假设于 1996 年开工，第 12 年（2007 年）开始发电，2015 年底全部建成。电站投入正常运行后年期望供电效益为

$$BE_{供} = \sum_{i=1}^{j} SP_i E_i (1 - 厂用电率)(1 - 网损率) \tag{12-4}$$

式中 SP_i——供电区 i 的影子电价；

E_i——供电区 i 的供电量；

$i = 1 \sim j$，其中华东区的影子电价为 0.122 元/kWh，华中及川东区的影子电价为 0.114 元/kWh，加权平均影子电价为 0.118 元/kWh；

厂用电率为0.5%；

网损率为3.35%。

由式(12-4)可求出电站正常运行后年期望供电效益 $BE_{供}=95.3$ 亿元。假设本工程正常运行期(生产期,2016～2057年)42年,建设期20年(其中1996～2006年不发电,2007～2015年部分机组发电,2016年起全部机组发电),当计算基准年(点)在1996年初,则在计算期62年内供电总效益现值 $BEP=237.6$ 亿元,相应供电年效益现值 $B_{电}=BEP[A/P,i=10\%,n=62]=23.7$ 亿元。

②替代电站费用法。本水电站的供电效益也可用替代电站的费用表示。采用这种方法对替代电站的选择关系很大。在论证过程中如何选择替代电站意见很多,研究表明:

不应当把必定要建设的水电站作为替代电站,例如已建和在建的五强溪、隔河岩、二滩等水电站。

预计在近期兴建或与本工程同时兴建的电站也不能作为替代电站,例如洪家渡、瀑布沟等水电站。

不应当把不可能向规定供电区(华东、华中及川东地区)供电的电站作为替代电站,例如澜沧江上的梯级水电站等。

电力系统负荷总是随着国民经济的发展而逐年增长的,如果本工程不兴建,则除修建上述水电站外,尚须修建若干座火电站;如果本工程兴建,则可减少火电站的兴建,因此本工程的替代电站,可以选择大容量高温高压燃煤火电站。关于替代火电站的费用计算,可以采用下列指标。

①火电厂投资:华东地区1 570元/kW,华中地区1 410元/kW,年运行费率为3%。

②输变电工程投资:线路39万元/km,变电站110元/kVA,年运行费率为3.8%。

③标准煤价:华东地区114元/t,华中地区117元/t,其中已考虑坑口影子煤价和到厂影子运费。

④由于水、火电站厂用电率相差6%,再考虑其他因素,替代火电站的装机容量为1 820×1.1=2 002(万kW),替代电站的多年平均发电量为840×1.06=890(亿kWh)。

替代火电站应于1996～2057年向电力系统提供与本水电站同等的电力容量和供电量,其总费用现值(基准年也在1996年初)为 $BE_{总}=210.7$ 亿元,相应年费用即本水电站年效益 $B_{电}=BE[A/P,i=10\%,n=62]=21.0$(亿元)。

(3)供电年效益概率分布。

由表12-2,可以求出供电量年度差系数 $C_v=0.08$,并认为供电年效益概率分布服从正态分布,见表12-3。

(三)航运年效益分析

1. 我国航运概述

我国河流众多,流域面积在100 km^{2}以上的河流有5万余条,总长度约43万km,全国水运年货运量4.3亿t,货物周转量3 800亿t。内河航运包括航道、船舶、港口等许多环节,并与防洪、发电、供水等水利部门密切相关。水运的特点是速度慢,但装载量多、运输费用低,特别适合运输煤、油、矿石、粮食等数量庞大的货物。根据对全国运输量的统计,煤、油、矿石、粮食、建筑材料等大宗货物的运输量约占总运输量的80%,其中煤、油等能源物资的运输量约占50%，因此对大宗货物特别对能源物资的调查、分析，是预测水运运输量的关键。水运运输量的年增长率，主要受地区国民经济发展和其他因素变化的影响，一方面随着国民经济的发展而逐年增长；另一方面由于受某些不确定因素的影响，如某些年份洪水季节航道水位高涨，另外一些枯水年份航道水深可能偏低，这些不确定因素具有随机变化的特性。因此，航运量在某些年份增长多一些，另一些年份则增长少一些，甚至负增长。

表12-3 水电站供电年效益概率分布

累计概率 $P(\%)$	年供电量	供电年效益现值(亿元)	
		影子电价法	替代电站法
1	957.6	28.26	25.05
2	940.6	27.73	24.60
5	906.7	26.95	23.90
10	889.8	26.26	23.29
20	856.0	25.42	22.55
30	834.0	24.82	22.01
40	822.0	24.30	21.55
50	807.6	23.82	21.13
60	792.3	23.34	20.70
70	773.7	22.82	20.24
80	753.4	22.22	19.70
90	724.5	21.38	18.96
95	701.7	20.68	18.34
97	676.3	20.24	17.95
99	656.7	19.38	17.19

我国内河水运条件一般说来是较好的，但由于长期投资不足和其他原因，很多航道目前仍处在天然通航或季节性通航状态，无法承担更多的运输任务，使得铁路、公路运输更加紧张，因此积极发展水运事业具有重要的战略意义。

2. 航运工程经济效益分析

对航运工程进行规划时，首先对现有航道和港口的基本情况、现有船舶和营运组织情况进行调查研究，然后根据预测的航道货运量、港口的吞吐量进行航道整治、船舶选型和港口设施的规划，并对各个比较方案计算投资、年运行费用和效益，从中选出经济效益最好的方案。

一般说来，较宽的航道可以使较多的驳船连结在一起，使每吨货物所需的牵引力较低，但随着航道的加宽，投资和年运行费均相应增加。根据国外一项试验资料表明，当航道宽度从 60 m 增加到 90 m 时，航运年营运费可降低 20% 左右。航道水深则应根据船舶设计吃水深度来确定，最小航道水深应为船舶的吃水深度再加上 0.5～1.0 m 的安全富裕深度。增加航道的水深，可以降低水与船体的黏滞阻力，从而减少营运燃料费；另一方面，随着航道水深的增加，基建投资和航道年运行费也相应增加，因此进行经济分析时，可拟订若干不同等级的航道水深方案，分别计算其建设费用和相应的船舶营运费用，从中选择总费用最小的经济航道水深。关于航道整治规划和船舶营运规划的目标，就是选择两者组合的最优方案。航道宽、水深大，可以通航大中型船只，增加运输量，降低运输费用；但航道愈大，建设费用也愈高，因此在一定的运输量条件下，选择其中航道费用和船舶费用两者之和最小的方案。

航运效益也包括国民经济效益和财务效益两部分。航运的国民经济效益，一般为完成规定客货运输量的最优替代方案所需的年费用（包括投资年摊还值和年运行费），也可以计算有、无航运工程两种对比情况下每年带来的直接和间接效益的差值，作为航运工程的国民经济效益。关于航运的财务效益，可按每年的实际收支情况计算。总的看来，航运年效益是随着运输量的增加而逐年有所增长，但也同时受到不确定因素的影响而有些随机变化。

例如，某江河水库建成后，将淹没川江滩险，明显改善约 600 km 长的航道条件、万吨级船队可有半年左右的时间顺利通航，结合港口建设和船舶现代化，预计水运量可以进一步提高到 5 000 万 t，还可降低运输成本，提高航运安全性。航运效益可以按有、无本工程两个对比方案的运输系统费用的差值，作为本工程的航运效益。

在航运效益分析中，如修建本工程，出川水运量将达到 5 000 万 t；如不建本工程，航运专家组建议采用“水运 4 300 万 t + 铁路运输 700 万 t”的替代方案，现分述如下。

（1）不修建本工程方案的航运系统费用。

①川江航道开发整治工程费用。第一期工程 1996～2006 年，投资 4.4 亿元，通航能力由目前的 1 000 万 t 提高到2 000 万 t；第二期工程 2007～2016 年，投资 11.67 亿元，通航能力达到3 000 万 t；第三期工程 2017～2026 年，投资 16.2 亿元，通航能力可达到4 300 万 t。天然航道的年维护费用由初期的 1 200 万元/年，逐渐增至后期的 2 100 万元/年。

②港口码头改建和船舶购置的费用。1996～2028 年对港口码头共投资 25.41 亿元，对船舶购买共投资 17.59 亿元，当水运 4 300 万 t 时，年营运费用约为 7.6 亿元。

③铁路建设和车辆购置费用。2015～2025 年对铁路建设共投资 18.37 亿元，铁路年运行费 0.26 亿元；车辆购置费 2.48 亿元，当铁路运输 700 万 t 时，年营运费用 3.0 亿元。综上所述，当无本工程时，水运 4 300 万 t + 铁运 700 万 t 方案的总投资为 96.11 亿元，年运行费 11.23 亿元（合计出川运输量 5 000 万 t 水平年）。

（2）修建本工程方案航运分摊的费用。

①航道整治费用。现有航道通航能力为 1 000 万 t，因此尚须整治航道，1996～2006 年共投资 7.7 亿元，年运行费 0.08 亿元。

②库尾重庆回水变动段防淤整治工程 2012～2018 年第一期工程投资 3.37 亿元，2020～2029 年第二期工程投资 5.90 亿元，年运行费 0.18 亿元。

③港口、码头及船舶购置费用。1996～2028 年港口、码头共投资 28.84 亿元，船舶购

买共投资14.29亿元,年运行费6.72亿元(出川水运量5 000万t水平年)。综上所述,当修建本工程时,航运系统总投资60.1亿元,年运行费6.98亿元(出川水运量5 000万t水平年)。

3.航运年效益概率分布

航运年效益为修建本工程航运系统年费用(包括投资年回收值和年运行费,下同)相对于不修建本工程运输系统年费用的节省。现将1996~2057年逐年年费用的差值,作为本工程的航运年效益,列入表12-4中。

表12-4 航运效益逐年计算结果

(单位:万元)

年份(1)	出川运输量(万t)(2)	航运系统年费用		航运效益
		如不修建本工程(3)	如修建本工程(4)	(5)=(3)-(4)
1996	1 140	44 100	43 700	400
1997	1 230	44 100	43 700	400
1998	1 330	44 100	43 700	400
1999	1 436	44 100	43 700	400
2000	1 550	44 100	43 700	400
2001	1 612	53 643	53 143	500
2002	1 676	54 861	54 291	570
2003	1 743	56 142	55 482	660
2004	1 812	57 488	56 718	770
2005	1 885	58 900	58 000	900
2006	1 960	60 382	59 332	1 050
2007	2 037	61 943	60 713	1 230
2008	2 118	63 576	62 146	1 430
2009	2 202	65 314	63 634	1 680
2010	2 290	67 138	65 178	1 960
2011	2 382	68 760	66 500	2 260
2012	2 476	71 650	68 000	3 650
⋮	⋮	⋮	⋮	⋮
2030	5 000	584 487	73 837	11 650
⋮	⋮	⋮	⋮	⋮
2056	5 000	85 487	73 837	11 650
2057	5 000	85 487	73 837	11 650

注:1996~2000年出川运输假设递增率为8.7%,2000~2030年假设递增率为4%,2030年出川运输量达到设计水平5 000万t。

由表12-4可以求出1996~2057年的航运总效益现值$B_{航}$(以1996年初为基准年,社

会折现率 $i_s=10\%$）为 6.45 亿元，相应航运年效益现值 $b_{航}=B_{航}[A/P,i=10\%,n=62]=0.64$ 亿元。航运年效益是随着运输量的增加而递增，但实际上由于受到多种不确定性因素的影响而表现为具有一定增长趋势的随机变化。根据对长江出川运输量 1952～1988 年的实测资料进行了分析，认为各年出川运输量 X_t 由趋势项 S_t 与随机项 R_t 两部分组成，S_t 项具有明显的确定性，主要是国民经济有计划按比例发展规律所形成的，R_t 项主要是不确定性因素的随机变化（例如川江水位的变化）所形成的。根据运用秩序相关法对 S_t 项进行检验，认为存在着线性增长的趋势；对随机项 R_t 采用拟合优度检验法后认为服从正态分布，根据对 1953～1988 年实际出川运输量随机项 R_t 的统计分析，可求出 $C_v=0.06$，已知航运平均年效益现值 $b_{航}=0.64$ 亿元，故可求出航运年效益的概率分布，见表 12-5。

表 12-5　航运年效益概率分布

累计概率（%）	1	2	5	10	20	30	40	50
年效益（亿元）	0.72	0.71	0.70	0.69	0.68	0.67	0.65	0.64
累计概率（%）	60	70	80	90	95	97	98	99
年效益（亿元）	0.63	0.62	0.61	0.59	0.58	0.57	0.56	0.55

任务二　综合利用水利工程经济评价方法

一、综合利用水利工程经济评价总方法途径

综合利用水利工程一般均有防洪、灌溉、发电、供水、航运等多种效益，进行经济评价一般有两种方法途径。

（1）分别计算综合利用水利工程防洪、灌溉、供水、发电等各个部门的效益，对综合利用水利工程的投资费用在各个部门之间进行分摊，然后根据各个部门所求出的经济内部收益率 *EIRR*、经济净现值 *ENPV*、经济效益费用比 *EBCR* 等指标进行国民经济评价；根据各个部门所求出的财务内部收益率 *FIRR*、投资回收期、固定资产投资贷款偿还期、投资利税率等指标进行财务评价，以确定防洪、灌溉、供水、发电等各个部门经济上的合理性与财务上的可行性。

（2）计算综合利用水利工程的综合利用效益，即防洪、灌溉、发电、供水、航运等部门的总效益，然后与该工程的总费用（包括该工程的投资与运行费两部分）进行国民经济评价（均用影子价格）和财务评价（均用现行价格），以确定该工程总体经济上的合理性与财务上的可行性。

二、综合利用水利工程不确定性分析

水利建设项目经济评价中所采用的数据大部分来自预测和估算，为了分析其对经济评价指标的影响，需进行不确定性分析，不确定性分析包括敏感性分析和概率（风险）两项内容（如果要求工程项目建成投产后能获得较高的财务效益，还需进行盈亏平衡分

析）。在项目五中对不确定性分析已做了较多的介绍，本节将结合长江某综合利用水利工程经济评价进行初步概率分析，预测一个或几个具有随机变化特性的不确定因素对项目经济评价指标的影响，并分析其盈利的概率或亏损的风险率，为项目的决策提供参考依据。在项目三～项目十一中讲的年效益 B，在正常运行期（生产期）内是指年期望值或多年平均值，往往是某一定值。实际运行情况表明，由于水文的随机特性，各年效益并不相同，因此根据多年平均效益 B 及其费用 C，所求出的效益费用比 B/C 或内部收益率 IRR，其可靠率 P_s（或保证率）并不一定是 $P_s=100\%$，在某些情况下，$P_s<100\%$，例如某水利工程甲的多年平均年效益为 $B_{甲}$，其年费用为 $C_{甲}$（包括总投资的本利年摊还值与年运行费之和），求出该工程的效益费用比 $B_{甲}/C_{甲}=1.30$，另一水利工程乙的多年平均年效益为 $B_{乙}$，其年费用为 $C_{乙}$，同法可求出该工程的效益费用比 $B_{乙}/C_{乙}=1.27$，故而认为工程甲比工程乙在经济上比较有利一些，如要求在两者之中进行选择，应选择工程甲。如果进一步考虑其可靠性进行概率分析，可能得出不同的结论。仍举上述例子，工程甲所在的河流，其年径流变化较大（$C_v=0.6$），工程乙所在的河流，其年径流变化较小（$C_v=0.2$），采用相同方法对长系列年径流进行水利经济计算，分别求出工程甲与工程乙各年的效益费用比 B/C，然后进行统计分析，得出工程甲与工程乙各种效益费用比 B/C 的概率 P，参见表 12-6。假设要求水利工程的灌溉与发电的保证率分别为 $P_{灌}=80\%$ 与 $P_{电}=95\%$，或者工程年盈利的概率 $P_s=85\%$，由表 12-6 可知，即使工程甲的效益费用比的年期望值 $B/C=1.30$，但盈利（$B>C$）的可靠率 P_s 仅为 80%，亏损（$B<C$）的风险率 P_f 则达 20%，从风险（概率）分析看，以选择工程乙方案较为有利。

表 12-6 工程甲与工程乙各种效益费用比（B/C）的概率统计结果

工程	概率 P（%）				年期望值 B/C	可靠率 P_s	风险率 P_f
	>1.5	1.5～1.2	1.2～1.0	<1.0			
甲	10	30	40	20	1.3	80%	20%
乙	5	40	50	5	1.27	95%	5%

附录　考虑资金时间价值的折算因子表

附表1　$i=3\%$

n	一次收付期值因子 $(F/P,i,n)$ 已知 P 求 F $(1+i)^n$	一次收付现值因子 $(P/F,i,n)$ 已知 F 求 P $\frac{1}{(1+i)^n}$	分期等付期值因子 $(F/A,i,n)$ 已知 A 求 F $\frac{(1+i)^n-1}{i}$	基金存储因子 $(A/F,i,n)$ 已知 F 求 A $\frac{i}{(1+i)^n-1}$	本利摊还因子 $(A/P,i,n)$ 已知 P 求 A $\frac{i(1+i)^n}{(1+i)^n-1}$	分期等付现值因子 $(P/A,i,n)$ 已知 A 求 P $\frac{(1+i)^n-1}{i(1+i)^n}$
1	1.030	0.970 9	1.000	1.000 00	1.030 00	0.971
2	1.061	0.942 6	2.030	0.492 61	0.522 61	1.913
3	1.093	0.915 1	3.091	0.323 53	0.353 53	2.829
4	1.126	0.888 5	4.184	0.239 03	0.269 03	3.717
5	1.159	0.862 6	5.309	0.188 35	0.218 35	4.580
6	1.194	0.837 5	6.468	0.154 60	0.184 60	5.417
7	1.230	0.813 1	7.662	0.130 51	0.160 51	6.230
8	1.267	0.789 4	8.892	0.112 46	0.142 46	7.020
9	1.305	0.766 4	10.159	0.098 43	0.128 43	7.786
10	1.344	0.744 1	11.464	0.087 23	0.117 23	8.530
11	1.384	0.722 4	12.080	0.078 08	0.108 08	9.253
12	1.426	0.701 4	14.192	0.070 46	0.100 46	9.954
13	1.469	0.681 0	15.618	0.064 03	0.094 03	10.635
14	1.513	0.661 1	17.086	0.058 53	0.088 53	11.296
15	1.558	0.641 9	18.599	0.053 77	0.083 77	11.938
16	1.605	0.623 2	20.157	0.049 61	0.079 61	12.561
17	1.653	0.605 0	21.762	0.045 95	0.075 95	13.166
18	1.702	0.587 4	23.414	0.042 71	0.072 71	13.754
19	1.754	0.570 3	25.117	0.039 81	0.069 81	14.324
20	1.806	0.553 7	26.870	0.037 22	0.067 22	14.877
21	1.860	0.537 5	28.676	0.034 87	0.064 87	15.415
22	1.916	0.521 9	30.537	0.032 75	0.062 75	15.937
23	1.974	0.506 7	32.453	0.030 81	0.060 81	16.444
24	2.033	0.491 9	34.426	0.029 05	0.059 05	16.936
25	2.094	0.477 6	36.459	0.027 43	0.057 43	17.413
26	2.157	0.463 7	38.533	0.025 94	0.055 94	17.877
27	2.221	0.450 2	40.710	0.024 56	0.054 96	18.327
28	2.288	0.437 1	42.931	0.023 29	0.053 29	18.764
29	2.357	0.424 3	45.219	0.022 11	0.052 11	19.188
30	2.427	0.412 0	47.575	0.021 02	0.051 02	19.600
35	2.814	0.355 4	60.462	0.016 54	0.046 54	21.487
40	3.262	0.306 6	75.401	0.013 26	0.043 26	23.115
45	3.782	0.264 4	92.720	0.010 79	0.040 79	24.519
50	4.384	0.228 1	112.797	0.008 87	0.038 87	25.730
55	5.082	0.196 8	136.072	0.007 35	0.037 35	26.774
60	5.892	0.169 7	163.053	0.006 13	0.036 13	27.676
65	6.830	0.146 4	194.333	0.005 15	0.035 15	28.453
70	7.918	0.126 3	230.594	0.004 34	0.034 34	29.123
75	9.179	0.108 9	272.631	0.003 67	0.033 67	29.702
80	10.641	0.094 0	321.363	0.003 11	0.033 11	30.201
85	12.336	0.081 1	377.857	0.002 65	0.032 65	30.631
90	14.300	0.069 9	443.349	0.002 26	0.032 26	31.002
95	14.300	0.069 9	443.349	0.002 26	0.032 26	31.323
100	19.219	0.052 0	607.288	0.001 65	0.031 65	31.599
∞	∞	0	∞	0	0.030 00	33.333

附表2 $i=5\%$

n	一次收付期值因子 $(F/P,i,n)$ 已知 P 求 F $(1+i)^n$	一次收付现值因子 $(P/F,i,n)$ 已知 F 求 P $\frac{1}{(1+i)^n}$	分期等付期值因子 $(F/A,i,n)$ 已知 A 求 F $\frac{(1+i)^n-1}{i}$	基金存储因子 $(A/F,i,n)$ 已知 F 求 A $\frac{i}{(1+i)^n-1}$	本利摊还因子 $(A/P,i,n)$ 已知 P 求 A $\frac{i(1+i)^n}{(1+i)^n-1}$	分期等付现值因子 $(P/A,i,n)$ 已知 A 求 P $\frac{(1+i)^n-1}{i(1+i)^n}$
1	1.050	0.952 4	1.000	1.000 00	1.050 00	0.952
2	1.103	0.907 0	2.050	0.487 80	0.537 80	1.859
3	1.158	0.863 8	3.153	0.317 21	0.367 21	2.723
4	1.216	0.822 7	4.310	0.232 01	0.282 01	3.546
5	1.276	0.783 5	5.526	0.180 97	0.230 97	4.329
6	1.340	0.746 2	6.802	0.147 02	0.197 02	5.076
7	1.407	0.710 7	8.142	0.122 82	0.172 82	5.786
8	1.477	0.676 8	9.549	0.104 72	0.154 72	6.463
9	1.551	0.644 6	11.027	0.090 69	0.140 69	7.108
10	1.629	0.613 9	12.578	0.079 50	0.129 50	7.722
11	1.710	0.584 7	14.207	0.070 39	0.120 39	8.306
12	1.796	0.556 8	15.917	0.062 83	0.112 83	8.863
13	1.886	0.530 3	17.713	0.056 46	0.106 46	9.394
14	1.980	0.505 1	19.599	0.051 02	0.101 02	9.899
15	2.079	0.481 0	21.579	0.046 34	0.096 34	10.380
16	2.183	0.458 1	23.657	0.042 27	0.092 27	10.838
17	2.292	0.436 3	25.840	0.038 70	0.088 70	11.274
18	2.407	0.415 5	28.132	0.035 55	0.085 55	11.690
19	2.527	0.395 7	30.539	0.032 75	0.082 75	12.085
20	2.653	0.376 9	33.066	0.030 24	0.080 24	12.462
21	2.786	0.358 9	35.719	0.028 00	0.078 00	12.821
22	2.925	0.341 8	38.505	0.025 97	0.075 97	13.163
23	3.072	0.325 6	41.430	0.024 14	0.074 14	13.489
24	3.225	0.310 1	44.502	0.022 47	0.072 47	13.799
25	3.386	0.295 3	47.727	0.020 95	0.070 95	14.094
26	3.556	0.281 2	51.113	0.019 56	0.069 56	14.375
27	3.733	0.267 8	54.669	0.018 29	0.068 29	14.643
28	3.920	0.255 1	58.403	0.017 12	0.067 12	14.898
29	4.116	0.242 9	62.323	0.016 05	0.066 05	15.141
30	4.322	0.231 4	66.439	0.015 05	0.065 05	15.372
35	5.516	0.181 3	90.320	0.011 07	0.061 07	16.374
40	7.040	0.142 0	120.800	0.008 28	0.058 28	17.159
45	8.985	0.111 3	159.700	0.006 26	0.056 26	17.774
50	11.467	0.087 2	209.348	0.004 78	0.054 78	18.256
55	14.636	0.068 3	272.713	0.003 67	0.053 67	18.633
60	18.679	0.053 5	353.584	0.002 83	0.052 83	18.929
65	23.840	0.041 9	456.798	0.002 19	0.052 19	19.161
70	30.426	0.032 9	588.529	0.001 70	0.051 70	19.343
75	38.833	0.025 8	756.654	0.001 32	0.051 32	19.485
80	49.561	0.020 2	971.229	0.001 03	0.051 03	19.596
85	63.254	0.015 8	1 245.087	0.000 80	0.050 80	19.684
90	80.730	0.012 4	1 594.607	0.000 63	0.050 63	19.752
95	103.035	0.009 7	2 040.694	0.000 49	0.050 49	19.806
100	131.501	0.007 6	2 610.025	0.000 38	0.050 38	19.848
∞	∞	0	∞	0	0.050 00	20.000

附表3 $i=6\%$

n	一次收付期值因子 $(F/P,i,n)$ 已知 P 求 F $(1+i)^n$	一次收付现值因子 $(P/F,i,n)$ 已知 F 求 P $\frac{1}{(1+i)^n}$	分期等付期值因子 $(F/A,i,n)$ 已知 A 求 F $\frac{(1+i)^n-1}{i}$	基金存储因子 $(A/F,i,n)$ 已知 F 求 A $\frac{i}{(1+i)^n-1}$	本利摊还因子 $(A/P,i,n)$ 已知 P 求 A $\frac{i(1+i)^n}{(1+i)^n-1}$	分期等付现值因子 $(P/A,i,n)$ 已知 A 求 P $\frac{(1+i)^n-1}{i(1+i)^n}$
1	1.060	0.943 4	1.000	1.000 00	1.060 00	0.943
2	1.124	0.890 0	2.060	0.485 44	0.545 44	1.833
3	1.191	0.839 6	3.184	0.314 11	0.374 11	2.673
4	1.262	0.792 1	4.375	0.228 59	0.288 59	3.465
5	1.338	0.747 3	5.637	0.177 40	0.237 40	4.212
6	1.419	0.705 0	6.975	0.143 36	0.203 36	4.917
7	1.504	0.665 1	8.394	0.119 14	0.179 14	5.582
8	1.594	0.627 4	9.897	0.101 04	0.161 04	6.210
9	1.689	0.591 9	11.491	0.087 02	0.147 02	6.802
10	1.791	0.558 4	13.181	0.075 87	0.135 87	7.360
11	1.898	0.526 8	14.972	0.066 79	0.126 79	7.887
12	2.012	0.497 0	16.870	0.059 28	0.119 28	8.384
13	2.133	0.468 8	18.882	0.052 96	0.112 96	8.853
14	2.261	0.442 3	21.015	0.047 58	0.107 58	9.295
15	2.397	0.417 3	23.276	0.042 96	0.102 96	9.712
16	2.540	0.393 6	25.673	0.038 95	0.098 95	10.106
17	2.693	0.371 4	28.213	0.035 44	0.095 44	10.477
18	2.854	0.350 3	30.906	0.032 36	0.092 36	10.828
19	3.026	0.330 5	33.760	0.029 62	0.089 62	11.158
20	3.207	0.311 8	36.786	0.027 18	0.087 18	11.470
21	3.400	0.294 2	39.993	0.025 00	0.085 00	11.764
22	3.604	0.277 5	43.392	0.023 05	0.083 05	12.042
23	3.820	0.261 8	46.996	0.021 28	0.081 28	12.303
24	4.049	0.247 0	50.816	0.019 68	0.079 68	12.550
25	4.292	0.233 0	54.865	0.018 23	0.078 23	12.783
26	4.549	0.219 8	59.156	0.016 90	0.076 90	13.003
27	4.822	0.207 4	63.706	0.015 70	0.075 70	13.211
28	5.112	0.195 6	68.528	0.014 59	0.074 59	13.406
29	5.418	0.184 6	73.640	0.013 58	0.073 58	13.591
30	5.743	0.174 1	79.058	0.012 65	0.072 65	13.765
35	7.686	0.130 1	111.435	0.008 97	0.068 97	14.498
40	10.286	0.097 2	154.762	0.006 46	0.066 46	15.046
45	13.765	0.072 7	212.744	0.004 70	0.064 70	15.456
50	18.420	0.054 3	290.336	0.003 44	0.063 44	15.762
55	24.650	0.040 6	394.172	0.002 54	0.062 54	15.991
60	32.988	0.030 3	533.128	0.001 88	0.061 88	16.161
65	44.145	0.022 7	719.083	0.001 39	0.061 39	16.289
70	59.076	0.016 9	967.932	0.001 03	0.061 03	16.385
75	79.057	0.012 6	1 300.949	0.000 77	0.060 77	16.456
80	105.796	0.009 5	1 746.600	0.000 57	0.060 57	16.509
85	141.579	0.007 1	2 342.982	0.000 43	0.060 43	16.549
90	189.465	0.005 3	3 141.075	0.000 32	0.060 32	16.579
95	253.546	0.003 9	4 206.104	0.000 24	0.060 24	16.601
100	339.302	0.002 9	5 638.368	0.000 18	0.060 18	16.618
∞	∞	0	∞	0	0.060 00	16.667

附表 4　$i=7\%$

n	一次收付期值因子 $(F/P,i,n)$ 已知 P 求 F $(1+i)^n$	一次收付现值因子 $(P/F,i,n)$ 已知 F 求 P $\frac{1}{(1+i)^n}$	分期等付期值因子 $(F/A,i,n)$ 已知 A 求 F $\frac{(1+i)^n-1}{i}$	基金存储因子 $(A/F,i,n)$ 已知 F 求 A $\frac{i}{(1+i)^n-1}$	本利摊还因子 $(A/P,i,n)$ 已知 P 求 A $\frac{i(1+i)^n}{(1+i)^n-1}$	分期等付现值因子 $(P/A,i,n)$ 已知 A 求 P $\frac{(1+i)^n-1}{i(1+i)^n}$
1	1.070	0.934 6	1.000	1.000 0	1.070 0	0.935
2	1.145	0.873 4	2.070	0.483 1	0.553 1	1.808
3	1.225	0.816 3	3.215	0.311 1	0.381 1	2.624
4	1.311	0.762 9	4.440	0.225 2	0.295 2	3.387
5	1.403	0.713 0	5.751	0.173 9	0.243 9	4.100
6	1.501	0.666 3	7.153	0.139 8	0.209 8	4.767
7	1.606	0.622 7	8.654	0.115 6	0.185 6	5.389
8	1.718	0.582 0	10.260	0.097 5	0.167 5	5.971
9	1.838	0.543 9	11.978	0.083 5	0.153 5	6.515
10	1.967	0.508 3	13.816	0.072 4	0.142 4	7.024
11	2.105	0.475 1	15.784	0.063 4	0.133 4	7.499
12	2.252	0.444 0	17.888	0.055 9	0.125 9	7.943
13	2.410	0.415 0	20.141	0.049 7	0.119 7	8.358
14	2.579	0.387 8	22.550	0.043 0	0.114 3	8.745
15	2.759	0.362 4	25.129	0.039 8	0.109 8	9.108
16	2.952	0.338 7	27.888	0.035 9	0.105 9	9.447
17	3.159	0.316 6	30.840	0.032 4	0.102 4	9.763
18	3.380	0.295 9	33.999	0.029 4	0.099 4	10.059
19	3.617	0.276 5	37.379	0.026 8	0.096 8	10.336
20	3.870	0.258 4	40.996	0.024 4	0.094 4	10.594
21	4.141	0.214 5	44.865	0.022 3	0.092 3	10.836
22	4.430	0.225 7	49.006	0.020 4	0.090 4	11.061
23	4.741	0.210 9	53.436	0.018 7	0.088 7	11.272
24	5.072	0.197 1	58.177	0.017 2	0.087 2	11.469
25	5.427	0.184 2	63.249	0.015 8	0.085 8	11.654
26	5.807	0.172 2	68.676	0.014 6	0.084 6	11.826
27	6.214	0.160 9	74.484	0.013 4	0.083 4	11.987
28	6.649	0.150 4	80.698	0.012 4	0.082 4	12.137
29	7.114	0.140 6	87.347	0.011 4	0.081 4	12.278
30	7.612	0.131 4	94.461	0.010 6	0.080 6	12.409
35	10.677	0.093 7	138.237	0.007 2	0.077 2	12.948
40	14.974	0.066 8	199.635	0.005 0	0.075 0	13.332
45	21.007	0.047 6	285.749	0.003 5	0.073 5	13.606
50	29.457	0.033 9	406.529	0.002 5	0.072 5	13.801
55	41.315	0.024 2	575.929	0.001 7	0.071 7	13.940
60	57.946	0.017 3	813.520	0.001 2	0.071 2	14.039
65	81.273	0.012 3	1 146.755	0.000 9	0.070 9	14.110
70	113.989	0.008 8	1 614.134	0.000 6	0.070 6	14.160
75	159.876	0.006 3	2 269.657	0.000 4	0.070 4	14.196
80	224.234	0.004 5	3 189.030	0.000 3	0.070 3	14.222
85	314.500	0.003 2	4 478.576	0.000 8	0.070 2	14.240
90	441.103	0.002 3	6 287.185	0.000 2	0.070 2	14.253
95	618.670	0.001 6	8 823.854	0.000 1	0.070 1	14.263
100	867.716	0.001 2	12 381.662	0.000 1	0.070 1	14.269
∞	∞	0	∞	0	0.070 0	14.286

附表5　$i=8\%$

n	一次收付期值因子 $(F/P,i,n)$ 已知 P 求 F $(1+i)^n$	一次收付现值因子 $(P/F,i,n)$ 已知 F 求 P $\frac{1}{(1+i)^n}$	分期等付期值因子 $(F/A,i,n)$ 已知 A 求 F $\frac{(1+i)^n-1}{i}$	基金存储因子 $(A/F,i,n)$ 已知 F 求 A $\frac{i}{(1+i)^n-1}$	本利摊还因子 $(A/P,i,n)$ 已知 P 求 A $\frac{i(1+i)^n}{(1+i)^n-1}$	分期等付现值因子 $(P/A,i,n)$ 已知 A 求 P $\frac{(1+i)^n-1}{i(1+i)^n}$
1	1.080	0.9259	1.000	1.000 00	1.080 00	0.926
2	1.166	0.857 3	2.080	0.480 77	0.560 77	1.783
3	1.260	0.793 8	3.246	0.308 03	0.388 03	2.577
4	1.360	0.735 0	4.506	0.221 92	0.301 92	3.312
5	1.469	0.680 6	5.867	0.170 46	0.250 46	3.993
6	1.587	0.630 2	7.336	0.136 32	0.216 32	4.623
7	1.714	0.583 5	8.923	0.112 07	0.192 07	5.206
8	1.851	0.540 3	10.637	0.094 01	0.174 01	5.747
9	1.999	0.500 2	12.488	0.080 08	0.160 08	6.247
10	2.159	0.463 2	14.487	0.069 03	0.149 03	6.710
11	2.332	0.428 9	16.645	0.060 08	0.140 08	7.139
12	2.518	0.397 1	18.977	0.052 70	0.132 70	7.536
13	2.720	0.367 7	21.495	0.046 52	0.123 52	7.904
14	2.937	0.340 5	24.215	0.041 30	0.121 30	8.244
15	3.172	0.315 2	27.152	0.036 83	0.116 83	8.559
16	3.426	0.291 9	30.324	0.032 98	0.112 98	8.851
17	3.700	0.270 3	33.750	0.029 63	0.109 63	9.122
18	3.996	0.250 2	37.450	0.026 70	0.106 70	9.372
19	4.316	0.231 7	41.446	0.024 13	0.104 13	9.604
20	4.661	0.214 5	45.762	0.021 85	0.101 85	9.818
21	5.034	0.198 7	50.423	0.019 83	0.099 83	10.017
22	5.437	0.188 9	55.457	0.018 03	0.098 03	10.201
23	5.871	0.170 3	60.893	0.016 42	0.096 42	10.371
24	6.341	0.157 7	66.765	0.014 98	0.094 98	10.529
25	6.848	0.146 0	73.106	0.013 68	0.093 68	10.675
26	7.396	0.135 2	79.954	0.012 51	0.092 51	10.810
27	7.988	0.125 2	87.351	0.011 45	0.091 45	10.935
28	8.627	0.115 9	95.339	0.010 49	0.090 49	11.051
29	9.317	0.107 3	103.966	0.009 62	0.089 62	11.158
30	10.063	0.099 4	113.283	0.008 83	0.088 83	11.258
35	14.785	0.067 6	172.317	0.005 80	0.085 80	11.655
40	21.725	0.046 0	259.057	0.003 86	0.083 86	11.925
45	31.920	0.031 3	386.506	0.002 59	0.082 59	12.108
50	46.902	0.021 3	573.770	0.001 74	0.081 74	12.233
55	68.914	0.014 5	848.923	0.001 18	0.081 18	12.319
60	101.257	0.009 9	1 253.213	0.000 80	0.080 80	12.377
65	148.780	0.006 7	1 847.248	0.000 54	0.080 54	12.416
70	218.606	0.004 6	2 720.080	0.000 37	0.080 37	12.443
75	321.205	0.003 1	4 002.557	0.000 25	0.080 25	12.461
80	471.955	0.002 1	5 886.935	0.000 17	0.080 17	12.474
85	693.456	0.001 4	8 655.706	0.000 12	0.080 12	12.482
90	1 018.915	0.001 0	12 726.939	0.000 08	0.080 08	12.488
95	1 497.121	0.000 7	18 701.507	0.000 05	0.080 05	12.492
100	2 199.761	0.000 5	27 484.516	0.000 04	0.080 04	12.494
∞	∞	0	∞	0	0.080 00	12.500

附表6　$i=10\%$

n	一次收付期值因子 $(F/P,i,n)$ 已知 P 求 F $(1+i)^n$	一次收付现值因子 $(P/F,i,n)$ 已知 F 求 P $\frac{1}{(1+i)^n}$	分期等付期值因子 $(F/A,i,n)$ 已知 A 求 F $\frac{(1+i)^n-1}{i}$	基金存储因子 $(A/F,i,n)$ 已知 F 求 A $\frac{i}{(1+i)^n-1}$	本利摊还因子 $(A/P,i,n)$ 已知 P 求 A $\frac{i(1+i)^n}{(1+i)^n-1}$	分期等付现值因子 $(P/A,i,n)$ 已知 A 求 P $\frac{(1+i)^n-1}{i(1+i)^n}$
1	1.100	0.909 1	1.000	1.000 00	1.100 00	0.909
2	1.210	0.826 4	2.100	0.476 19	0.576 19	1.736
3	1.331	0.751 3	3.310	0.302 11	0.402 11	2.487
4	1.464	0.683 0	4.641	0.215 47	0.315 47	3.170
5	1.611	0.620 9	6.105	0.163 80	0.263 80	3.791
6	1.722	0.564 5	7.716	0.129 61	0.229 61	4.355
7	1.949	0.513 2	9.487	0.105 41	0.205 41	4.868
8	2.144	0.466 5	11.436	0.087 44	0.187 44	5.335
9	2.358	0.424 1	13.579	0.073 64	0.173 64	5.759
10	2.594	0.385 5	15.937	0.062 75	0.162 75	6.144
11	2.853	0.350 5	18.531	0.053 96	0.153 96	6.495
12	3.138	0.318 6	21.384	0.046 76	0.146 76	6.814
13	3.452	0.289 7	24.523	0.040 78	0.140 78	7.103
14	3.797	0.263 3	27.975	0.035 75	0.135 75	7.367
15	4.177	0.239 4	31.772	0.031 47	0.131 47	7.606
16	4.595	0.217 6	35.950	0.027 82	0.127 82	7.824
17	5.054	0.197 8	40.545	0.024 66	0.124 66	8.022
18	5.560	0.179 9	45.599	0.021 93	0.121 93	8.201
19	6.116	0.163 5	51.159	0.019 55	0.119 55	8.365
20	6.727	0.148 6	57.275	0.017 46	0.117 46	8.514
21	7.400	0.135 1	64.002	0.015 62	0.115 62	8.649
22	8.140	0.122 8	71.403	0.014 01	0.114 01	8.772
23	8.954	0.111 7	79.543	0.012 57	0.112 57	8.883
24	9.850	0.101 5	88.497	0.011 30	0.111 30	8.985
25	10.835	0.092 3	98.347	0.010 17	0.110 17	9.077
26	11.918	0.083 9	109.182	0.009 16	0.109 16	9.161
27	13.110	0.076 3	121.100	0.008 26	0.108 26	9.237
28	14.421	0.069 3	134.210	0.007 45	0.107 45	9.307
29	15.863	0.063 0	148.631	0.006 73	0.106 73	9.370
30	17.449	0.057 3	164.494	0.006 08	0.106 08	9.427
35	28.102	0.035 6	271.024	0.003 69	0.103 69	9.644
40	45.259	0.022 1	442.593	0.002 60	0.102 26	9.779
45	72.890	0.013 7	718.905	0.001 39	0.101 39	9.863
50	117.391	0.008 5	1 163.909	0.000 86	0.100 86	9.915
55	189.059	0.005 3	1 880.591	0.000 53	0.100 53	9.947
60	304.482	0.003 3	3 034.816	0.000 33	0.100 33	9.967
65	490.371	0.002 0	4 893.707	0.000 20	0.100 20	9.980
70	789.747	0.001 3	7 887.470	0.000 13	0.100 13	9.987
75	1 271.895	0.000 8	12 708.954	0.000 08	0.100 08	9.992
80	2 048.400	0.000 5	20 474.002	0.000 05	0.100 05	9.995
85	3 298.969	0.000 3	32 979.690	0.000 03	0.100 03	9.997
90	5 313.023	0.000 2	53 120.226	0.000 02	0.100 02	9.998
95	8 556.676	0.000 1	85 556.760	0.000 01	0.100 01	9.999
100	13 781.000	0.000 07	—	0.000 01	0.100 01	9.999
∞	∞	0	∞	0	0.100 00	10.000

附表 7　$i=12\%$

n	一次收付期值因子 $(F/P,i,n)$ 已知 P 求 F $(1+i)^n$	一次收付现值因子 $(P/F,i,n)$ 已知 F 求 P $\frac{1}{(1+i)^n}$	分期等付期值因子 $(F/A,i,n)$ 已知 A 求 F $\frac{(1+i)^n-1}{i}$	基金存储因子 $(A/F,i,n)$ 已知 F 求 A $\frac{i}{(1+i)^n-1}$	本利摊还因子 $(A/P,i,n)$ 已知 P 求 A $\frac{i(1+i)^n}{(1+i)^n-1}$	分期等付现值因子 $(P/A,i,n)$ 已知 A 求 P $\frac{(1+i)^n-1}{i(1+i)^n}$
1	1.120	0.892 9	1.000	1.000 00	1.120 00	0.893
2	1.254	0.797 2	2.120	0.471 70	0.591 70	1.690
3	1.405	0.711 8	3.374	0.296 35	0.416 35	2.402
4	1.574	0.635 5	4.779	0.209 23	0.329 23	3.037
5	1.762	0.567 4	6.353	0.157 41	0.277 41	3.605
6	1.974	0.506 6	8.115	0.123 23	0.243 23	4.111
7	2.211	0.452 3	10.089	0.099 12	0.219 12	4.564
8	2.476	0.403 9	12.300	0.081 30	0.201 30	4.968
9	2.773	0.360 6	14.776	0.067 68	0.187 68	5.328
10	3.106	0.322 0	17.549	0.056 98	0.176 98	5.650
11	3.479	0.287 5	20.655	0.048 42	0.168 42	5.938
12	3.896	0.256 7	24.133	0.041 44	0.161 44	6.194
13	4.363	0.229 2	28.029	0.035 68	0.155 68	6.424
14	4.887	0.204 6	32.393	0.030 87	0.150 87	6.628
15	5.474	0.182 7	37.280	0.026 82	0.146 82	6.811
16	6.130	0.163 1	42.753	0.023 39	0.143 39	6.974
17	6.866	0.145 6	48.884	0.020 46	0.140 46	7.120
18	7.690	0.130 0	55.750	0.017 94	0.137 94	7.250
19	8.613	0.116 1	63.440	0.015 76	0.135 76	7.366
20	9.646	0.103 7	72.052	0.013 88	0.133 88	7.469
21	10.804	0.092 6	81.699	0.012 24	0.132 24	7.562
22	12.100	0.082 6	92.503	0.010 81	0.130 81	7.645
23	13.552	0.073 8	104.603	0.009 56	0.129 56	7.718
24	15.179	0.065 9	118.155	0.008 46	0.128 46	7.784
25	17.000	0.058 8	133.334	0.007 50	0.127 50	7.843
26	19.040	0.052 5	150.334	0.006 65	0.126 65	7.896
27	21.325	0.046 9	169.374	0.005 90	0.125 90	7.943
28	23.884	0.037 4	214.133	0.005 25	0.125 24	7.984
29	26.750	0.037 4	214.583	0.004 66	0.124 66	8.022
30	29.960	0.033 4	241.333	0.004 14	0.124 14	8.055
35	52.800	0.018 9	431.663	0.002 32	0.122 32	8.176
40	93.051	0.010 7	767.091	0.001 30	0.121 30	8.244
45	163.988	0.006 1	1 358.230	0.000 74	0.120 74	8.283
50	289.002	0.003 5	2 400.018	0.000 42	0.120 42	8.304
55	509.321	0.002 0	4 236.005	0.000 24	0.120 24	8.317
60	897.597	0.001 1	7 471.641	0.000 13	0.120 13	8.324
65	1 581.872	0.000 6	13 173.937	0.000 08	0.120 08	8.328
70	2 787.800	0.000 4	23 223.332	0.000 04	0.120 04	8.330
75	4 913.056	0.000 2	40 933.799	0.000 02	0.120 02	8.332
80	8 658.483	0.000 1	72 145.692	0.000 01	0.120 01	8.332
100	83 522.000	0.000 1	—	0.000 00	0.120 00	8.333
∞	∞	0	∞	0	0.120 00	8.333

附表 8　$i=15\%$

n	一次收付期值因子 $(F/P,i,n)$ 已知 P 求 F $(1+i)^n$	一次收付现值因子 $(P/F,i,n)$ 已知 F 求 P $\frac{1}{(1+i)^n}$	分期等付期值因子 $(F/A,i,n)$ 已知 A 求 F $\frac{(1+i)^n-1}{i}$	基金存储因子 $(A/F,i,n)$ 已知 F 求 A $\frac{i}{(1+i)^n-1}$	本利摊还因子 $(A/P,i,n)$ 已知 P 求 A $\frac{i(1+i)^n}{(1+i)^n-1}$	分期等付现值因子 $(P/A,i,n)$ 已知 A 求 P $\frac{(1+i)^n-1}{i(1+i)^n}$
1	1.150	0.869 6	1.000	1.000 00	1.150 00	0.870
2	1.322	0.756 1	2.150	0.465 12	0.615 12	1.626
3	1.521	0.657 5	3.472	0.287 98	0.437 98	2.283
4	1.749	0.571 8	4.993	0.200 27	0.350 27	2.855
5	2.011	0.497 2	6.742	0.148 32	0.298 32	3.352
6	2.313	0.432 3	8.754	0.114 24	0.264 24	3.784
7	2.660	0.375 9	11.067	0.090 36	0.240 36	4.160
8	3.059	0.326 9	13.727	0.072 85	0.222 85	4.487
9	3.518	0.284 3	16.786	0.059 27	0.209 57	4.772
10	4.046	0.247 2	20.304	0.049 25	0.199 25	5.019
11	4.652	0.214 9	24.349	0.041 07	0.191 07	5.234
12	5.350	0.186 9	29.002	0.034 48	0.184 48	5.421
13	6.153	0.162 5	34.352	0.029 11	0.179 11	5.583
14	7.076	0.141 3	40.505	0.024 69	0.174 69	5.724
15	8.137	0.122 9	47.580	0.021 02	0.171 02	5.847
16	9.358	0.106 9	55.717	0.017 95	0.167 95	5.954
17	10.761	0.092 9	65.075	0.015 37	0.165 37	6.047
18	12.375	0.080 8	75.836	0.013 19	0.163 19	6.128
19	14.232	0.070 3	88.212	0.011 34	0.161 34	6.198
20	16.367	0.061 1	102.444	0.009 76	0.159 76	6.259
21	18.822	0.053 1	118.810	0.008 42	0.158 42	6.312
22	21.645	0.046 2	137.632	0.007 27	0.157 27	6.359
23	24.891	0.040 2	159.276	0.006 28	0.156 28	6.399
24	28.625	0.034 9	184.168	0.005 43	0.155 43	6.434
25	32.919	0.030 4	212.793	0.004 70	0.154 70	6.464
26	37.857	0.026 4	245.712	0.004 07	0.154 07	6.491
27	43.535	0.023 0	283.569	0.003 53	0.153 53	6.514
28	50.066	0.020 0	327.104	0.003 06	0.153 06	6.534
29	57.575	0.017 4	377.170	0.002 65	0.152 65	6.551
30	66.212	0.015 1	434.745	0.002 30	0.152 30	6.566
35	133.176	0.007 5	881.170	0.001 13	0.151 13	6.617
40	267.864	0.003 7	1 779.090	0.000 56	0.150 56	6.642
45	538.769	0.001 9	3 585.128	0.000 28	0.150 28	6.654
50	1 083.657	0.000 9	7 217.716	0.000 14	0.150 14	6.661
55	2 179.622	0.000 5	14 524.148	0.000 07	0.150 07	6.664
60	4 383.999	0.000 2	29 219.992	0.000 03	0.150 03	6.665
65	8 817.787	0.000 1	58 778.583	0.000 02	0.150 20	6.666
∞	∞	0	∞	0	0.150 00	6.667

附表 9　$i=20\%$

n	一次收付期值因子 $(F/P,i,n)$ 已知 P 求 F $(1+i)^n$	一次收付现值因子 $(P/F,i,n)$ 已知 F 求 P $\frac{1}{(1+i)^n}$	分期等付期值因子 $(F/A,i,n)$ 已知 A 求 F $\frac{(1+i)^n-1}{i}$	基金存储因子 $(A/F,i,n)$ 已知 F 求 A $\frac{i}{(1+i)^n-1}$	本利摊还因子 $(A/P,i,n)$ 已知 P 求 A $\frac{i(1+i)^n}{(1+i)^n-1}$	分期等付现值因子 $(P/A,i,n)$ 已知 A 求 P $\frac{(1+i)^n-1}{i(1+i)^n}$
1	1.200 0	0.833 3	1.000	1.000 00	1.200 00	0.833 3
2	1.440 0	0.694 4	2.200	0.454 55	0.654 55	1.527 8
3	1.728 0	0.578 7	3.640	0.274 73	0.474 73	2.106 5
4	2.073 6	0.482 3	5.368	0.186 29	0.386 29	2.588 7
5	2.488 3	0.401 9	7.442	0.134 38	0.334 38	2.990 6
6	2.986 0	0.334 9	9.930	0.100 71	0.300 71	3.325 5
7	3.583 2	0.279 1	12.916	0.077 42	0.277 42	3.604 6
8	4.299 8	0.232 6	16.499	0.060 61	0.260 61	3.837 2
9	5.159 8	0.193 8	20.799	0.048 08	0.248 08	4.031 0
10	6.159 8	0.161 5	25.959	0.038 52	0.238 52	4.192 5
11	7.430 1	0.134 6	32.150	0.031 10	0.231 10	4.327 1
12	8.916 1	0.112 2	39.580	0.025 27	0.225 26	4.439 2
13	10.699 3	0.093 5	48.497	0.020 62	0.220 62	4.532 7
14	12.839 2	0.077 9	59.196	0.016 89	0.216 89	4.610 6
15	15.407 0	0.064 9	72.035	0.013 88	0.213 88	4.675 5
16	18.488 1	0.054 1	87.442	0.011 44	0.211 44	4.729 6
17	22.186 1	0.045 1	105.930	0.009 44	0.209 44	4.884 6
18	26.623 2	0.037 6	128.116	0.007 81	0.207 81	4.812 2
19	31.947 9	0.031 3	154.740	0.006 46	0.206 46	4.843 5
20	38.337 5	0.026 1	186.687	0.005 36	0.205 36	4.869 6
22	55.205 9	0.018 1	271.030	0.003 69	0.203 69	4.909 4
24	79.496 5	0.012 6	392.483	0.002 55	0.202 55	4.937 1
25	95.395 8	0.010 5	471.979	0.002 12	0.202 12	4.947 6
26	114.475 0	0.008 7	567.375	0.001 76	0.201 76	4.956 3
28	164.843 9	0.006 1	819.220	0.001 22	0.201 22	4.969 7
30	237.375 2	0.004 2	1 181.877	0.000 85	0.200 85	4.978 9
32	341.820 1	0.002 9	1 704.102	0.000 59	0.200 59	4.985 4
34	492.220 7	0.002 0	2 456.105	0.000 41	0.200 41	4.989 8
35	590.664 8	0.001 7	2 948.327	0.000 34	0.200 34	4.991 5
36	708.797 6	0.001 4	3 538.992	0.000 28	0.200 28	4.992 9
38	1 020.668	0.001 0	5 098.344	0.000 20	0.200 20	4.995 1
40	1 469.762	0.000 7	7 343.816	0.000 14	0.200 14	4.996 6
45	3 657.236	0.000 3	18 281.190	0.000 05	0.200 05	4.998 6
50	9 100.363	0.000 1	45 496.870	0.000 02	0.200 02	4.999 5

附表 10　$i=25\%$

n	一次收付期值因子 $(F/P,i,n)$	一次收付现值因子 $(P/F,i,n)$	分期等付期值因子 $(F/A,i,n)$	基金存储因子 $(A/F,i,n)$	本利摊还因子 $(A/P,i,n)$	分期等付现值因子 $(P/A,i,n)$
	已知 P 求 F $(1+i)^n$	已知 F 求 P $\frac{1}{(1+i)^n}$	已知 A 求 F $\frac{(1+i)^n-1}{i}$	已知 F 求 A $\frac{i}{(1+i)^n-1}$	已知 P 求 A $\frac{i(1+i)^n}{(1+i)^n-1}$	已知 A 求 P $\frac{(1+i)^n-1}{i(1+i)^n}$
1	1.250 0	0.800 0	1.000	1.000 00	1.250 00	0.800 0
2	1.562 5	0.640 0	2.250	0.444 45	0.694 45	1.440 0
3	1.959 1	0.512 0	3.812	0.262 30	0.512 30	1.952 0
4	2.441 4	0.409 6	5.766	0.173 44	0.423 44	2.361 6
5	3.051 7	0.327 7	8.207	0.121 85	0.371 85	2.689 3
6	3.814 7	0.262 1	11.259	0.088 82	0.338 82	2.951 4
7	4.768 3	0.209 7	15.073	0.066 34	0.316 34	3.161 1
8	5.960 4	0.167 8	19.842	0.050 40	0.300 40	3.328 9
9	7.450 5	0.134 2	25.802	0.038 76	0.288 76	3.463 1
10	9.313 2	0.107 4	33.253	0.030 70	0.280 07	3.570 5
11	11.641 4	0.085 9	42.566	0.023 49	0.273 49	3.656 4
12	14.551 8	0.068 7	54.207	0.018 45	0.268 45	3.725 1
13	18.189 7	0.055 0	68.759	0.014 54	0.264 54	3.780 1
14	22.737 1	0.044 0	86.949	0.011 50	0.261 50	3.824 1
15	28.421 4	0.035 2	109.686	0.009 12	0.259 12	3.859 3
16	35.526 7	0.028 1	138.107	0.007 24	0.257 24	3.887 4
17	44.408 3	0.022 5	173.634	0.005 76	0.255 76	3.909 9
18	55.510 4	0.018 0	218.042	0.004 59	0.254 59	3.927 9
19	69.387 9	0.014 4	273.552	0.003 66	0.253 66	3.942 4
20	86.734 8	0.011 5	342.939	0.002 92	0.252 92	3.953 9
22	135.523 0	0.007 4	538.092	0.001 86	0.251 86	3.970 5
24	211.754 3	0.004 7	843.018	0.001 19	0.251 19	3.981 1
25	264.692 6	0.003 8	1 054.771	0.000 95	0.250 95	3.984 9
26	330.865 5	0.003 0	1 319.463	0.000 76	0.250 76	3.987 9
28	516.976 8	0.001 9	2 063.909	0.000 48	0.250 48	3.992 3
30	807.774 9	0.001 2	3 227.103	0.000 31	0.250 31	3.995 1
32	1 262.146	0.000 8	5 044.590	0.000 20	0.250 20	3.996 8
34	1 972.101	0.000 5	7 884.406	0.000 13	0.250 13	3.998 0
35	2 465.124	0.000 4	9 856.504	0.000 10	0.250 10	3.998 4
36	3 081.403	0.000 3	12 321.620	0.000 08	0.250 08	3.998 7
38	4 814.684	0.000 2	19 254.750	0.000 05	0.250 05	3.999 2
40	7 522.934	0.000 1	30 087.750	0.000 03	0.250 03	3.999 5
45	22 958.08	0.000 0	91 828.370	0.000 01	0.250 01	3.999 8

附表 11　$i=30\%$

n	一次收付期值因子 $(F/P,i,n)$ 已知 P 求 F $(1+i)^n$	一次收付现值因子 $(P/F,i,n)$ 已知 F 求 P $\frac{1}{(1+i)^n}$	分期等付期值因子 $(F/A,i,n)$ 已知 A 求 F $\frac{(1+i)^n-1}{i}$	基金存储因子 $(A/F,i,n)$ 已知 F 求 A $\frac{i}{(1+i)^n-1}$	本利摊还因子 $(A/P,i,n)$ 已知 P 求 A $\frac{i(1+i)^n}{(1+i)^n-1}$	分期等付现值因子 $(P/A,i,n)$ 已知 A 求 P $\frac{(1+i)^n-1}{i(1+i)^n}$
1	1.300 0	0.769 2	1.000	1.000 00	1.300 00	0.769 2
2	1.690 0	0.591 7	2.300	0.434 78	0.734 78	1.360 9
3	2.197 0	0.455 2	3.990	0.250 63	0.550 63	1.816 1
4	2.856 1	0.350 1	6.187	0.161 63	0.461 63	2.166 2
5	3.712 9	0.269 3	9.043	0.110 58	0.410 58	2.435 6
6	4.826 8	0.207 2	12.756	0.078 29	0.378 39	2.642 7
7	6.274 8	0.159 4	17.583	0.056 87	0.356 87	2.802 1
8	8.157 3	0.122 6	23.858	0.041 92	0.341 92	2.924 7
9	10.604 4	0.094 3	32.015	0.031 24	0.331 24	3.019 0
10	13.785 8	0.072 5	42.619	0.023 46	0.323 46	3.091 5
11	17.921 5	0.055 8	56.405	0.017 73	0.317 73	3.147 3
12	23.297 9	0.042 9	74.326	0.013 45	0.313 45	3.190 3
13	30.287 3	0.033 0	97.624	0.010 24	0.310 24	3.223 3
14	39.373 4	0.025 4	127.912	0.007 82	0.307 82	3.248 7
15	51.185 4	0.195 0	167.285	0.005 98	0.305 98	3.268 2
16	66.541 0	0.015 0	218.470	0.004 58	0.304 58	3.283 2
17	86.506 6	0.011 6	285.011	0.003 51	0.303 51	3.294 8
18	112.454 2	0.008 9	371.514	0.002 69	0.302 69	3.303 7
19	146.190 4	0.006 8	483.968	0.002 07	0.302 07	3.310 5
20	190.047 4	0.005 3	630.158	0.001 59	0.301 55	3.315 8
22	321.179 7	0.003 1	1 067.266	0.000 94	0.300 94	3.323 0
24	542.793 0	0.001 8	1 805.979	0.000 55	0.300 55	3.327 2
25	705.630 6	0.001 4	2 348.771	0.000 43	0.300 43	3.328 6
26	917.319 1	0.001 1	3 054.401	0.000 33	0.300 33	3.329 7
28	1 550.268	0.000 6	5 164.227	0.000 19	0.300 19	3.331 2
30	2 619.949	0.000 4	8 729.836	0.000 11	0.300 11	3.332 1
32	4 427.707	0.000 2	14 755.690	0.000 07	0.300 07	3.332 6
34	7 482.816	0.000 1	24 939.410	0.000 04	0.300 04	3.332 9
35	9 727.660	0.000 1	32 422.230	0.000 03	0.300 03	3.333 0

附表12 $i=40\%$

n	一次收付期值因子 $(F/P,i,n)$ 已知 P 求 F $(1+i)^n$	一次收付现值因子 $(P/F,i,n)$ 已知 F 求 P $\frac{1}{(1+i)^n}$	分期等付期值因子 $(F/A,i,n)$ 已知 A 求 F $\frac{(1+i)^n-1}{i}$	基金存储因子 $(A/F,i,n)$ 已知 F 求 A $\frac{i}{(1+i)^n-1}$	本利摊还因子 $(A/P,i,n)$ 已知 P 求 A $\frac{i(1+i)^n}{(1+i)^n-1}$	分期等付现值因子 $(P/A,i,n)$ 已知 A 求 P $\frac{(1+i)^n-1}{i(1+i)^n}$
1	1.400 0	0.714 3	1.000	1.000 00	1.400 00	0.714 3
2	1.960 0	0.510 2	2.400	0.416 67	0.816 67	1.224 5
3	2.744 0	0.364 4	4.360	0.229 36	0.629 36	1.588 9
4	3.841 6	0.260 3	7.104	0.140 77	0.540 77	1.849 2
5	5.378 2	0.185 9	10.946	0.091 36	0.491 36	2.035 2
6	7.529 5	0.132 8	16.324	0.061 26	0.461 26	2.168 0
7	10.541 3	0.094 9	23.853	0.041 92	0.441 92	2.262 8
8	14.757 9	0.067 8	34.395	0.029 07	0.429 07	2.330 6
9	20.661 0	0.048 4	49.153	0.020 34	0.420 34	2.379 0
10	28.925 4	0.034 6	69.814	0.014 32	0.414 32	2.413 6
11	40.495 5	0.024 7	98.739	0.010 13	0.410 13	2.438 3
12	56.693 7	0.017 6	139.234	0.007 18	0.407 18	2.455 9
13	79.371 2	0.012 6	195.928	0.005 10	0.405 10	2.468 5
14	111.119 6	0.009 0	275.299	0.003 63	0.403 63	2.477 5
15	155.567 5	0.006 4	386.419	0.002 59	0.402 59	2.483 9
16	217.794 4	0.004 6	541.986	0.001 85	0.401 84	2.488 5
17	304.911 9	0.003 3	759.780	0.001 32	0.401 32	2.491 8
18	426.876 7	0.002 3	1 064.693	0.000 94	0.400 94	2.494 1
19	597.627 2	0.001 7	1 491.570	0.000 67	0.400 67	2.495 8
20	836.678 0	0.001 2	2 089.197	0.000 48	0.400 48	2.497 0
22	1 639.888	0.000 6	4 097.223	0.000 24	0.400 24	2.498 5
24	3 214.178	0.000 3	8 032.949	0.000 12	0.400 12	2.499 2
25	4 499.848	0.000 2	11 247.120	0.000 09	0.400 09	2.499 4
26	62 299.785	0.000 2	15 746.970	0.000 06	0.400 06	2.499 6
28	12 347.57	0.000 1	30 866.460	0.000 03	0.400 03	2.499 8
30	24 201.23	0.000 0	605 00.640	0.000 02	0.400 02	2.499 9
32	47 434.39	0.000 0	118 583.500	0.000 01	0.400 01	2.499 9
34	92 971.31	0.000 0	232 425.900	0.000 00	0.400 00	2.500 0
35	130 159.8	0.000 0	325 397.200	0.000 00	0.400 00	2.500 0

附表 13　$i=50\%$

n	一次收付期值因子 $(F/P,i,n)$ 已知 P 求 F $(1+i)^n$	一次收付现值因子 $(P/F,i,n)$ 已知 F 求 P $\frac{1}{(1+i)^n}$	分期等付期值因子 $(F/A,i,n)$ 已知 A 求 F $\frac{(1+i)^n-1}{i}$	基金存储因子 $(A/F,i,n)$ 已知 F 求 A $\frac{i}{(1+i)^n-1}$	本利摊还因子 $(A/P,i,n)$ 已知 P 求 A $\frac{i(1+i)^n}{(1+i)^n-1}$	分期等付现值因子 $(P/A,i,n)$ 已知 A 求 P $\frac{(1+i)^n-1}{i(1+i)^n}$
1	1.500 0	0.666 7	1.000	1.000 00	1.500 00	0.666 7
2	2.250 0	0.444 4	2.500	0.400 00	0.900 00	1.111 1
3	3.375 0	0.296 3	4.750	0.210 53	0.710 53	1.407 4
4	5.062 5	0.197 5	8.125	0.123 08	0.623 08	1.604 9
5	7.593 7	0.131 7	13.187	0.075 83	0.575 83	1.736 6
6	11.390 6	0.087 8	20.781	0.048 12	0.548 12	1.824 4
7	17.085 9	0.058 5	32.172	0.031 08	0.531 08	1.882 9
8	25.628 8	0.039 0	49.258	0.020 30	0.520 30	1.922 0
9	38.443 1	0.026 0	74.886	0.013 35	0.513 35	1.948 0
10	57.664 7	0.017 3	113.329	0.008 82	0.508 82	1.965 3
11	89.496 9	0.011 6	170.994	0.005 85	0.505 85	1.976 9
12	129.745 3	0.007 7	257.491	0.003 88	0.503 88	1.984 6
13	194.617 9	0.005 1	387.236	0.002 58	0.502 58	1.989 7
14	291.926 5	0.003 4	581.854	0.001 72	0.501 72	1.993 1
15	437.889 6	0.002 3	873.780	0.001 14	0.501 14	1.995 4
16	656.834 0	0.001 5	1 311.669	0.000 76	0.500 76	1.997 0
17	985.250 5	0.001 0	1 968.503	0.000 51	0.500 51	1.998 0
18	1 477.875	0.000 7	2 953.753	0.000 34	0.500 34	1.998 6
19	2 216.811	0.000 5	4 431.625	0.000 23	0.500 23	1.999 1
20	3 325.214	0.000 3	6 648.434	0.000 15	0.500 15	1.999 4
22	7 481.723	0.000 1	14 961.450	0.000 07	0.500 07	1.999 7
24	16 833.85	0.000 1	33 665.730	0.000 03	0.500 03	1.999 9
25	25 250.77	0.000 0	50 499.570	0.000 02	0.500 02	1.999 9
26	37 876.13	0.000 0	75 750.310	0.000 01	0.500 01	1.999 9
28	85 221.13	0.000 0	170 440.30	0.000 01	0.500 01	2.000 0
30	191 747.4	0.000 0	383 493.10	0.000 0	0.500 00	2.000 0
32	431 431.1	0.000 0	862 861.50	0.000 0	0.500 00	2.000 0
34	970 718.8	0.000 0	1941 437.0	0.000 0	0.500 00	2.000 0

附表 14　等差系列现值因子($P/G,i,n$)

n	$i=1\%$	$i=2\%$	$i=3\%$	$i=4\%$	$i=5\%$	$i=6\%$
2	0.958	0.958	0.941	0.924	0.906	0.890
3	2.895	2.841	2.772	2.702	2.634	2.569
4	5.773	5.612	5.437	5.267	5.101	4.945
5	9.556	9.233	8.887	8.554	8.235	7.934
6	14.271	13.672	13.074	12.506	11.966	11.458
7	19.860	18.895	17.952	17.066	16.230	15.449
8	26.324	24.868	23.78	22.180	20.968	19.840
9	33.626	31.559	29.609	27.801	26.124	24.576
10	41.764	38.943	36.305	33.881	31.649	29.601
11	50.721	46.984	43.530	40.377	37.496	34.869
12	60.479	55.657	51.245	47.248	43.621	40.335
13	71.018	64.932	59.416	54.454	49.984	45.961
14	82.314	74.783	68.010	61.961	56.550	51.711
15	94.374	85.183	76.996	69.735	63.284	57.553
16	107.154	96.109	86.343	77.744	70.156	63.457
17	120.662	107.535	96.023	85.958	77.136	69.399
18	134.865	119.436	106.009	94.350	84.200	75.355
19	149.754	131.792	116.274	102.893	91.323	81.304
20	165.320	144.577	126.794	111.564	98.484	87.228
21	181.546	157.772	137.544	120.341	105.663	93.111
22	198.407	171.354	148.504	129.202	112.841	98.939
23	215.903	185.305	159.651	138.128	120.004	104.699
24	234.009	199.604	170.965	147.101	127.135	110.379
25	252.717	214.231	182.428	156.103	134.223	115.971
26	272.011	229.169	194.020	165.121	141.253	121.466
27	291.875	244.401	205.725	174.138	148.217	126.858
28	312.309	259.908	217.525	183.142	155.105	132.140
29	333.280	275.674	229.407	192.120	161.907	137.307
30	354.790	291.684	241.355	201.061	168.617	142.357
31	376.822	307.921	253.354	209.955	175.228	147.284
32	399.360	324.369	265.392	218.792	181.734	152.088
33	422.398	341.016	277.457	227.563	188.130	156.766
34	445.919	357.845	289.536	236.260	194.412	161.741
35	469.916	374.846	301.619	244.876	200.575	165.317
36	494.375	392.003	313.695	253.405	206.618	170.037
37	519.279	409.305	325.755	261.839	212.538	174.205
38	544.622	426.738	337.788	270.175	218.333	178.247
39	570.396	444.291	349.786	278.406	224.000	182.163
40	596.579	461.953	361.742	286.530	229.540	185.955
42	650.167	497.560	385.495	305.437	240.234	193.171
44	705.288	533.474	408.989	317.869	250.412	199.911
46	761.870	569.618	432.177	332.810	260.079	206.192
48	819.829	605.921	455.017	347.244	269.242	212.033
50	879.089	642.316	477.472	361.183	277.910	217.456

附表 15　等差系列现值因子$(P/G,i,n)$

n	$i=7\%$	$i=8\%$	$i=9\%$	$i=10\%$	$i=15\%$	$i=20\%$
2	0.873	0.857	0.841	0.826	0.756	0.694
3	2.506	2.445	2.386	2.329	2.071	1.852
4	4.794	4.650	4.511	4.378	3.786	3.299
5	7.646	7.372	7.111	6.862	5.775	4.906
6	10.978	10.523	10.092	9.684	7.937	6.581
7	14.714	14.024	13.374	12.763	10.192	8.255
8	18.788	17.806	16.887	16.028	12.481	9.833
9	23.140	21.808	20.570	19.421	14.755	11.434
10	27.715	25.977	24.372	22.891	16.979	12.887
11	32.466	30.266	28.247	26.396	19.129	14.233
12	37.350	34.634	32.158	29.901	21.185	15.467
13	42.330	39.046	36.072	33.377	23.125	16.588
14	47.371	43.472	39.962	36.800	24.972	17.601
15	52.445	47.886	43.806	40.152	26.693	18.509
16	57.526	52.264	47.584	43.416	28.296	19.321
17	62.597	56.588	51.281	46.581	29.783	20.042
18	67.621	60.842	54.885	49.639	31.156	20.680
19	72.598	65.013	58.386	52.582	32.421	21.244
20	77.508	69.090	61.776	55.406	33.582	21.739
21	82.339	73.063	65.050	58.109	34.645	22.174
22	87.079	76.926	68.204	60.689	35.615	22.555
23	91.719	80.672	71.235	63.146	35.499	22.887
24	96.254	84.300	74.142	65.481	37.302	23.176
25	100.676	87.804	76.926	67.696	38.031	23.428
26	104.981	91.184	79.586	69.794	38.692	23.646
27	109.165	94.439	82.123	71.777	39.289	23.835
28	113.226	97.569	84.541	73.649	39.828	23.999
29	117.161	100.574	86.842	75.414	40.315	24.141
30	120.971	103.456	89.027	77.076	40.753	24.263
31	124.654	106.216	91.102	78.639	41.147	24.368
32	128.211	108.857	93.068	80.108	41.501	24.459
33	131.643	111.382	94.931	81.485	41.818	24.537
34	134.950	113.792	96.693	82.777	42.103	24.604
35	138.135	116.092	98.358	83.987	42.359	24.661
36	141.198	118.284	99.931	85.119	42.587	24.711
37	144.144	120.371	101.416	86.178	42.792	24.753
38	146.972	122.358	102.815	87.167	42.974	24.789
39	149.688	124.247	104.134	88.091	43.137	24.820
40	152.292	126.042	105.376	88.952	43.283	24.847
42	157.180	129.365	107.643	90.505	43.529	24.889
44	161.660	132.355	109.645	91.851	43.723	24.920
46	165.758	135.038	111.410	93.016	43.878	24.942
48	169.498	137.443	112.962	94.022	44.000	24.958
50	172.905	139.593	114.325	94.889	44.096	24.970

附表 16 等差系列年值因子$(A/G,i,n)$(一)

n	$i=1\%$	$i=2\%$	$i=3\%$	$i=4\%$	$i=5\%$	$i=6\%$
2	0.486	0.493	0.492	0.490	0.487	0.485
3	0.984	0.985	0.980	0.974	0.967	0.961
4	1.480	1.474	1.463	1.451	1.439	1.427
5	1.971	1.959	1.941	1.922	1.902	1.883
6	2.463	2.441	2.413	2.386	2.358	2.330
7	2.952	2.920	2.881	2.843	2.805	2.767
8	3.440	3.395	3.345	3.294	3.244	3.195
9	3.926	3.867	3.803	3.739	3.675	3.613
10	4.410	4.336	4.356	4.177	4.099	4.022
11	4.893	4.801	4.705	4.609	4.514	4.421
12	5.374	5.263	5.148	5.034	4.922	4.811
13	5.853	5.722	5.587	5.453	5.321	5.192
14	6.331	6.177	6.021	5.866	5.713	5.563
15	6.807	6.630	6.450	6.272	6.097	5.926
16	7.281	7.079	6.874	6.672	6.473	6.279
17	7.754	7.524	7.293	7.066	6.842	6.624
18	8.225	7.967	7.708	7.453	7.203	6.960
19	8.694	8.406	8.118	7.834	7.557	7.287
20	9.162	8.842	8.523	8.209	7.903	7.605
22	10.092	9.704	9.318	8.941	8.573	8.216
24	11.016	10.553	10.095	9.648	9.214	8.795
25	11.476	10.973	10.476	9.992	9.523	9.072
26	11.934	11.390	10.853	10.331	9.826	9.341
28	12.844	12.213	11.593	10.991	10.411	9.857
30	13.748	13.024	12.314	11.627	10.969	10.342
32	14.646	13.822	13.017	12.241	11.500	10.799
34	15.537	14.607	13.702	12.832	12.006	11.227
35	15.980	14.995	14.037	13.120	12.250	11.432
36	16.421	15.380	14.369	13.402	12.487	11.630
38	17.299	16.140	15.018	13.950	12.944	12.006
40	18.170	16.887	15.650	14.476	13.377	12.359
45	20.320	18.702	17.155	15.705	14.364	13.141
50	22.429	20.441	18.557	16.812	15.223	13.796
55	24.498	22.105	19.860	17.807	15.966	14.341
60	26.526	23.695	21.067	18.697	16.606	14.791
65	28.515	25.214	22.184	19.491	17.154	15.160
70	30.463	26.662	23.214	20.196	17.621	15.461
75	32.372	28.042	24.163	20.821	18.017	15.706
80	34.242	29.356	25.035	21.372	18.352	15.903
85	36.073	30.605	25.835	21.857	18.635	16.062
90	37.866	31.792	26.566	22.283	16.189	16.189
95	39.620	32.918	27.235	22.655	16.290	16.290
100	41.336	33.985	27.844	22.950	16.371	16.371

附表17 等差系列年值因子($A/G,i,n$)(二)

n	$i=7\%$	$i=8\%$	$i=9\%$	$i=12\%$	$i=15\%$	$i=20\%$
2	0.481	0.478	0.476	0.472	0.465	0.455
3	0.949	0.943	0.936	0.925	0.907	0.879
4	1.404	1.392	1.381	1.359	1.326	1.274
5	1.846	1.828	1.810	1.775	1.723	1.641
6	2.276	2.250	2.224	2.172	2.097	1.979
7	2.694	2.657	2.022	2.551	2.450	2.290
8	3.099	3.051	3.004	2.913	2.781	2.567
9	3.491	3.431	3.372	3.257	3.092	2.836
10	3.871	3.798	3.725	3.585	3.383	3.074
11	4.239	4.151	4.064	3.895	3.655	3.289
12	4.596	4.491	4.388	4.190	3.908	3.484
13	4.940	4.818	4.699	4.468	4.144	3.660
14	5.273	5.133	4.995	4.732	4.362	3.817
15	5.594	5.435	5.279	4.980	4.565	3.959
16	5.905	5.724	5.549	5.215	4.752	4.085
17	6.204	6.002	5.807	5.435	4.925	4.198
18	6.492	6.269	6.053	5.643	5.084	4.298
19	6.770	6.524	6.286	5.838	5.231	4.386
20	7.037	6.767	6.508	6.020	5.365	4.464
22	7.541	7.223	6.919	6.351	5.601	4.594
24	8.007	7.638	7.288	6.641	5.798	4.694
25	8.225	7.832	7.458	6.771	5.883	4.735
26	8.435	8.016	7.619	6.892	5.961	4.771
28	8.829	8.357	7.914	7.110	6.096	4.829
30	9.190	8.666	8.176	7.297	6.207	4.873
32	9.520	8.944	8.409	7.459	6.297	4.906
34	9.821	9.193	8.615	7.596	6.371	4.931
35	9.961	9.308	8.709	7.658	6.402	4.941
36	10.095	9.417	8.796	7.714	6.430	4.949
38	10.344	9.617	8.956	7.814	6.478	4.963
40	10.570	9.796	9.096	7.899	6.517	4.973
45	11.045	10.160	9.374	8.057	6.583	4.988
50	11.411	10.429	9.570	8.160	6.620	4.995
55	11.690	10.626	9.708	8.225	6.641	4.998
60	11.902	10.768	9.802	8.266	6.653	4.999
65	12.060	10.870	9.867	8.292	6.659	5.000
70	12.178	10.943	9.911	8.308	6.663	5.000
75	12.266	10.994	9.941	8.318	6.665	5.000
80	12.330	11.030	9.961	8.324	6.666	5.000
85	12.377	11.055	9.974	8.328	6.666	5.000
90	12.412	11.073	9.983	8.330	6.666	5.000
95	12.437	11.085	9.989	8.331	6.667	5.000
100	12.455	11.093	9.993	8.332	6.667	5.000

附表 18 $i=5\%$

等比级数现值因子 $(P/G,j,i,n)$

n	$j=4\%$	$j=6\%$	$j=8\%$	$j=10\%$	$j=15\%$
1	0.952 4	0.952 4	0.952 4	0.952 4	0.952 4
2	1.895 7	1.913 8	1.932 0	1.950 1	1.995 5
3	2.830 0	2.884 4	2.939 6	2.995 4	3.137 9
4	3.755 4	3.846 3	3.975 9	4.090 4	4.389 1
5	4.672 1	4.853 5	5.041 9	5.237 5	5.759 5
6	5.579 9	5.852 1	6.138 3	6.439 3	7.260 4
7	6.479 2	6.860 2	7.266 1	7.698 3	8.904 3
8	7.369 9	7.877 9	8.426 1	9.017 3	10.704 7
9	8.252 1	8.905 3	9.619 2	10.399 1	12.676 5
10	9.125 8	9.942 5	10.846 4	11.846 7	14.836 2
11	9.991 3	10.989 6	12.108 7	13.363 2	17.201 6
12	10.848 5	12.046 6	13.407 0	14.951 9	19.792 2
13	11.697 6	13.113 7	14.742 5	16.616 3	22.629 5
14	12.538 6	14.191 0	16.116 1	18.359 9	25.737 1
15	13.371 5	15.278 5	17.528 9	20.186 6	29.104 7
16	14.196 6	16.376 4	18.982 1	22.100 2	32.868 3
17	15.013 7	17.484 8	20.476 9	24.105 0	36.951 0
18	15.823 1	18.603 7	22.014 3	26.205 2	41.422 6
19	16.624 8	19.733 2	23.595 6	28.405 5	46.320 0
20	17.418 9	20.873 6	25.222 2	30.710 5	51.683 8
21	18.205 4	22.024 7	26.895 2	33.125 3	57.558 4
22	18.984 4	23.186 9	28.616 0	35.655 0	63.992 5
23	19.755 9	24.360 1	30.386 0	38.305 3	71.039 4
24	20.520 2	25.544 5	32.206 6	41.081 7	78.757 5
25	21.277 1	26.740 1	34.079 4	43.990 4	87.210 5
26	22.026 9	27.947 2	36.005 2	47.037 5	96.468 7
27	22.769 5	29.165 7	37.986 3	50.229 8	106.608 6
28	23.505 0	30.593 9	40.024 0	53.574 1	117.714 2
29	24.233 5	31.637 7	42.119 9	57.077 6	129.877 4
30	24.955 1	32.891 4	44.275 7	60.748 0	143.199 1
31	25.669 8	34.157 1	46.493 1	64.593 1	157.789 5
32	26.377 7	35.434 8	48.773 9	68.621 3	173.769 5
33	27.078 9	36.724 6	51.119 8	72.841 4	191.271 3
34	27.773 4	38.026 7	53.532 8	77.262 4	210.440 0
35	28.461 2	39.341 3	56.014 6	81.894 0	231.434 3
36	29.142 6	40.668 3	58.567 4	86.746 1	254.428 0
37	29.817 4	42.008 0	61.193 2	91.829 2	279.611 6
38	30.485 8	43.360 5	63.893 9	97.154 4	307.193 7
39	31.147 8	44.725 8	66.671 9	102.733 2	337.402 6
40	31.803 6	46.102 4	69.529 1	108.577 6	370.488 6
41	32.453 1	47.495 7	72.468 7	114.700 4	406.725 6
42	33.096 4	48.900 4	75.491 0	121.114 7	446.413 8
43	33.733 5	50.318 5	78.600 2	127.834 4	489.881 7
44	34.364 7	51.750 1	81.798 3	134.874 2	537.489 5
45	34.989 8	53.195 3	85.087 8	142.249 1	589.631 4
46	35.608 9	54.654 3	88.471 3	149.975 3	646.739 1
47	36.222 1	56.127 2	91.951 4	158.069 3	709.285 7
48	36.829 6	57.614 1	95.531 0	166.548 8	777.789 1
49	37.431 2	59.115 2	99.212 8	175.432 1	852.816 7
50	38.027 1	60.630 6	102.999 8	184.738 4	934.989 7

附表19 $i=5\%$

等比级数现值因子$(F/G,j,i,n)$

n	$j=4\%$	$j=6\%$	$j=8\%$	$j=10\%$	$j=15\%$
1	1.000 0	1.000 0	1.000 0	1.000 0	1.000 0
2	2.090 0	2.110 0	2.130 0	2.150 0	2.200 0
3	3.276 1	3.339 1	3.402 9	3.467 5	3.632 5
4	4.567 8	4.697 1	4.832 8	4.971 9	5.335 0
5	5.962 9	6.194 4	6.434 9	6.684 6	7.350 8
6	7.477 7	7.842 3	8.226 0	8.629 3	9.729 7
7	9.116 9	9.653 0	10.224 1	10.832 3	12.529 2
8	10.888 6	11.639 3	12.449 2	13.322 7	15.815 7
9	12.801 6	13.815 1	14.922 5	16.132 4	19.665 5
10	14.865 0	16.195 3	17.667 7	19.297 0	24.166 6
11	17.088 5	18.795 9	20.710 0	22.855 5	29.420 5
12	19.482 4	21.634 0	24.077 1	26.851 4	35.543 9
13	22.057 6	24.727 9	27.799 2	31.332 4	42.671 4
14	24.825 5	28.097 2	31.908 7	36.351 3	50.957 7
15	27.798 5	31.763 0	36.441 4	41.966 4	60.581 3
16	30.989 3	35.747 7	41.435 6	48.242 0	71.747 5
17	34.411 8	40.075 4	46.933 3	55.249 0	84.692 5
18	38.080 3	44.772 0	52.980 0	63.066 0	99.088 3
19	42.010 1	49.864 9	59.625 0	71.779 2	117.048 2
20	46.217 5	55.383 8	66.922 0	81.484 0	137.132 4
21	50.719 5	61.360 1	74.929 0	92.285 7	160.355 6
22	55.532 4	67.827 7	83.709 3	104.300 3	187.194 8
23	60.680 8	74.822 6	93.331 3	117.655 6	216.199 3
24	66.179 6	82.383 5	103.869 4	132.492 7	254.000 8
25	72.051 9	90.551 6	115.404 0	148.967 0	295.326 0
26	78.320 3	99.371 0	128.022 7	167.250 1	343.011 2
27	85.008 8	108.889 0	141.820 2	187.530 8	398.018 6
28	92.142 6	119.155 8	156.899 2	210.017 3	461.454 8
29	99.748 4	130.225 2	173.371 3	234.939 1	534.593 2
30	107.854 5	142.154 9	191.357 2	262.549 2	618.898 3
31	116.490 6	155.006 1	210.987 7	293.126 1	716.055 0
32	125.688 3	168.844 5	232.404 7	326.976 7	828.001 3
33	135.480 7	183.740 1	255.762 0	364.439 3	956.966 4
34	145.903 2	199.767 7	281.226 2	405.886 4	1 105.514 6
35	156.992 6	217.007 1	308.977 6	451.728 4	1 276.595 1
36	168.788 4	235.543 6	339.211 9	502.417 3	1 473.600 4
37	181.331 7	255.468 0	372.140 6	558.450 8	1 700.432 2
38	194.666 4	276.877 5	407.993 3	620.377 3	1 961.578 5
39	208.838 5	299.875 6	447.018 2	688.800 5	2 262.200 7
40	223.896 8	324.572 9	489.484 4	764.385 3	2 608.235 6
41	239.892 7	351.087 3	535.683 2	847.863 9	3 006.510 9
42	256.880 4	379.544 5	585.929 8	940.042 2	3 464.879 5
43	274.912 7	410.078 8	640.565 8	1 041.808 0	3 992.373 0
44	294.063 5	442.833 2	699.960 7	1 154.138 5	4 599.378 7
45	314.383 2	477.960 3	764.514 7	1 278.109 5	5 297.842 6
46	335.943 5	515.622 9	864.660 9	1 414.905 5	6 101.504 0
47	358.815 5	555.994 6	910.868 0	1 565.830 3	7 026.163 9
48	383.074 1	599.260 2	993.643 4	1 732.319 3	8 089.994 4
49	408.798 4	645.617 1	1 083.536 2	1 915.952 5	9 313.894 9
50	436.071 6	695.275 4	1 181.140 4	2 118.469 1	10 721.900 4

附表20 $i=10\%$

等比级数现值因子$(P/G,j,i,n)$

n	$j=4\%$	$j=6\%$	$j=8\%$	$j=10\%$	$j=15\%$
1	0.909 1	0.909 1	0.909 1	0.909 1	0.909 1
2	1.768 6	1.785 1	1.801 7	1.818 3	1.859 5
3	2.581 2	2.629 3	2.678 0	1.727 3	2.853 1
4	3.349 5	3.442 8	3.538 4	3.636 4	3.891 9
5	4.075 9	4.226 7	4.383 1	4.545 5	4.977 9
6	4.762 7	4.982 1	5.212 5	5.454 5	6.113 3
7	5.412 0	5.710 0	6.026 9	6.363 6	7.300 2
8	6.025 9	6.411 5	6.826 4	7.272 7	8.541 1
9	6.606 3	7.087 4	7.611 3	8.181 8	9.838 5
10	7.155 0	7.738 8	8.382 0	9.090 9	11.194 8
11	7.673 8	8.366 4	9.138 7	10.000 0	12.612 7
12	8.194 4	8.971 3	9.881 7	10.909 1	14.095 1
13	8.628 1	9.554 2	10.611 1	11.818 2	15.644 9
14	9.066 6	10.115 8	11.327 3	12.727 3	17.265 1
15	9.481 1	10.657 1	12.030 4	13.636 4	18.969 0
16	9.873 1	11.178 6	12.720 8	14.545 5	20.729 8
17	10.243 6	11.681 2	13.398 6	15.454 5	22.581 2
18	10.594 0	12.165 6	14.064 0	16.363 6	24.516 7
19	10.925 2	12.632 3	14.717 4	17.272 7	26.540 2
20	11.238 4	13.082 0	15.358 9	18.181 8	28.655 6
21	11.534 5	13.515 4	15.988 8	19.090 9	30.867 2
22	11.814 4	13.933 0	15.607 1	20.000 0	33.179 4
23	12.079 1	14.335 4	17.214 6	20.909 1	35.596 6
24	12.329 3	14.723 2	17.810 4	21.818 2	38.123 8
25	12.565 9	15.096 9	18.395 7	22.727 3	40.765 8
26	12.789 6	15.457 0	18.970 3	23.636 4	43.527 8
27	13.001 1	15.804 1	19.534 5	24.545 5	46.415 5
28	13.201 0	16.138 5	20.088 4	25.454 5	49.434 3
29	13.390 0	16.460 7	20.632 2	26.363 6	52.590 5
30	13.568 8	16.771 2	21.166 2	27.272 7	55.890 0
31	13.737 7	17.070 4	21.690 4	28.181 8	59.339 6
32	13.897 5	17.358 8	22.205 2	29.090 9	62.945 9
33	14.048 5	17.636 7	22.710 5	30.000 0	66.716 2
34	14.191 3	17.904 4	23.206 7	30.909 1	70.657 8
35	14.326 4	18.162 4	23.693 8	31.818 2	74.778 6
36	14.454 0	18.411 1	24.172 1	32.727 3	79.086 7
37	14.574 7	18.650 7	24.641 7	33.636 4	83.590 7
38	14.688 8	18.881 6	25.102 8	34.545 5	88.299 4
39	14.796 7	19.104 0	25.555 5	35.454 5	93.222 1
40	14.898 7	19.318 4	25.999 9	36.363 6	98.368 5
41	14.995 1	19.525 0	26.436 3	37.272 7	103.748 9
42	15.086 3	19.724 1	26.864 7	38.181 8	109.373 9
43	15.172 5	19.916 0	27.285 4	39.090 9	115.254 5
44	15.254 0	20.100 9	27.698 3	40.000 0	121.402 4
45	15.331 1	20.279 0	28.103 8	40.909 1	127.829 8
46	15.403 9	20.450 7	28.501 9	41.818 2	134.549 3
47	15.472 8	20.616 1	28.892 8	42.727 3	141.574 3
48	15.537 9	20.775 5	29.276 6	43.636 4	148.918 6
49	15.599 5	20.929 1	29.653 4	44.545 5	156.596 7
50	15.657 7	21.077 2	30.023 3	45.454 5	164.623 8

附表21　$i=10\%$

等比级数期值因子$(F/G,j,i,n)$

n	$j=4\%$	$j=6\%$	$j=8\%$	$j=10\%$	$j=15\%$
1	1.000 0	1.000 0	1.000 0	1.000 0	1.000 0
2	2.140 0	2.160 0	2.180 0	2.200 0	2.250 0
3	3.435 6	3.499 6	3.564 4	3.630 0	3.797 5
4	4.904 0	5.040 6	5.180 6	5.324 0	5.698 1
5	6.564 3	6.807 1	7.059 1	7.320 5	8.016 9
6	8.437 4	8.807 1	9.264 6	9.663 1	10.830 0
7	10.546 4	11.127 2	11.744 6	12.400 9	14.226 1
8	12.917 0	13.743 5	14.632 9	15.589 7	18.308 7
9	15.577 3	16.711 7	17.947 2	19.292 3	23.198 6
10	18.550 3	20.072 4	21.740 9	23.579 5	29.036 3
11	21.894 4	23.870 5	26.073 9	28.561 2	35.985 5
12	25.623 3	28.155 8	31.012 9	34.237 4	44.236 4
13	29.786 6	32.983 6	36.632 4	40.799 6	54.010 3
14	34.430 4	38.414 9	43.015 2	48.331 8	65.564 1
15	39.605 1	44.517 2	50.254 0	56.962 5	79.196 3
16	45.366 5	51.365 5	58.451 5	66.836 0	95.253 0
17	51.776 2	59.042 4	67.722 6	78.114 5	114.135 9
18	58.901 7	67.639 5	78.194 9	90.980 5	136.310 7
19	66.817 7	77.257 7	90.010 4	105.638 4	162.317 3
20	75.606 3	88.009 1	103.327 1	122.318 2	192.780 7
21	85.358 0	100.017 2	118.320 8	141.277 5	228.425 4
22	96.172 6	113.418 4	135.186 7	162.805 5	270.089 4
23	108.159 8	128.363 8	154.141 9	187.226 3	318.743 1
24	121.440 5	145.020 0	175.427 6	214.903 3	375.508 9
25	136.147 8	163.570 9	199.311 5	246.243 3	441.684 9
26	152.428 4	184.219 8	226.091 2	281.702 4	518.772 4
27	170.443 8	207.191 2	256.096 6	321.790 8	608.506 4
28	190.371 5	232.732 7	289.694 4	367.079 8	712.892 4
29	212.407 4	261.117 6	327.290 9	418.208 8	834.247 2
30	236.766 7	292.647 8	369.337 3	475.982 8	975.247 4
31	263.686 8	327.656 0	416.333 7	540.931 5	1 138.983 9
32	293.428 6	366.509 8	468.834 7	614.219 0	1 329.025 8
33	326.279 6	409.614 1	527.455 2	696.754 6	1 549.493 5
34	362.555 9	457.416 1	592.876 8	789.655 3	1 805.142 7
35	402.605 8	510.408 8	665.854 6	894.168 4	2 101.461 7
36	446.812 5	569.135 7	747.225 4	1 011.688 8	2 444.783 4
37	495.597 6	634.196 5	837.916 2	1 143.769 2	2 842.413 6
38	549.425 5	706.252 3	938.953 4	1 292.150 0	3 302.779 6
39	608.806 9	786.031 8	1 051.474 0	1 458.769 4	3 835.600 9
40	674.303 9	874.338 4	1 176.736 7	1 645.791 1	4 452.085 8
41	746.535 3	972.058 0	1 316.134 9	1 855.629 5	5 165.157 9
42	826.181 9	1 080.166 7	1 471.210 9	2 090.977 6	5 989.716 8
43	913.992 9	1 199.740 4	1 643.671 4	2 354.839 1	6 942.938 0
44	1 010.792 7	1 331.964 9	1 835.405 2	2 650.563 0	8 044.618 8
45	1 117.488 5	1 478.146 8	2 048.501 7	2 981.883 4	9 317.575 7
46	1 235.078 5	1 639.726 1	2 285.272 3	3 352.962 2	10 788.102 5
47	1 364.661 2	1 818.289 2	2 548.273 7	3 768.438 0	12 486.497 5
48	1 507.445 1	2 015.584 1	2 840.333 0	4 233.479 3	14 447.669 6
49	1 664.760 1	2 233.536 3	3 164.576 9	4 753.844 5	16 711.837 2
50	1 838.069 5	2 474.267 5	3 524.462 0	5 335.947 9	19 325.331 8

附表 22 实际利率 i 与名义利率 r 转换关系表

r (%)	半年 $\left(1+\frac{r}{2}\right)^2-1$	每季 $\left(1+\frac{r}{4}\right)^4-1$	每月 $\left(1+\frac{r}{12}\right)^{12}-1$	每周 $\left(1+\frac{r}{52}\right)^{52}-1$	每日 $\left(1+\frac{r}{365}\right)^{365}-1$	连续 $\left(1+\frac{r}{\infty}\right)^{\infty}-1=e^r-1$
1	1.002 5	1.003 8	1.004 6	1.004 9	1.005 0	1.005 0
2	2.010 0	2.015 1	2.018 4	2.019 7	2.020 0	2.020 1
3	3.022 5	3.033 9	3.041 6	3.044 4	3.045 1	3.045 5
4	4.040 0	4.060 4	4.074 1	4.079 3	4.080 5	4.081 1
5	5.062 5	5.094 5	5.116 1	5.124 4	5.126 1	5.127 1
6	6.090 0	6.136 4	6.167 8	6.179 7	6.179 9	6.183 7
7	7.122 5	7.185 9	7.229 0	7.245 5	7.246 9	7.250 8
8	8.160 0	8.243 2	8.299 9	8.321 7	8.324 6	8.328 7
9	9.202 5	9.308 3	9.380 7	9.408 5	9.413 2	9.417 4
10	10.250 0	10.381 3	10.471 3	10.506 0	10.512 6	10.517 1
11	11.302 5	11.462 1	11.571 8	11.614 4	11.623 1	11.627 8
12	12.360 0	12.550 9	12.682 5	12.733 6	12.744 7	12.749 7
13	13.422 5	13.647 6	13.803 2	13.864 4	13.877 5	13.882 8
14	14.490 0	14.752 3	14.934 1	15.005 7	15.021 7	15.027 4
15	15.562 5	15.865 0	16.075 5	16.158 2	16.177 3	16.183 4
16	16.640 0	16.985 9	17.227 0	17.322 1	17.344 6	17.351 1
17	17.722 5	18.114 8	18.389 1	18.497 4	18.523 5	18.530 5
18	18.810 0	19.251 7	19.561 8	18.684 3	19.714 2	19.721 7
19	19.902 5	20.397 1	20.745 1	20.882 8	20.916 9	20.925 0
20	21.000 0	21.550 6	21.939 0	21.093 1	22.131 6	22.140 3
21	22.102 5	22.712 4	23.143 9	23.315 3	23.358 4	23.367 8
22	23.210 0	23.882 5	24.359 6	24.549 4	24.597 6	24.607 7
23	24.322 5	25.060 9	25.586 3	25.795 7	25.849 2	25.860 0
24	25.440 0	26.247 7	26.824 2	27.054 2	27.113 3	27.124 9
25	26.562 5	27.442 9	28.073 1	28.325 0	28.390 1	28.402 5
26	27.690 0	28.646 6	29.333 3	26.609 0	29.679 6	29.693 0
27	28.822 5	29.858 8	30.605 0	30.904 9	30.982 1	30.996 4
28	29.960 0	31.079 6	31.888 0	32.213 5	32.297 6	32.313 0
29	31.102 5	32.308 9	33.182 6	33.535 0	33.626 4	33.642 8
30	32.250 0	33.546 9	34.488 9	34.869 3	34.968 4	34.985 9

参考文献

[1] 国家发展和改革委员会,建设部. 建设项目经济评价方法与参数[M].3 版. 北京:中国计划出版社,2006.
[2] 国家计划委员会,建设部. 建设项目经济评价方法与参数[M].2 版. 北京:中国计划出版社,1993.
[3] 水利部农村电气化研究所. 小水电建设项目经济评价规程[M]. 北京:中国水利水电出版社,1995.
[4] 吴恒安. 财务评级 国民经济评价 社会评价 后评价理论与方法[M]. 北京:中国水利水电出版社,1998.
[5] 袁俊森,潘纯. 水利工程经济[M]. 北京:中国水利水电出版社,2005.
[6] 张占庞. 水利经济学[M]. 北京:中央广播电视大学出版社,2003.
[7] 施熙灿. 水利工程经济学[M].4 版. 北京:中国水利水电出版社,2010.
[8] 施熙灿,蒋水心,赵宝璋. 水利工程经济[M].3 版. 北京:中国水利水电出版社,2005.
[9] 施熙灿. 水利工程经济[M].2 版,北京:中国水利水电出版社,1997.
[10] 许志方,沈佩君. 水利工程经济学[M]. 北京:水利电力出版社,1987.
[11] 谢吉存. 水利工程经济[M]. 北京:中国水利水电出版社,2000.
[12] 胡志范. 水利工程经济[M]. 北京:中国水利水电出版社,2005.
[13] 张展羽,蔡守华. 水利工程经济学[M]. 北京:中国水利水电出版社,2005.
[14] 王丽萍. 水利工程经济[M]. 武汉:武汉大学出版社,2002.
[15] 杜葵. 工程经济学[M]. 重庆:重庆大学出版社,2000.
[16] 黄有亮,徐向阳,谈飞,等. 工程经济学[M]. 南京:东南大学出版社,2004.
[17] 申金山. 工程经济学[M]. 郑州:黄河水利出版社,2004.
[18] 朱康全. 技术经济学[M]. 广州:暨南大学出版社,2004.
[19] 郑立梅. 水利工程经济[M]. 郑州:黄河水利出版社,2007.
[20] 王海,丁民. 适应新形势强化农田水利建设对农业的支撑保障作用[J]. 水利经济,2001(4):62-64.
[21] 冯田华. 浅析农田水利工程的经济特征[J]. 中国水利,2001(12):107-108.
[22] 谢文华. 投资决策的重要工具——项目财务评价[J]. 中国水利,2001(10):71.
[23] 杨耀,姚平英. 论三峡工程物资核销[J]. 水力发电,2002(2):8-10.
[24] 倪红珍,徐得潜,颜振元,等. 地下水回灌工程设计方案评判[J]. 水利经济,2002(1):44-49.
[25] 姚天赐. 葵潭水闸工程经济评价方法的研究[J]. 水利经济,2002(1):54-56.
[26] 张基尧."十五"期间的治水规划思路和计划安排[J]. 水利水电发展,2001(3):2-8.
[27] 中国水利经济研究会. 水利建设项目后评价理论与方法[M]. 北京:中国水利水电出版社,2003.
[28] 丁红岩. 工程经济与管理[M]. 天津:天津大学出版社,北京:中国广播电视大学出版社,2004.
[29] 陈杰,崔延松. 水利经济管理[M]. 南京:河海大学出版社,2000.